高等学校计算机应用规划教材

AutoCAD 建筑制图基础教程

(2010 版)

张霁芬　马晓波　编著

清华大学出版社

北　京

内 容 简 介

本书结合《房屋建筑制图统一标准》GB/T 50001—2001、《总图制图标准》GB/T 50103—2001、《建筑制图标准》GB/T 50104—2001 和《房屋建筑 CAD 制图统一规则》GB/T 18112—2000 这 4 个标准，以及相关的建筑设计规范，由浅入深地介绍了 AutoCAD 2010 中文版的各项功能。全书可分为三大部分，共 16 章。第一部分包括第 1~9 章，介绍了 AutoCAD 绘图和编辑的基础知识；第二部分包括第 10~13 章，介绍了 AutoCAD 在建筑制图中的应用，包括建筑单体的平、立、剖面图纸的绘制，建筑详图的绘制，以及三维图形的建模和效果图的绘制；第三部分包括第 14~16 章，介绍了 AutoCAD 图形输出、图纸管理以及一些常用的技巧。在本书最后的附录中，还列出了规范推荐的图层命名和总图图例，方便读者查阅。

本书可作为高等院校建筑相关专业建筑制图课程的教材，也可作为土木建筑工程人员学习 AutoCAD 的参考书。

图书在版编目(CIP)数据

AutoCAD 建筑制图基础教程(2010 版)/张霁芬，马晓波　编著. —北京：清华大学出版社，2011.7
(高等学校计算机应用规划教材)
ISBN 978-7-302-25775-2

Ⅰ.A…　Ⅱ.①张…　②马…　Ⅲ. 建筑制图—计算机辅助设计—AutoCAD 软件—高等学校—教材
Ⅳ. TU204

中国版本图书馆 CIP 数据核字(2011)第 113095 号

责任编辑：刘金喜
封面设计：孔祥丰
版式设计：康　博
责任校对：蔡　娟
责任印制：何　芊

出版发行：清华大学出版社　　　　　　　　　地　　址：北京清华大学学研大厦 A 座
　　　　　http://www.tup.com.cn　　　　　邮　　编：100084
　　　　　社　总　机：010-62770175　　　　邮　　购：010-62786544
　　　　　投稿与读者服务：010-62776969,c-service@tup.tsinghua.edu.cn
　　　　　质　量　反　馈：010-62772015,zhiliang@tup.tsinghua.edu.cn
印　刷　者：北京密云胶印厂
装　订　者：三河市金元印装有限公司
经　　销：全国新华书店
开　　本：185×260　印　张：23　字　数：488 千字
版　　次：2011 年 7 月第 1 版　　印　　次：2011 年 7 月第 1 次印刷
印　　数：1～5000
定　　价：35.00 元

产品编号：042928-01

前　　言

AutoCAD 是 Autodesk 公司开发的著名产品，具有强大的二维、三维绘图功能，灵活方便的编辑修改功能，规范的文件管理功能，人性化的界面设计等。该软件广泛应用于建筑规划、方案设计、施工图设计、施工管理等各类工程制图领域，已成为目前土木建筑工程领域从业人员必不可少的工具之一。

本书是介绍 AutoCAD 2010 在建筑制图中应用的基础教程。它结合《房屋建筑制图统一标准》GB/T 50001—2001、《总图制图标准》GB/T 50103—2001、《建筑制图标准》GB/T 50104—2001、《房屋建筑 CAD 制图统一规则》GB/T 18112—2000 这 4 个标准，以及相关的建筑设计规范，由浅入深地介绍了 AutoCAD 2010 在建筑制图中的各种实际应用，让读者在一步步掌握 AutoCAD 绘图技巧的同时熟悉建筑制图标准及相关的建筑设计规范，养成良好的建筑制图习惯。

本书各章的内容安排如下：

第 1 章介绍了 AutoCAD 2010 操作界面的组成、命令输入的基本方式、图形文件管理的基本方法和联机帮助文件的使用方法等内容。

第 2 章介绍了图形显示和图形选择的相关内容。

第 3 章介绍了平面坐标及坐标系、辅助绘图工具、基本的绘图命令和查询工具。

第 4 章介绍了 AutoCAD 中基本的二维图形编辑方法，修饰对象的一些基本命令，以及利用特性和夹点方式编辑二维图形的方法。

第 5 章介绍了绘制和编辑图案填充的相关内容，以及建筑制图规范对填充的要求。

第 6 章介绍了线型、颜色、线宽的设置方法，图层的设置与管理方法，以及通过"对象特性"对话框更改对象特性的方法。

第 7 章介绍了在图纸中标注文字、建立表格、编辑文字和编辑表格的方法，以及建筑制图规范对文字标注的一般要求。

第 8 章介绍了依据建筑制图规范要求创建、修改标注样式的方法，利用创建的标注样式和各种尺寸标注方式，按照规范要求对图形进行标注的方法。

第 9 章介绍了创建图块、创建带属性的图块、插入图块的方法，以及动态块的创建和编辑方法。

第 10 章介绍了建筑平、立、剖面图的表达内容和建筑图纸中的一些基本的规范要求，以及如何运用 AutoCAD 高效规范地绘制单体建筑图纸。

第 11 章介绍了建筑总平面图的表达内容和建筑总平面图中的一些基本的规范要求，以及如何运用 AutoCAD 高效规范地绘制建筑总平面图。

第 12 章介绍了创建用户坐标系的方法、各种三维模型的创建方法和编辑方法。

第 13 章介绍了绘制总体建筑草模方法、根据平、立、剖面图绘制精确的单体建筑模型的方法和 AutoCAD 渲染的基本操作。

第 14 章介绍了模型空间和图纸空间打印输出的方法及各自的特点。

第 15 章介绍了图纸发布和工程图纸管理的基本内容。

第 16 章介绍了一些高效辅助工具的使用，AutoCAD 中更加个性化和人性化的设置，以及一些绘图过程中常用的技巧。

附录 A 包含了《房屋建筑 CAD 制图统一规则》GB/T 18112—2000 中建议的标准图层名称及其含义。

附录 B 包含了 AutoCAD 常用的快捷命令。

本书内容翔实，讲解清晰，并且紧密结合建筑制图的特点详细介绍了 AutoCAD 在建筑方面的应用，具有非常强的实用性。书中详细介绍了 AutoCAD 2010 各种命令的使用方法，提供了典型的实例和详细的操作步骤，并且以实际建筑的制图过程为实例贯穿全书，联系前后各章节的内容使本书成为一个整体，方便读者学习。

本书由张霁芬、马晓波编写。其中，张霁芬主编第 1～9 章，马晓波主编第 10～16 章，及附录部分。此外，林丹、李辉、田芳、王建国、赵海峰、刘勇、徐超、周建军、徐兵、黄飞、林海、马建华、孙明、高峰、郑勇、刘建、李彬、彭丽、许小荣等同志在整理材料方面给予了编者很大的帮助，在此对他们表示衷心的感谢。

由于时间仓促，加之编者的水平有限，书中不足之处在所难免，恳请专家和广大读者批评指正。

编　者

2011 年 2 月

目 录

第1章 AutoCAD 2010使用概述

计算机辅助设计(Computer Aided Design，CAD)是指工程技术人员以计算机为辅助工具，结合自己的专业知识，对产品进行总体设计、绘图、分析等活动的总称。CAD 技术是从 20 世纪 50 年代开始，随着计算机技术及其外围设备的发展而形成的一门新技术，如今，CAD 技术已经广泛应用于工程领域。

AutoCAD 2010 是一款强大的计算机辅助设计工具软件。本章主要介绍它的操作界面组成、输入命令的基本方式、图形文件管理的基本方法和联机帮助文件的使用方法等内容。

知识要点
- AutoCAD 2010 的启动
- AutoCAD 2010 界面组成
- AutoCAD 2010 命令输入方式
- 图形文件管理
- 绘图环境设置

1.1 AutoCAD 2010 功能介绍及绘图原理

AutoCAD 是 Autodesk 公司开发的计算机辅助设计软件，具有强大的二维、三维绘图功能，灵活方便的编辑修改功能，规范的文件管理功能，人性化的界面设计等特点。设计人员可以利用它轻松、快捷地进行绘图设计，使他们从复杂繁重的绘图工作中解放出来，这也是使用 CAD 产品最根本的目的。

目前，AutoCAD 凭借其优越的性能、灵活的使用方法，已经为广大设计人员接受并广泛应用于以下领域。
- 土木建筑类：建筑规划、方案设计、施工图设计、施工管理等各类工程图纸的设计。
- 机械类：机械产品的设计。
- 电子类：集成电路、印刷电路板的设计等。
- 其他类：服装设计、商标设计、军事、运输等。

AutoCAD 的基本原理同其他 CAD 软件类似，进行工作时需要硬件及软件构成整个工作系统。其硬件部分包括：主机、图形输入设备、图形显示器及自动绘图仪。AutoCAD 的工作实际上是进行大量的信息加工、管理和交换。也就是在设计人员初步构思、判断、决策的基础上，由计算机对数据库中的大量设计资料进行检索，根据设计要求进行分析计算，将初步的设计结果显示在图形显示器上，以人机交互的方式加以反复修改，经设计人员确认之后，在绘图仪或打印机上输出最后的设计结果。

1.2 AutoCAD 2010 的启动

安装好 AutoCAD 2010 后，在"开始"菜单中选择"所有程序"| Autodesk | AutoCAD 2010-Simplified Chinese | AutoCAD 2010 命令，或者单击桌面上的快捷图标，均可启动 AutoCAD 软件。AutoCAD 2010 第一次启动后，弹出"新功能专题研习"对话框，用户从对话框提供的三个单选项选择不同的选项，单击"确定"按钮，产生不同的效果，进入不同的工作界面。

AutoCAD 2010 的界面中大部分元素的用法和功能与 Windows 软件一样，如图 1-1 所示。

系统为用户提供了"二维草图与注释"、"AutoCAD 经典"和"三维建模"三种工作空间。用户可以通过单击如图 1-1 所示的按钮，在弹出的快捷菜单中切换工作空间。

图 1-1 "二维草图与注释"工作空间的绘图工作界面及空间切换快捷菜单

图 1-2 为传统的"AutoCAD 经典"工作空间的界面效果，如果用户想进行三维图形的绘制，可以切换到"三维建模"工作空间，它的界面上提供了大量的与三维建模相关的界面项，与三维无关的界面项将被省去，方便了用户的操作。

图 1-2　AutoCAD 2010 经典工作界面

1.3　AutoCAD 2010 界面介绍

AutoCAD 2010 的经典工作界面如图 1-2 所示，主要包括标题栏、菜单栏、工具栏、绘图区、命令行提示区、状态栏、坐标系以及功能区等部分。

1.3.1　标题栏

在标题栏中可以看到当前图形文件的标题，以及最小化、最大化(还原)和关闭按钮。此外，AutoCAD 2010 还增加了"菜单浏览器"按钮、快速访问工具栏以及信息中心。

菜单浏览器将所有可用的菜单命令都显示在一个位置，用户可以在其中选择可用的菜单命令。

快速访问工具栏放置了常用命令的按钮，默认状态下，系统提供了"新建"按钮、"打开"按钮、"保存"按钮、"打印"按钮、"放弃"按钮和"重做"按钮。

信息中心可以帮助用户同时搜索多个源(例如，帮助、新功能专题研习、网址和指定的文件)，也可以搜索单个文件或位置。

1.3.2　菜单栏

菜单栏(如图 1-3 所示)位于界面的上部标题栏之下，除了扩展功能，共有 12 个菜单项，选择其中任意一个菜单命令，则会弹出一个下拉菜单，这些菜单几乎包括了 AutoCAD 的所有命令，用户可从中选择相应的命令进行操作。

文件(F)　编辑(E)　视图(V)　插入(I)　格式(O)　工具(T)　绘图(D)　标注(N)　修改(M)　参数(P)　窗口(W)　帮助(H)　Express

图 1-3　菜单栏

如图 1-4 所示，如果菜单命令后面跟有"…"号，则表示选择菜单命令后会弹出对话框，供用户进一步地选择和设置参数。如果菜单命令右面带有一个实心的小三角，则表明该菜单命令还有若干子菜单，将光标移动到该菜单命令上，将弹出子菜单，再单击子菜单，便可实现子菜单中的操作。如果菜单命令后面不带这两种标记，表示执行该菜单命令后，就会执行相应的动作。另外，对于某些菜单命令后面有组合键，表示可以使用组合键来执行该命令，例如"超链接"命令可以通过 CTRL+K 键来实现。

图 1-4　菜单类型

1.3.3　工具栏

工具栏是由一些工具按钮图标组成，单击工具栏中的按钮即可启动相应命令。工具栏上的命令在菜单栏中都能找到，它只是显示最常用的一些命令。图 1-5 显示了"AutoCAD经典"工作空间常见的工具栏。

图 1-5　"AutoCAD 经典"工作空间常见的工具栏

用户要打开其他工具栏时，可以选择"工具"|"工具栏"|AutoCAD 命令，弹出 AutoCAD工具栏的子菜单，在子菜单中可以选择相应的工具栏显示在界面上。另外用户也可以在任意工具栏上单击鼠标右键，在弹出的快捷菜单中选择相应的命令调出该工具栏。

工具栏可以自由移动，移动工具栏的方法是用鼠标左键单击工具栏中非按钮部位的某一点并拖动，一般将常用工具栏置于绘图窗口的顶部或四周。

1.3.4　图形窗口

绘图区是屏幕上的一大片空白区域，绘图区是用户进行绘图的区域。用户所进行的操作过程，以及绘制完成的图形都会直观地反映在绘图区中。

AutoCAD 2010 起始界面的绘图区是黑色的，这不太符合一般人的习惯。选择"工具"|"选项"命令，弹出"选项"对话框。打开"显示"选项卡，单击"颜色"按钮，弹出"图形窗口颜色"对话框。在"颜色"下拉列表框中选择"白"选项，如图 1-6 所示。单击"应用并关闭"按钮，回到"选项"对话框，单击"确定"按钮，即可将绘图区的颜色设置为

白色。

　　每个 AutoCAD 文件都有并且只能有一个绘图区，单击菜单栏右边的"还原"按钮，即可清楚地看到绘图区缩小为一个文件窗口。AutoCAD 可以同时打开多个文件。

1.3.5　十字光标

　　十字光标用于定位点、选择和绘制对象，由定点设备如鼠标和光笔等控制。当移动定点设备时，十字光标的位置会作相应的移动，就像手工绘图中的笔一样方便。十字光标的方向分别与当前用户坐标系的 X 轴、Y 轴方向平行，十字光标的大小默认为屏幕大小的 5%，如图 1-7 所示。

图 1-6　设置绘图区颜色　　　　　　　　图 1-7　十字光标

1.3.6　状态栏

　　状态栏位于 AutoCAD 2010 工作界面的底部，效果如图 1-8 所示。状态栏左侧显示十字光标当前的坐标位置，中间显示辅助绘图的几个功能按钮，右侧显示常用的一些工具按钮。辅助绘图的几个功能按钮都是复选按钮，即单击这些按钮凹下去，表示开启该按钮功能，再次单击该按钮则凸起，表示关闭该按钮功能。合理运用这些辅助按钮可以提高绘图效率。(功能按钮的说明将在第 3 章详细讲述，这里不再赘述。)

图 1-8　状态栏

　　状态栏上最左边显示的是十字光标当前位置的坐标值，三个数值分别为 X、Y、Z 轴数据。Z 轴数据为 0，说明当前绘图区为二维平面。

1.3.7 命令行提示区

命令行提示区是用于接收用户命令以及显示各种提示信息的地方，默认情况下，命令行提示区在窗口的下方，由输入行和提示行组成，如图 1-9 所示。用户通过输入行输入命令，命令不区分大小写；提示区提示用户输入的命令以及相关信息，用户通过菜单或者工具栏执行命令的过程也将在命令行提示区显示。

图 1-9 浮动命令提示区窗口

1.3.8 功能区

功能区是 AutoCAD 2010 新增加的功能，可以通过"工具"|"选项板"|"功能区"命令打开，是"二维绘图与注释"工作空间的默认界面元素。功能区效果如图 1-10 所示，由选项卡组成，不同的选项卡下又集成了多个面板，不同的面板上放置了大量的某一类型的工具按钮。

图 1-10 功能区

1.4 图形文件的基本操作

AutoCAD 与其他软件一样，可以进行创建新文件、打开已有文件、保存文件、输出文件和关闭文件等基本操作。

1.4.1 创建新文件

启动 AutoCAD 后，默认将创建一个新的 AutoCAD 文件 Drawing1.dwg。在软件已经启动的情况下，如果需要新建图形文件，可以选择"文件"|"新建"命令，或单击"标准"工具栏中的"新建"按钮，或在命令行中输入 NEW 命令。

至于执行"新建"命令后弹出什么样的对话框，由 STARTUP 系统变量决定，当变量值为 0 时，弹出如图 1-11 所示的"选择样板"对话框。

图 1-11　"选择样板"对话框

　　打开对话框之后，系统自动定位到样板文件所在的文件夹，无需做更多设置，在样板列表中选择合适的样板，单击"打开"按钮即可。单击"打开"按钮右侧的下三角按钮，弹出附加菜单，可以选择采用英制或者公制的无样板菜单创建新图形。执行无样板操作后，新建的图形不以任何样板为基础。

　　当 STARTUP 为 1 时，新建文件时弹出如图 1-12 所示的"创建新图形"对话框。

　　单击"从草图开始"按钮，可以选择"公制"或者"英制"两种方式创建新图形，选定的设置决定系统变量要使用的默认值，这些系统变量可控制文字、标注、栅格、捕捉以及默认的线型和填充图案文件。

　　单击"使用样板"按钮，"创建新图形"对话框如图 1-13 所示。可以从"选择样板"列表中选择合适的样板来创建图形。用户也可以使用自己创建的样板图形。

图 1-12　"创建新图形"对话框　　　　　　图 1-13　"使用样板"创建图形

　　单击"使用向导"按钮，"创建新图形"对话框如图 1-14 所示。可以通过设置向导逐步地建立基本图形设置，向导提供两个选项用来设置图形：快速设置向导和高级设置向导。快速设置向导仅设置测量单位、显示单位的精度和栅格界限。高级设置向导设置测量单位、显示单位的精度和栅格界限，还可以进行角度设置(例如测量样式的单位、精度、方向和方位)，步骤如下：

　　(1) 在图 1-14 所示的列表框中，选择"高级设置"选项，单击"确定"按钮，弹出如

图 1-15 所示的对话框，设置新创建的图形文件的默认测量单位，有"小数"、"工程"、"建筑"、"分数"和"科学"5 个单选按钮供选择，在"精度"下拉列表框中可以选择测量单位的精度格式。在建筑制图中一般选择"小数"单选按钮，选择精度为 0，这时使用的最小尺度为毫米。

图 1-14　"使用向导"创建图形　　　　　图 1-15　设置单位

(2) 单击"下一步"按钮，弹出如图 1-16 所示的对话框，对绘图角度单位进行设置。系统提供"十进制度数"、"度/分/秒"、"百分度"、"弧度"和"勘测"5 种角度单位，在"精度"下拉列表中可以设置角度测量单位的精度格式。在建筑制图中一般选择"度/分/秒"单选按钮，选择精度为"0d00'00""。

(3) 单击"下一步"按钮，弹出如图 1-17 所示的对话框，用户对角度测量的起始方向进行设置。系统提供了"东"、"北"、"西"、"南"和"其他"5 个方向设置，系统默认为"东"。

图 1-16　设置角度　　　　　　　　图 1-17　设置角度测量起始方向

(4) 单击"下一步"按钮，弹出如图 1-18 所示的对话框，设置角度测量的方向。系统提供了"逆时针"和"顺时针"两个选项供选择，可以选择一个作为加角度测量的正方向。在建筑制图中一般采用系统默认的"逆时针"方向。

(5) 单击"下一步"按钮，弹出如图 1-19 所示的对话框，设置绘图区域。可以在"宽度"和"长度"文本框里分别输入数值。单击"完成"按钮，完成设置。注意，在建筑制图中以毫米为单位时，绘图区域大小的设置对应地也使用毫米为单位。

图 1-18　设置角度测量的方向　　　　　　　　图 1-19　设置绘图区域

1.4.2　打开文件

选择"文件"|"打开"命令，或单击"标准"工具栏中的"打开"按钮 ⬚，或在命令行输入 OPEN，都可以打开如图 1-20 所示的"选择文件"对话框，用来打开已经存在的 AutoCAD 图形文件。

图 1-20　"选择文件"对话框

在对话框的"搜索"下拉列表框中选择文件所在位置，在文件列表中选择文件，单击"打开"按钮即可打开文件。单击"打开"按钮右侧的下三角按钮，弹出附加菜单，可以以"只读方式打开"、"局部打开"和"只读方式局部打开"这 3 种方式来打开图形。其中，使用"局部打开"能够方便用户打开图纸的某几个图层而不需要打开整张图纸。另外，可以直接在"文件名"文本框中输入文件名来打开已有文件。在对话框的右边有图形文件的"预览"框，可在此处看到选择图形文件的预览图，这样就可以很方便地找到所需的图形文件。如果选中"选择初始视图"复选框，目标图形文件将以定义过的一个视窗方式打开。

1.4.3　保存文件

在绘图过程中，断电或其他的意外情况常常使用户的心血付诸东流，养成及时保存文件的习惯对用户来说非常重要。选择"文件"|"保存"命令、单击"标准"工具栏中的"保

存"按钮 、在命令行里输入 SAVE，或直接按下 Ctrl+S 键，都可以对图形文件进行保存。若当前的图形文件已经命名，则按此名称保存文件。如果当前图形文件尚未命名，则弹出如图 1-21 所示的"图形另存为"对话框，来保存已经创建的尚未命名的图形文件。若当前图形文件已经命名但想更改文件名，可以选择"文件"|"另存为"命令，同样会弹出如图 1-21 所示的"图形另存为"对话框。

图 1-21 　"图形另存为"对话框

在如图 1-21 所示的"图形另存为"对话框中，"保存于"下拉列表框用于设置图形文件保存路径，"文件名"文本框用于输入图形文件的名称，"文件类型"下拉列表框用于选择文件保存的格式。

- DWG：是 AutoCAD 默认的图形文件格式。
- DXF：是文本或二进制文件格式，其中包含可由其他 CAD 程序读取的图形信息。如果其他用户正使用能够识别 DXF 文件的 CAD 程序，那么以 DXF 文件保存图形就可以共享该图形。
- DWS：是二维矢量图形格式，用于在互联网上发布 AutoCAD 图形。
- DWT：是 AutoCAD 的样板文件，样板图形存储图形的所有设置，还可能包含预定义的图层、标注样式和视图。

提示：

在保存为 DWG 图形文件之后，用户可以发现在文件夹里还有一个以.bak 为后缀名的文件，该文件为存盘前图形文件的备份，以便于错误修改后的还原。还原方法是将其复制至其他目录下，把后缀名.bak 更改为.dwg，或直接在该目录下同时更改其文件名和后缀名即可。

另外，系统提供的自动保存功能使 AutoCAD 可以自动保存文件。选择"工具"|"选

项"命令,弹出"选项"对话框,在"打开和保存"选项卡的"文件安全措施"选项组选择"自动保存"复选框,在"保存间隔分钟数"文本框中输入适当的数值,例如 10 或者 30,单击"确定"按钮,系统就会每隔 10 或 30 分钟自动保存图形,如图 1-22 所示。系统默认保存文件的后缀名为.sv$,保存位置为 C:\Documents and Settings\Admin\Local。

图 1-22　自动保存设置

1.4.4　输出文件

在 AutoCAD 2010 中,还可以将图形输出成其他格式的文件。选择"文件"|"输出"命令,则会弹出"输出数据"对话框,如图 1-23 所示,在"文件类型"下拉列表框中可以选择输出的文件格式,如.wmf 、.sat、.stl、.eps、.dxx、.bmp、.3ds、.dwg 等。

图 1-23　"输出数据"对话框

1.4.5　关闭文件

完成图形的绘制以后,选择"文件"|"关闭"命令,或者单击菜单栏右侧的"关闭"按钮 ✕,或在命令行输入 CLOSE,可以关闭图形文件。如果没有对图形文件做最后一次保存,AutoCAD 会提示用户对当前图形进行保存。

1.5　AutoCAD 命令输入方式

AutoCAD 2010 中常用的命令输入方法是鼠标输入和键盘输入，绘图时一般都是结合两种设备进行的，利用键盘输入命令和参数，利用鼠标执行工具栏中的命令、选择对象、捕捉关键点等。

1.5.1　命令与系统变量

命令是用户需要进行的某个操作。大部分的 AutoCAD 命令都可以通过键盘输入，然后在命令行里执行(而且部分命令只有在命令行中才能执行)。

系统变量用于控制某些命令工作方式，一般在命令行里执行。它们可以打开或关闭模式，可以设置填充图案的默认比例，可以存储关于当前图形和程序配置的信息。

1.5.2　通过菜单命令绘图

选择菜单栏相应的菜单，在弹出的菜单命令中执行相应的菜单命令，即可进行相应的操作。

例如，选择"绘图"|"直线"命令，即可执行直线命令，命令行提示如下：

命令: _line 指定第一点: //系统提示要求用户在绘图区用鼠标或者坐标值定位第一点

1.5.3　通过工具栏按钮绘图

单击工具栏上的按钮可以执行相应的命令。例如，单击"绘图"工具栏上的"直线"按钮，执行直线命令，命令行同样提示如下：

命令: _line 指定第一点: //系统提示要求用户在绘图区用鼠标或者坐标值定位第一点

1.5.4　通过命令形式绘图

在 AutoCAD 中，大部分命令都具有其对应的命令名，可以直接在命令行中输入命令名并按 Enter 键来执行。例如，在命令行里直接输入 line，按 Enter 键，命令行提示如下：

命令: line　　　//输入命令，按 Enter 键
指定第一点:　　//系统提示要求用户在绘图区用鼠标或者坐标值定位第一点

提示：

在 AutoCAD 中，命令不区分大小写。另外各种命令对应的简写命令可以使用户更快捷地绘图，关于设置简写命令和相关技巧详见第 16 章。

在执行完上一次命令之后，如果还想继续执行该命令，可以按 Enter 键继续执行命令。

1.5.5　使用透明命令

AutoCAD 2010 的许多命令可以透明使用，即可以在使用另一个命令的同时，在命令行中输入这些命令或直接再单击工具栏中的其他命令。透明命令通过在命令名的前面加一个单引号来表示，常用于更改图形设置或显示选项，例如在画直线的过程中需要缩放视图，则可以使用透明命令，等缩放完视图之后再接着画直线。这样可以避免绘制点落在视图之外所带来的不便。

以"直线"命令为例，单击"直线"按钮 执行"直线"命令，然后单击"标准"工具栏的"实时缩放"按钮 。

命令行提示如下。

```
命令: _line 指定第一点:'_zoom          //执行"直线"命令的同时执行"实时缩放"命令
>>指定窗口的角点，输入比例因子 (nX 或 nXP)，或者          //系统提示信息
[全部(A)/中心(C)/动态(D)/范围(E)/上一个(P)/比例(S)/窗口(W)/对象(O)] <实时>://缩放视图
>>按 Esc 或 Enter 键退出，或单击右键显示快捷菜单。          //按 Esc 或 Enter 键退出
正在恢复执行 LINE 命令。          //系统提示信息
指定第一点://回到继续执行直线命令，系统提示要求用户在绘图区用鼠标或者坐标值定位第一点
```

1.5.6　退出执行命令

在执行命令的过程中，如果用户不想执行当前命令了，可以按 Esc 键，退出命令的执行状态。

1.6　绘图环境设置

在使用 AutoCAD 绘图之前，首先要对绘图环境进行设置，以便于绘图。

1.6.1　设置显示

不同的用户对绘图区显示有不同的要求，选择"工具"|"选项"命令，弹出"选项"对话框，选择"显示"选项卡，如图 1-24 所示。

图 1-24　"显示"选项卡

通过更改"显示"选项卡中的选项设置可以改变 AutoCAD 的显示，如窗口元素、显示精度、布局元素、显示性能、十字光标的大小、参照编辑的退色度等。在建筑制图中常用的设置修改如下。

1. 更改十字光标的大小

在"十字光标大小"选项区域中可以设置十字光标的大小。AutoCAD 2010 的十字光标的大小值默认为 5，代表其长度为全屏幕的 5%，可以拖动滑块调整有效值，其范围为全屏幕的 1%～100%。

2. 更改显示精度的大小

在"显示精度"选项区域中可以控制显示对象的显示质量，但是如果设置过高的值来提高显示质量将直接影响性能。显示精度的控制包括圆弧和圆的平滑度、每条多段线曲线的线段数、渲染对象的平滑度、每个曲面的轮廓素线。一般在绘图过程中可以通过降低显示精度来提高绘图性能，特别是对于大型工程的绘图，有时这种操作是有必要的。

1.6.2　设置草图

"草图"选项卡如图 1-25 所示。在"自动捕捉设置"选项组中，"标记"复选框用于确定当十字光标移到捕捉点上时是否显示几何符号。"磁吸"复选框用于确定十字光标自动移动时是否锁定到最近的捕捉点上。"显示自动捕捉工具栏提示"复选框用于确定是否显示自动捕捉工具栏提示，工具栏提示是一个标签，用来描述捕捉到的对象部分。"显示自动捕捉靶框"复选框用于确定是否显示自动捕捉靶框，靶框是捕捉对象时出现在十字光标内部的方框。单击"颜色"按钮弹出相应对话框可以设置标记的颜色，在"自动捕捉标记大小"选项组中拖动滑块可以更改标记大小。

图 1-25　"草图"选项卡

1.6.3　设置选择集

"选择集"选项卡如图 1-26 所示。在"拾取框大小"选项组中可以根据需要拖动滑块调整拾取框的大小。在建筑制图中编辑图形时，有时线条较密，通常需要调整拾取框的大小来方便地选择所需对象。有时还需要对"夹点大小"进行调整。夹点是指在被选中对象上显示的一些小方块。在线条密集的图形编辑过程中通常调小夹点以便于选择。

图 1-26　"选择集"选项卡

1.6.4　设置绘图单位

在 AutoCAD 中，可以使用各种标准单位进行绘图，建筑制图通常使用毫米作为单位。在绘图时只能以图形单位计算绘图尺寸。

除了可以通过"使用向导"进行图形单位、角度、角度测量、角度方向和区域的设置以外，还可以通过选择"格式"|"单位"命令，或在命令行里输入 DDUNITS，在弹出如图 1-27 所示的"图形单位"对话框中对图形单位进行设置。

在"长度"选项组的"类型"下拉列表框中可以设置长度单位的格式类型，"精度"下拉列表框中可以设置长度单位的显示精度。在"角度"选项组的"类型"下拉列表框中可以设置角度单位的格式类型，"精度"下拉列表框中可以设置角度单位的显示精度，选择"顺时针"复选框，表明角度测量方向是顺时针方向，不选此复选框则角度测量方向为逆时针方向，此时角度测量的默认方向是按逆时针方向度量的。通常在建筑制图中，长度的类型为小数，精度为 0，即制图精确到毫米。

单击"方向"按钮，会弹出如图 1-28 所示的"方向控制"对话框，可以设置起始角度的方向。在 AutoCAD 的默认设置中，起始方向为"东"，逆时针方向为角度增加的正方向。

图 1-27　"图形单位"对话框

图 1-28　"方向控制"对话框

　　在对话框中可以选择 5 个单选按钮中的任意一个来改变角度测量的起始位置。也可以通过选择"其他"单选按钮并单击"拾取"按钮，在图形窗口中拾取两个点来确定在 AutoCAD 中的起始方向。通常建筑制图中用正东方向为起始角度方向，逆时针方向为角度增加的正方向，即使用 AutoCAD 的默认设置。

1.7　使用联机帮助

　　在 AutoCAD 2010 中文版中可以通过以下 5 种方式打开如图 1-29 所示为"AutoCAD 2010 帮助"窗口，获取软件使用的相关信息。

(1) 选择 "帮助"|"帮助"命令。

(2) 单击"标准"工具栏上的 ⬚ 图标。

(3) 在命令窗口的命令行下，输入 HELP 或"？"并按 Enter 键。

(4) 按 F1 键。

(5) 单击任一对话框中的"帮助"按钮。

图 1-29　AutoCAD 2010 中文版帮助

　　"帮助"窗口提供了"目录"、"索引"和"搜索"3 个选项卡，供用户进行信息查询。

● "目录"选项卡：以主题和次主题列表的形式显示可用文档的概述，允许用户通过选择和展开主题进行浏览。

● "索引"选项卡：按字母的顺序显示了与"目录"选项卡中的主题相关的关键字。在知道功能、命令或操作名称等条件下查询其他相关内容，可以在"键入要查找的关键字"中输入已知相关内容，单击"显示"按钮，便会弹出"已找到的主题"对话框。然后选择所需主题，单击"显示"按钮，便可获得相关信息。

● "搜索"选项卡：可以对"目录"选项卡中所列的所有主题进行全文搜索。在"输入要查找的单词"文本框中允许用户对特定的单词进行彻底的搜索。

1.8　操 作 实 践

【例 1-1】在工作盘上创建一个"AutoCAD 2010 学习"的文件夹,再创建一个 AutoCAD 文件,并保存到该文件夹里,文件名为 Ex1-01,创建的新文件不使用样板,使用公制创建,然后退出 AutoCAD 系统。

(1) 选择"开始"|"程序"| Autodesk | AutoCAD 2010-Simplified Chinese | AutoCAD 2010 命令,启动 AutoCAD 2010 中文版。

(2) 设置系统变量 STARTUP 为 1。

(3) 选择"文件"|"新建"命令,弹出"启动"对话框,单击"从草图开始"按钮,在"创建新图形"对话框的"默认设置"选项组中选择"公制"单选按钮,如图 1-30 所示,单击"确定"按钮。

(4) 单击"确定"按钮,此时弹出"新功能专题研习"窗口,选择"以后再说"单选按钮,单击"确定"按钮,进入绘图界面。

(5) 选择"文件"|"保存"命令,弹出"图形另存为"对话框,在"保存于"下拉列表框中选择路径"工作盘: / AutoCAD 2010 学习",在"文件名"文本框中输入 Ex1-01,如图 1-31 所示,单击"保存"按钮,保存图形文件。

图 1-30　保存图形文件　　　　　图 1-31　使用无样板公制方式创建新图形

(6) 选择"文件"|"退出"命令,退出 AutoCAD 系统。

【例 1-2】更改绘图区背景。打开刚创建的 Ex1-01 图形文件,将绘图区的黑色背景更改为白色,并存盘退出 AutoCAD 系统。

(1) 选择"开始"|"程序"| Autodesk | AutoCAD 2010-Simplified Chinese | AutoCAD 2010 命令,启动 AutoCAD 2010 中文版。

(2) 选择"文件"|"打开"命令,弹出"选择文件"对话框,如图 1-32 所示。在"查

找范围"下拉列表框中选择路径"工作盘：/ AutoCAD 2010 学习"，单击 Ex1-01 图形文件，再单击打开按钮。

图 1-32　打开图形文件

(3) 选择"工具"|"选项"命令，打开"选项"对话框。在"显示"选项卡的"窗口元素"选项区域中单击"颜色"按钮，打开"颜色选项"对话框，在"界面元素"下拉列表框中选择"统一背景"，在"颜色"下拉列表框中将黑色改成白色，单击"应用并关闭"按钮，便改变了背景颜色，最后单击"确定"按钮，退出"选项"对话框，回到绘图区。

(4) 单击"标准"工具栏上的存盘按钮 🖫 。

(5) 选择"文件"|"退出"命令，退出 AutoCAD 系统。

1.9　习　　题

1.9.1　填空题

(1) AutoCAD 图形文件格式的后缀是_____，AutoCAD 样板文件格式的后缀是_____。

(2) 新建图形时，当系统变量 STARTUP＝____时，弹出"创建新图形"对话框，当系统变量 STARTUP＝____时，打开"选择样板"对话框。

(3) AutoCAD 2010 中设置自动保存时间的操作步骤是_____。

(4) 透明命令是指_____。

1.9.2　选择题

(1) 在 AutoCAD 的默认设置中，起始方向是_____。

  A. 东   B. 南   C. 西   D. 北

(2) 打开图形文件的命令是_____。

    A. START   B. BEGIN   C. OPEN   D. ORIGIN

(3) 建筑制图中最常用的长度制图单位是_____。

    A. 米   B. 毫米   C. 分米   D. 厘米

1.9.3　上机操作

    重新打开 Ex1-01.dwg，使用最基本的"直线"命令，练习各种命令输入方式。其中，"绘图"工具栏上的"直线"按钮是 ✐，命令行里可以输入的"直线"命令是 LINE，菜单栏中可以选择"绘图"|"直线"命令。动态输入直线的起点坐标(0,0)和终点坐标(400,300)，并保存文件。

第2章 图形显示及图形选择

CAD(计算机辅助设计)最主要的特点在于其人机交互性。设计者必须能够实时地得到该时刻的设计结果并做出下一步的判断和设计操作，在这个过程中，AutoCAD 为设计者提供了多种视图操作方式，以方便他们查看图形的不同部位和细节。这种用特定的比例、特定的观察位置和观察角度查看图形而形成的图像称为视图。视图可以和图形一起保存，在需要打印或查看细节时可以还原特定的视图。AutoCAD 提供两种最基本的视图操作分别为缩放视图和平移视图。

图形的选择即在图形绘制过程中选择图形对象，该对象可能是点、线、面，也可能是实体。选择对象是编辑修改图形的前提。熟练地掌握图形选择功能可以极大地提高绘图效率。

本章将主要介绍图形显示和图形选择的相关内容。

知识要点

- 视图的缩放与平移
- 目标对象的选择
- 目标对象的快速选择

2.1 显示视图

2.1.1 缩放视图

在 AutoCAD 中查看图形最常用的方式是缩放查看绘图区中的图像。如果要观察更大面积的图形或整张图形使其显示在屏幕内，就要使视图缩小。若需要更加详细地观察图形的细节，就要使视图放大。这种缩放并不改变图形的绝对大小，它仅改变了绘图区域中的视图大小。就像阅读杂志的彩页，放在较远的位置时，可以看到彩页的整体效果，而想看一些具体的细节时则需要放得很近，甚至要借助于放大镜。使用 AutoCAD 中的缩放命令 ZOOM 可以实现这一功能。

调用缩放命令的方法有以下 4 种。

(1) 选择"视图"|"缩放"命令，在弹出的级联菜单中选择合适的命令。

(2) 在标准工具栏上单击缩放按钮，单击该按钮后，弹出各种缩放按钮列表，选择相应的缩放按钮即可进行缩放操作。

(3) 在任意一个工具栏上右击，在弹出的快捷菜单中选择"缩放"命令，打开如图 2-1 所示的"缩放"工具栏，然后单击所需的命令按钮。

图 2-1　图形缩放工具栏

(4) 在命令行中输入 ZOOM 命令，再选择所需选项执行相应的视图缩放操作，此时命令行提示如下。

命令: zoom
指定窗口的角点，输入比例因子 (nX 或 nXP)，或者
[全部(A)/中心(C)/动态(D)/范围(E)/上一个(P)/比例(S)/窗口(W)/对象(O)] <实时>:

下面结合 AutoCAD 2010 中文版自带的例子 C:\Program Files\AutoCAD 2010\ Sample\ Database Connectivity\ db_samp.dwg 来分别介绍几种常用的缩放方式。

1. 实时缩放

实时缩放使 AutoCAD 实现了动态缩放功能，保证了视图缩放的连续性，使用该命令的过程中图像的变化是连续进行的。

在"缩放"菜单中选择"实时"命令后，在屏幕上出现一个放大镜形状的光标 Q^+。拖动鼠标，使放大镜在屏幕上移动，便可动态地拖动图形进行视图缩放。缩放的规则是：按住鼠标左键往上方拖动即可放大图形，而按住鼠标左键往下方拖动即可缩小图形，释放鼠标左键即停止缩放。当放大到最大程度时，屏幕光标放大镜旁边的"+"号消失，表示不能再进行放大。相反，当缩小到最小时，屏幕也不能再进行缩小。

2. 全部缩放

全部缩放是指在视图中显示整个图形，显示用户定义的图形界限和图形范围，在绘图区域内显示全部图形。图形显示的尺寸由图形界限与图形范围中尺寸较大者决定，即图形文件中若有图形实体处在图形界限以外的位置，便由图形范围决定显示尺寸，将所有图形实体都显示出来。

选择"视图"|"缩放"|"全部"命令，或在"缩放"工具栏中单击"全部缩放"按钮 ，或在命令行输入 ZOOM 命令后按 Enter 键或空格键，在命令提示行输入字母 A，db_samp.dwg 的绘图区将如图 2-2 所示，所有内容都显示出来。

图 2-2　全部缩放后的效果

3. 范围缩放

范围缩放与全部缩放选项不同，它与图形的边界无关，只把已绘制的图像最大限度地充满整个屏幕。选择"视图"|"缩放"|"范围"命令，或在"缩放"工具栏中单击"范围缩放"按钮🔍，或者在命令行输入 ZOOM 命令后按 Enter 键，在命令提示行输入字母 E，Db_samp.dwg 的绘图区将如图 2-3 所示。比较图 2-2 与图 2-3 可以发现二者都能显示所有图像，不同之处在于全部缩放不仅仅显示图像内容，若图形界限大于图像内容，将显示整个图形界限。

图 2-3　范围缩放后的效果

提示：

范围缩放中视图包含已关闭图层上的对象，但不包含冻结图层上的对象。对于大型的图纸，全部缩放和范围缩放都需要较长的显示时间。

4. 窗口缩放

窗口缩放是 AutoCAD 最常用的缩放工具之一。通过确定一个矩形窗口的两个对角点来指定所需要缩放的区域。指定窗口的中心点将成为新的显示屏幕的中心点，窗口中的区域将被放大，尽可能地充满整个绘图区。对角点一般由鼠标确定，当然也可以通过坐标输入。

单击"缩放"工具栏中的"窗口缩放"按钮🔍，或者在命令行输入 ZOOM 命令后，按 Enter 键或空格键，在命令提示行输入字母 W，然后在绘图区选择窗口的两对角点。

在如图 2-3 中要显示建筑图中心的部分。可以单击🔍按钮，然后在平面图中心区的左下角选择一点，再在右上角选择一点，经窗口缩放可以得到如图 2-4 所示的结果。

图 2-4　窗口缩放后的效果

5. 对象缩放

对象缩放，也是一个很有效的缩放命令。当在整张图中观察某个图像的细部时，对象缩放可以直接选取需要观察的对象，缩放至整个屏幕。

单击"缩放"工具栏中的"对象缩放"按钮，在命令提示行输入字母 O，然后用鼠标在绘图区选择缩放对象，对象缩放至整个屏幕。

6. 动态缩放

动态缩放与对象缩放类似，但动态缩放不是针对某个对象，而是用户自由选择观察区域的大小。动态缩放又与窗口缩放类似，但动态缩放不需要对象显示在当前视图中。它是通过先直接看到整个图形，然后通过操纵光标点选择下一视图的位置和尺寸。

单击"缩放"工具栏中的"动态缩放"按钮，在命令提示行输入字母 D，绘图区将显示整体图像，首先显示平移视图框。将其拖动到所需位置并单击，便可显示缩放视图框。调整其大小后按 Enter 键进行缩放，或单击以返回平移视图框继续寻找合适位置。

从图 2-5 开始，单击"缩放"工具栏中的"动态缩放"按钮移动光标至平面图下方，单击，然后移动鼠标调整缩放视图框的大小，再单击鼠标重新回到移动视图框的状态，移动到合适位置按下 Enter 键或空格键确定，则得到如图 2-6 所示的效果。

图 2-5　动态缩放过程中　　　　　　　图 2-6　动态缩放后的效果

提示：

动态缩放的操作相对复杂一些，但熟练掌握之后能够在察看整体和局部细节之间快速
切换。

7. 比例缩放

比例缩放是指以指定的比例因子缩放图形。AutoCAD 提供了 3 种比例缩放方式。第一
种是相对于图形界限的比例，很少用；第二种是相对于当前视图的比例，输入方式为 nX；
第三种是相对于图纸空间单位的比例，输入方式为 nXP。常用的是第二种方式。

单击"缩放"工具栏中的"比例缩放"按钮，在命令提示行输入字母 S，然后在命
令提示行输入缩放视图的比例 nX。

例如，若让图 2-3 中的视图范围扩大一倍，可以按比例缩放在命令提示行中输入 0.5X
即可得到如图 2-7 所示的视图，其视图的中心点保持不变。

图 2-7　比例缩放后的效果

2.1.2　平移视图

在绘图过程中经常会遇到需要察看、绘制、修改的图像位于显示区外的情况。而此时
显示的比例合适，这就需要将显示的视图进行平移。

单击"标准"工具栏中的"实时平移"按钮，或选择"视图"|"平移"|"实时"
命令，或在命令行中输入 PAN，按 Enter 键，则光标变成手形，拖动鼠标，可以对图形
对象进行实时移动。

提示：

平移视图命令与缩放视图命令经常结合使用，并且都能透明使用，无需中断当前操作。
当然，还可以选择"视图"|"平移"命令，在级联菜单中还有其他平移菜单命令，但操作
不是十分方便，这里不再赘述。

2.1.3　鸟瞰视图

鸟瞰视图(Aerial View)是一种视图调整工具，通过使用一个独立的小窗口进行图形的缩放和平移。在鸟瞰视图的窗口中可以显示整个图形，只需很少的几次单击就可以快速地定位到所需视图。在绘图时，如果"鸟瞰视图"窗口保持打开状态，则无需中断当前命令便可以直接进行缩放和平移操作。对于大型工程图纸如大型的总平面图中用"鸟瞰视图"将十分有效。

可按以下方法启动鸟瞰视图。

(1)　在命令行输入 DSVIEWER(或 AV)并按空格键或按 Enter 键。

(2)　选择"视图"|"鸟瞰视图"命令。

启动"鸟瞰视图"后，将在屏幕上出现一个小型的视窗，如图 2-8 所示。

图 2-8　鸟瞰视图窗口

视图框在"鸟瞰视图"窗口内是一个用于显示当前视图边界的粗线矩形。在"鸟瞰视图"窗口中显示了当前图形的缩略图，单击鸟瞰视图，会显示一个与视图边界矩形相同大小的绿色的矩形边框表示当前视图框，可以修改视图框的位置和尺寸来控制视图。在使用鸟瞰视图控制视图之前，首先要明确"鸟瞰视图"窗口中绿色粗线边框所显示的区域与图形窗口的视图是保持一致的。

与动态缩放类似，可以通过在"鸟瞰视图"窗口中改变视图框大小来改变图形中的视图。要放大图形，可将视图框缩小；要缩小图形，可将视图框放大。单击可以执行所有平移和缩放操作，右击可以结束平移或缩放操作，切换到新视图。下面简单介绍鸟瞰视图的操作方法。

1. 通过鸟瞰视图平移视图的操作

单击激活"鸟瞰视图"窗口，系统会出现一个围绕着光标的矩形框，如图 2-9 所示的细线框。这时，如果移动光标，矩形框将随着光标的移动而移动，而图形窗口中的显示也随之变化。移动到合适位置右击，则生成新的视图窗口，同时粗线矩形框也移动到当前新的位置，如图 2-10 所示。

图 2-9　鸟瞰视图平移操作选择平移位置　　　　　图 2-10　鸟瞰视图平移操作形成新视图

2. 通过鸟瞰视图缩放视图的操作

单击"鸟瞰视图"窗口,出现当前视图框,再单击,便可调整当前视图框的大小,如图 2-11 所示。选定位置和缩放程度(即视图框的大小)后右击就可形成缩放后的新视图,如图 2-12 所示。

图 2-11　鸟瞰视图缩放操作选择位置　　　　　图 2-12　鸟瞰视图缩放操作形成新视图

提示:

使用鸟瞰视图进行实时缩放之前,要确保"选项"|"实时缩放"命令被选中。鸟瞰视图中单击"放大"按钮能够将"鸟瞰视图"窗口中的图形放大两倍;单击"缩小"按钮能够将"鸟瞰视图"窗口中的图形缩小为原来的一半;单击"全局"按钮则能在"鸟瞰视图"窗口中显示整个图形。

2.1.4　其他相关知识

在视图操作中除了缩放视图、平移视图和鸟瞰视图这 3 种基本的操作外,还会遇到一些其他的操作,例如清除屏幕上点的痕迹、重新让一些圆和曲线显示得光滑一些、显示线条宽度以及关闭或打开填充显示等。AutoCAD 提供了许多与显示相关的命令,在此只简单介绍以下几个常用的命令。

1. 图形重画

图形重画是将虚拟屏幕上的图形传送到实际屏幕,它不需要重新计算图形,因此显示速度较快。屏幕重画将删除用于标识指定点的点标记或临时标记,以使屏幕清晰。选择"视图"|"重画"命令或在命令行输入 REDRAWALL 可实现此功能。

2. 图形重生成

图形重生成会重新计算当前图形的尺寸，并将计算的图形存储在虚拟屏幕上，所以重生成又称为刷新。当图形较复杂时，重生成过程需占用较长的时间，因此可以根据需要，选择"视图"菜单中的"重生成"或"全部重生成"命令来对图形进行操作。当视图被放大之后，许多弧线可能会变成直线段，这种情况下使用重画操作仅能去除点的标记，并不能使圆形看起来很连续，因此就必须用视图的重生成命令来显示新的视图。

3. 线宽显示

单击状态栏上的"线宽"功能键可以控制线宽的显示与关闭。任何线宽宽度都可能降低 AutoCAD 的性能，如果要在使用 AutoCAD 绘图时提高显示性能，可以关闭线宽，在查看图纸时再打开线宽显示。

4. 关闭填充显示

多段线和实体填充的显示模式对 AutoCAD 系统的性能有很大的影响。当关闭填充时，只会显示和打印对象的轮廓，控制填充的显示命令是 FILL。执行该命令后系统会提示选择"开(ON)"还是"关(OFF)"。

5. 重叠对象显示

通常情况下，重叠对象以其创建的顺序显示，新创建的对象在现有对象的前面。如果文字或图像等对象被前面的对象遮住，就不能正确地显示该对象。AutoCAD 提供了"绘图次序"工具来调整显示顺序。

如图 2-13 所示，选择"工具"|"绘图次序"命令，或在"绘图次序"工具栏上选择如图 2-14 所示的相应按钮，系统提示"选择参照对象:"，选择遮挡文字的对象，就能将文字调整到该对象之上。其中"前置"和"后置"是将对象分别放在最前和最后。

图 2-13　"绘图次序"菜单栏

图 2-14　"绘图次序"工具栏

2.2　目标对象的选择

AutoCAD 提供了两种编辑图形的顺序：先输入命令，后选择要编辑的对象，简称为主谓式；或者先选择对象，然后进行编辑，简称为动宾式。这两种方法可以结合用户的习惯和命令要求灵活使用。无论采用哪种方式进行编辑，都要选择对象。

2.2.1　设置对象选择模式

打开"选项"对话框，在"选择"选项卡的"选择模式"选项区域中可以设置对象选择模式。

提示：

建议初学者无特殊需要，可以不做更改，沿用系统默认值。

2.2.2　点选方式

点选方式为默认的选择对象方式。在"命令:"提示下，AutoCAD 在图形区的光标形状为一小方框，称为拾取框，将拾取框移到被选择对象上单击，即可选中该对象，此时目标对象由实线变成了虚线，表示已经被选中加入到选择集中，按下 Enter 键即可进行下一步操作了，点选方式可以选中多个对象。

在绘图对象十分密集的图形中，由于对象之间距离太近，或者对象之间有重叠，这样就使得选择所需要的对象变得十分困难。在单独拾取对象时，AutoCAD 提供循环选择对象的功能。选择时轮换拾取框中的对象，一直到所需选择的对象亮显。具体操作步骤为：将拾取框移动到所需要选择对象的上方，然后按住 Ctrl 键的同时单击，AutoCAD 在命令提示行会显示以下信息。

> 命令: <循环 开>

当循环打开后，每右击一次，AutoCAD 都将亮显一个不同的对象。当所需对象亮显时，按空格键添加到选择集当中，并关闭 AutoCAD 对象循环功能。

2.2.3　窗口选择方式

在"选项"对话框中，单击"选择"选项卡的"选择模式"选项区域中的"视觉效果设置"按钮会弹出"视觉效果设置"对话框，如图 2-15 所示。通过更改该对话框中的参数，可以改变选择对象显示效果。其中，"选择预览效果"选项区域中就包括"虚线"、"加粗"和"两者都"3 个单选按钮。选择"虚线"单选按钮时，当拾取框移至对象时，对象线条只变成虚线而不加粗。选择"加粗"单选按钮当拾取框移至对象时，对象线条只加粗而不会变成虚线。若选择"两者都"单选按钮时，对象线条即变成虚线又加粗。另外，还可以设置区域选择效果，改变窗口选择和交叉窗口选择的颜色和透明度。

图 2-15　"视觉效果设置"对话框

2.2.4　交叉窗口选择方式

交叉窗口选择与窗口选择的选择方式有些类似，也是最常用的选择方式之一。不同的就是光标在对象右方选择一角点，向左方移动鼠标形成的选择框是虚线框。只要对象与交叉窗口相交或包容在交叉窗口中，都将被加入到选择集。如图 2-16 所示是窗口选择方式效果，图 2-17 是交叉窗口选择方式效果，读者可以比较两者不同点。

图 2-16　窗口选择方式效果

图 2-17　交叉窗口选择效果

2.2.5　选择的其他选项

AutoCAD 提供了多种选择方法，除去上面介绍的点选、窗口选择、交叉窗口选择外，还有一系列的可选项。它们不在菜单和工具栏中显示，在命令行"选择对象："的提示后输入"？"或者其他非法命令，命令行会出现如下提示。

> 选择对象: ?
> *无效选择*
> 需要点或窗口(W)/上一个(L)/窗交(C)/框(BOX)/全部(ALL)/栏选(F)/圈围(WP)/圈交(CP)/编组(G)/添加(A)/删除(R)/多个(M)/前一个(P)/放弃(U)/自动(AU)/单个(SI) /子对象(SU)/对象(O)

下面介绍常用的几个选项。

(1) 全部(ALL)

在命令行"选择对象："的提示后输入 ALL 并按 Enter 键，全部对象被选中。

(2) 栏选(F)

栏选，又称为围栏方式，就像在图形当中围上一道篱笆(Fence)，与围栏相交的对象均被选中。操作方法是在命令行"选择对象："的提示后输入 F 并按 Enter 键。

(3) 前一个(P)

在命令行"选择对象："的提示后输入 P 并按 Enter 键，则可以选中前面编辑操作中最后一次所选的一个或一组对象。

2.2.6　快速选择

使用快速选择功能可以将符合条件的对象添加到当前选择集中，也可以替换掉当前选择集。对于大规模选择位于图形不同位置的对象，例如要选择立面图上标高大于十米的所有的窗户等情况时，快速选择十分有效。

单击"标准"工具栏上"特性"按钮，打开"特性"选项板，再单击右上角的"快速选择"按钮，打开"快速选择"对话框，如图 2-18 所示。

图 2-18　"快速选择"对话框

在"快速选择"对话框中各选项含义如下。

- "应用到"下拉列表框：将选择标准应用到整个图形上或当前的选择集上。单击"选择对象"按钮可以创建一个选择集。如果当前已经选中了一组对象，则此时可在这些选中的对象中再进行选择，形成一个新的当前选择集。
- "对象类型"下拉列表框：列出选择集中的对象。该选项允许用户通过限制选择标准来指定对象类型从而缩小选择范围。可以指定的对象类型包括所有图元、多行文字、直线、多段线、块参照和圆弧。默认选项为"所有图元"。
- "特性"列表框：列出所选对象类型的有效属性，这里仅列出普通属性。根据用户在"对象类型"中的不同选择，此框中列的特性内容也不同。
- "运算符"下拉列表框：列出选中属性的可以使用的逻辑运算符，以设置选择条件。
- "值"下拉列表框：为过滤器指定属性值。

- "包括在新选择集中"单选按钮：创建一个新的选择集。
- "排除在新选择集之外"单选按钮：反转选择集，排除所有和选择标准匹配的对象。
- "附加到当前选择集"复选框：选中此复选框时，可以将使用"快速选择"命令创建的选择集加入到当前选择集中。否则替换当前的选择集。

提示：

快速选择(QSELECT)命令不考虑局部打开图形中没有被加载的对象。

2.2.7　对象编组

对象编组是指将选择的对象定义为一组对象，这个选择集与普通选择集不一样，普通选择集只能保存最近的选择对象集合，而对象编组之后，编组和图形一起保存。即使用图形作为外部参照或将它插入到另一图形中时，编组的定义仍然有效。在命令行输入GROUP，将弹出"对象编组"对话框，如图 2-19 所示。

图 2-19　"对象编组"对话框

在"对象编组"对话框的"编组名"列表框中列出了图形文件中存在的编组名称和可选择的信息，"编组标识"选项组中各项含义如下。

- "编组名"文本框：显示当前组的名称，可以在此输入编组的名称。
- "说明"文本框：可以输入对新编组的描述。为了便于区分编组，建议输入描述编组特征的简要信息。
- "查找名称"按钮：列出包含某个选定对象的组名。
- "亮显"按钮：高亮度显示图形中当前组所包含的对象。
- "包含未命名的"复选框：选择该复选框，将在列表框中将显示包括未命名的组在内的所有组，否则只列出命名组。

"创建编组"选项组中各项含义如下。

- "新建"按钮：为新创建的组选定对象。
- "可选择的"复选框：选择该复选框，表示可以通过选择一个对象来选择整个组，否则为不可选择的编组，即单击该组中的一个对象时不能选择整个组。

- "未命名的"复选框：选择该复选框，将允许创建一个未命名的组，AutoCAD 将其命名为* An，这里 n 是一个随新组的增加而增加的数字。否则只能创建命名的组。

创建组后，若需要对某个组进行修改，可以在列表框中单击选择该组，激活"修改编组"的各个选项，其含义如下。

- "删除"按钮：单击该按钮，从当前选择的组中删除对象。
- "添加"按钮：单击该按钮，选择对象添加到当前组。
- "重命名"按钮：在"编组名"文本框中输入新名称，然后单击该按钮重新命名组。
- "重排"按钮：改变组中对象的顺序，并显示"编组重排"对话框。
- "说明"按钮：在"说明"文本框中输入新名称，然后单击该按钮改变对组的描述。
- "分解"按钮：删除所选择的编组，即取消选择组的定义。
- "可选择的"按钮：控制选择方式，即修改前面可选择性。若"编组名"列表框中显示"可选择的"为"是"，单击则变成"否"。

在"编组名"文本框中输入编组的名称后，单击"新建"按钮，进入选择对象状态，选择欲编组的对象后按 Enter 键，返回到"对象编组"对话框中。

对已经编组的对象，可以使用"对象编组"对话框取消对象编组，取消编组的方法是先在"编组名"列表中选择欲取消编组的组名，单击"分解"按钮，再单击"确定"按钮，返回到图形绘制屏幕，该对象编组便被取消了。

2.3　操　作　实　践

以前面打开的 C:\Program Files\AutoCAD 2010\Sample\db_samp.dwg 为例，首先进行缩放，运用"快速选择"方法选择出所有的文字标注，更改其颜色为蓝色并统计其数目，然后将图形另存为 Ex2-01。

(1) 在"标准"工具栏上按住缩放按钮，在下拉工具条中选择"范围缩放"按钮 ，绘图区将显示全部图形内容。

(2) 选择"工具" | "快速选择"命令，打开"快速选择对话"对话框。

(3) 在"应用到"下拉列表框中选择"整个图形"选项，在"对象类型"下拉列表框中选择"多行文字"选项；在"特性"下拉列表框中选择"颜色"选项；在"运算符"下拉列表框中选择"="；在"值"下拉列表框中选择 ByLayer 选项；在"如何应用"选项组中选择"包括在新选择集中"单选按钮。

(4) 单击"确定"按钮，绘图区的中的所有文字将被选择，亮显并显示夹点，如图 2-20 所示。

(5) 在命令栏可以看到提示如下。

```
命令: _qselect
已选定 16 个项目
```

(6) 在"特性"工具栏中的"颜色控制"下拉列表框中选择蓝色，多行文字变成蓝色，效果如图 2-21 所示。请用户注意，原先多行文字所在图层的颜色为红色。

图 2-20　快速选择后的结果

图 2-21　最终修改后的图形

(7) 按 Esc 键退出选择对象，得到改变后的结果。

(8) 选择"文件"|"另存为"命令，将修改后的图形保存到"AutoCAD 2010 学习"目录下，文件名为 Ex2-01。

2.4　习　　题

2.4.1　填空题

(1) 在 AutoCAD 中最基本的两种视图操作分别为_____和_____。

(2) 比较窗口选择方式和交叉窗口选择的差别在于_____。

(3) 删除用于标识指定点的点标记或临时标记的命令是_____；重新计算当前图形

的尺寸，并将计算的图形存储在虚拟屏幕上的命令是_____。

2.4.2　选择题

(1) AutoCAD 提供用户缩放视图的命令是_____。

　　A. ZOOM　　　　　B. PAN　　　　　C. SCALE　　　　　D. AV

(2) 视图缩放命令中_____与图形的边界无关，只把已绘制的图像最大限度地充满整个屏幕。

　　A. 全部缩放　　　　B. 范围缩放　　　C. 比例缩放　　　D. 中心缩放

(3) AutoCAD 提供用户的快速选择命令是_____。

　　A. SELECT　　　　B. QSELECT　　　C. ZOOM　　　　D. PAN

2.4.3　上机操作

打开"AutoCAD 2010 学习"中的 Ex2-01 进行平移和缩放操作，分别用直接选择(点选、窗选和交叉窗选)和快速选择方式来选择右边平面图中的所有插座(块名为 Receptacle)，观察选择的插座个数，比较两种方式的优缺点。然后不进行其他操作，按 ESC 键退出对象选择方式。

第3章 二维绘图基础

在使用 AutoCAD 绘制图形的过程中，要实现精确制图首先要了解 AutoCAD 提供的坐标和坐标系。同时要熟练掌握 AutoCAD 提供的辅助绘图工具来提高绘图效率，例如捕捉、栅格、正交、极轴、对象捕捉以及对象追踪等。用户还需要掌握 AutoCAD 系统本身提供的基本绘图命令，譬如绘制直线、绘制曲线、创建点和填充等。如果用户还需要知道图形绘制后的效果，掌握查询工具也是非常有必要的。

本章主要介绍平面坐标及坐标系、辅助绘图工具、基本的绘图命令和查询工具。

知识要点

- 坐标和坐标系的使用
- 辅助绘图工具的使用
- 基本绘图命令
- 查询工具的使用

3.1 使用平面坐标系

在 AutoCAD 绘图中，图形的绘制一般是通过坐标对点进行精确定位。当 AutoCAD 在命令行中提示输入点时，既可以使用鼠标在绘图区中拾取点，也可以在命令行中直接输入点的坐标值。从坐标系的种类来说，主要分为笛卡尔坐标和极坐标。从坐标形式分，可以分为相对坐标和绝对坐标。

3.1.1 笛卡尔坐标与极坐标

(1) 笛卡尔坐标系

笛卡尔坐标系有 3 个轴，即 X、Y 和 Z 轴。输入坐标值时，需要指定沿 X、Y 和 Z 轴相对于坐标系原点(0,0,0)点的距离(包括正负)。在二维平面中，可以省去 Z 轴的坐标值(Z 轴坐标值始终为 0)，直接由 X 轴指定水平距离，Y 轴指定垂直距离，在 XY 平面上指定点的位置。若绘制(0,0)至(30,30)的一条线段。在笛卡尔坐标系下采用动态输入方式绘制时，可以打开状态栏 DYN 开关，然后单击"绘图"工具栏的 ✐ 按钮，在光标命令提示栏中输入第一点坐标(0,0)，按 Enter 键后再输入第二点坐标(30,30)，按 Enter 键绘制完线段，然后按 Esc 键退出绘制。

(2) 极坐标

极坐标使用距离和角度定位点。当正东方向为校对起始方向，逆时针为角度正方向时，笛卡尔坐标系中坐标为(30,30)的点在极坐标系中的坐标为(42.43,45°)。其中，42.43 表示该点与原点的距离，45°表示原点到该点的直线与极轴所成的角度。

打开状态栏 DYN 开关，启动动态输入，单击"绘图"工具栏的 ✐ 按钮，在光标命令提示栏中输入第一点坐标(0<0)，按 Enter 键后再输入第二点坐标(42.43<45)，按 Enter 键绘制完线段，然后按 Esc 键退出绘制。只要角度和长度换算时的精度足够高，采用两种坐标系绘图的效果是一样的。

(3) 笛卡尔坐标系与极坐标的切换

极坐标格式绘制图形，当显示下一个点的工具栏提示时，输入逗号","可更改为笛卡尔坐标输入格式。按笛卡儿坐标格式绘制图形，当显示第二个点或下一个点的工具栏提示时，输入角形符号"<"可更改为极坐标输入格式。

3.1.2　相对坐标与绝对坐标

(1) 相对坐标

相对坐标以前一个输入点为输入坐标点的参考点，取它的位移增量，形式为 △X、△Y、△Z，输入方法为(@△X,△Y,△Z)。"@"表示输入的为相对坐标值。

关闭动态输入，在命令行输入以下内容:

```
命令: LINE                    //输入 LINE，表示绘制直线
指定第一点:10,10              //输入第一点点坐标 10,10，绝对坐标
指定下一点或 [放弃(U)]: @30,30   //输入第二点坐标@30,30，相对坐标
指定下一点或 [闭合(C)/放弃(U)]:  //按 Enter 键，完成直线绘制
```

绘制完成的直线如图 3-1 所示。

(2) 绝对坐标

绝对坐标是以当前坐标系原点为基准点，取点的各个坐标值，关闭动态输入(X,Y,Z)或动态输入#(X,Y,Z)，"#"表示输入的为绝对坐标值。在绝对坐标中，X 轴、Y 轴和 Z 轴三轴线在原点(0,0,0)相交。

关闭动态输入，在命令行输入如下内容。

```
命令: LINE                    //输入 LINE，表示绘制直线
指定第一点:10,10              //输入第一点坐标 10,10，绝对坐标
指定下一点或 [放弃(U)]:30,30    //输入第二点坐标 30,30，绝对坐标
指定下一点或 [闭合(C)/放弃(U)]://按 Enter 键，完成直线绘制
```

绘制完成直线如图 3-2 所示。

图 3-1　相对坐标绘制直线　　图 3-2　绝对坐标绘制直线

提示：

若动态输入打开，指针输入会采用 AutoCAD 草图设置中默认设置的相对坐标格式。

(3) 相对坐标与绝对坐标的切换

按相对坐标格式绘制图形，当显示对应第二个点或下一个点的工具栏提示时，输入符号 "#" 可更改为绝对坐标输入格式。按绝对坐标格式绘制图形，当显示对应第二个点或下一个点的工具栏提示时，输入符号 "@" 可更改为相对坐标输入格式。

3.2　设置图形界限

图形界限是在绘图区域中的矩形边界，它并不等于整个绘图区域。当栅格打开时，图形界限内充满了栅格点。通过这种方式可以查看图形界限的边界。图形界限的主要作用是标记当前的绘图区域、防止图形超出图形界限和定义打印区域。

在模型空间中，图形界限一般要比绘制模型的完全比例稍大一些。而在布局中，图形界限表示图样的最终大小。所以在布局中设置图形界限时，要考虑全部图样、标注、注释、标题栏和其他一些信息。

用户选择 "格式" | "图形界限" 命令或直接在命令行输入 Limits，在命令行提示下直接输入图形界限的左下角点和右上角点的坐标值来定义图形界限。例如，建立 420×297 的图形界限的命令如下。

```
命令: limits                                //输入 limits，表示设置图形界限
重新设置模型空间界限:
指定左下角点或 [开(ON)/关(OFF)] <0.0000,0.0000>: //输入左下角点坐标，在此选择默认值
指定右上角点 <420.0000,297.0000>:            //输入右上角点坐标，在此选择默认值
```

注意，在设置图形界限的左下角点时还有 "开(ON)/关(OFF)" 选项，这是 AutoCAD 提供的界限检查开关。如果选择输入 ON，那么就会打开界限检查，用户不能在图形界限之外结束绘制的图形对象，也不能移动和复制对象至图形界限之外。但若选择 OFF(默认选项)选项，将关闭界限检查，用户绘图时不受图形界限的限制。

提示：

图形界限(Limits)命令可以透明使用。

3.3　辅助绘图工具的使用

AutoCAD 的辅助工具主要集中在草图设置当中。草图的设置主要包括捕捉和栅格、极轴追踪、对象捕捉和动态输入 4 方面的设置。选择 "工具" | "草图设置" 命令，得到如图

3-3 所示的"草图设置"对话框,在该对话框中可以对草图进行设置。

3.3.1 捕捉和栅格

在"草图设置"对话框上的"捕捉和栅格"选项卡中(如图 3-3 所示),选择"启用捕捉"复选框启动捕捉功能,此时十字光标选择的点总是在设置的栅格 X、Y 轴间距值的整数倍的点上移动。X、Y 的基点也可以改变,也就是设置 AutoCAD 从那一点开始计算捕捉间距,默认值设为 0。例如,如果将基点的 X、Y 坐标设为(5,10),栅格 X、Y 轴间距均设为 10,那么 AutoCAD 在水平方向的捕捉点为 5,15,25,…,在垂直方向的捕捉点为 10,20,30,…。

在"草图设置"对话框的"捕捉和栅格"选项卡中选择"启用栅格"复选框,启用栅格功能。通过改变栅格 X、Y 轴间距的大小,在绘图区将出现间距整数倍的栅格点阵,同时还可以显示出图形界限的边界。

3.3.2 极轴追踪

在"草图设置"对话框上的"极轴追踪"选项卡中(如图 3-4 所示),选择"启用极轴追踪"复选框,或者单击状态栏上的"极轴"按钮,或者直接按 F10 键,可以启动极轴追踪命令。

图 3-3　"草图设置"对话框

图 3-4　"极轴追踪"选项卡

极轴追踪是按事先给定的角度增量,通过临时路径进行追踪。例如用户需要绘制一条与 X 轴成 30°的直线,就可以启用极轴追踪,在增量角的列表框中选择一个增量角为 30°,单击"确定"按钮,完成设置。单击"绘图"工具栏上的"直线"按钮 执行"直线"命令。在绘图区选定一点后,当移动十字光标到与 X 轴的夹角达到 0°、30°、60°、90°等 30°角的倍数时,如图 3-5 所示,会显示一个临时路径(虚线)和工具栏提示。当工具栏提示显示 30°时,单击,则可确保所画的直线与 X 轴成 30°。若"增量角"列表中没有所需要的角,则可以单击"新建"按钮,输入所需要的角度,这些角不是递增的,只能追踪一次。

图 3-5　使用极轴追踪确定点的位置

　　"极轴追踪"选项卡的"对象捕捉追踪设置"选项组，用来确定按何种方式确定临时路径进行追踪。当选择"仅正交追踪"单选按钮时，则只显示正交即水平和垂直的追踪路径。当选择"用所有极值角设置追踪"时，就把极值追踪的设置运用到对象追踪中了。

　　"极轴追踪"选项卡的"极值角测量"选项组，用来确定极值角测量方式。选择"绝对"单选按钮，就会相对于当前坐标系测量极值追踪角；若选择"相对上一段"单选按钮，就会按照相对上一个绘制对象测量极值追踪角。

　　提示：
　　正交模式和极轴追踪不能同时打开。打开极轴追踪将关闭"正交"模式。

3.3.3　对象捕捉及对象捕捉追踪

1. 对象捕捉

　　"草图设置"对话框中的"对象捕捉"选项卡如图 3-6 所示。选择"启用对象捕捉"复选框，启动对象捕捉功能。在绘图过程中，使用对象捕捉功能可以标记对象上某些特定的点，例如端点、中点、垂足等。每一种设置模式左边的图形就是这种捕捉模式的标记，使用时，在所选实体捕捉点上会出现对应的标记。用户可打开其中一项或几项，一旦设置了运行对象捕捉方式后，每次要求输入点时，AutoCAD 会自动显示出靶区，以便让用户知道已经有一种对象捕捉方式在起作用。如果尚未选择一种捕捉方式，靶区一般不会出现。要停止运行对象捕捉方式，可以在"对象捕捉"选项卡中单击"全部清除"按钮，取消所选的对象捕捉方式。

　　若同时设置了几种捕捉模式，在靶区就会同时存在这几种捕捉方式，可按 Tab 键选择所需捕捉点。按 Shift＋Tab 键可作反向选择。

　　还可以在任意一个工具栏上右击，在弹出的快捷菜单里选择"对象捕捉"命令，将弹出浮动的"对象捕捉"工具栏，如图 3-7 所示。"对象捕捉"工具栏提供的命令只是临时对象捕捉，对象捕捉方式打开后，只对后续一次选择有效。若经常使用某些特定的对象捕捉方式，则需在如图 3-6 所示的"对象捕捉"选项卡中设置对象捕捉方式。这样，在每次执行命令时，所设定的对象捕捉方式都会被打开。

图 3-6　　"对象捕捉"选项卡　　　　　　　图 3-7　　"对象捕捉"工具栏

2. 对象捕捉追踪

在"草图设置"对话框的"对象捕捉"选项卡中，选择"启用对象捕捉追踪"复选框启动对象捕捉追踪功能。启动对象捕捉追踪后，将光标移至一个对象捕捉点，只要在该处短暂停顿，不要单击该点，便可临时获得该点，在该点将显示一个小加号(+)。获取该点后，当在绘图路径上移动光标时，相对于该点的水平、垂直临时路径就会显示出来。若在"极轴追踪"选项卡中的"对象捕捉追踪设置"选项区域选择了"用所有极值角设置追踪"单选按钮，则极轴临时路径也会显示出来。可以在临时路径上选择所需要的点。

如图 3-8 所示，启用了"端点"对象捕捉和"对象追踪"功能，单击直线的起点 1 开始绘制直线，将光标移动到另一条直线的端点 2 处临时获取该点，然后沿着水平对齐临时路径移动光标，定位要绘制的直线的端点 3。

图 3-8　　对象捕捉追踪

3.3.4　设置正交

在绘图过程中，对于图形中常见的水平线和垂直线，单纯使用鼠标绘制，会发现要画得横平竖直几乎不可能，若靠键盘输入的方法来绘图，水平和垂直的要求可以达到，但需要计算坐标，不够方便简捷。AutoCAD 提供 Ortho 命令来设置正交模式。设置了正交模式后将使所画的线平行于 X 或 Y 轴。当为三轴模式时，它还迫使直线平行于三个等参轴中的一个。

打开或关闭正交模式有 3 种方法：单击状态栏中的"正交"按钮，或使用快捷键 F8，或者在命令行输入 ortho 命令并按 Enter 键，命令行提示如下：

```
命令: ortho
输入模式 [开(ON)/关(OFF)] <关>:
```

　　Ortho 命令只有两个选项，即"开"和"关"。"开"选项打开正交模式，而"关"选项将其关闭。当打开时，屏幕底部的状态栏上的"正交"按钮下凹处于选中状态。

　　打开正交模式后，只能绘制水平线和垂直线，画线的方向取决于光标在 X 轴方向上的移动距离和光标在 Y 轴方向上的移动距离。如果 X 方向的距离比 Y 方向大，则画水平线。相反，如果 Y 方向的距离比 X 方向大，则画垂直线。

提示：

　　当打开正交模式时，不能通过拾取点的方法来绘制有一定倾斜角度的直线。但用键盘输入两点的坐标或用直接捕捉点的方式仍可绘制任何倾斜角度的直线。

3.4　绘制简单直线类图形

3.4.1　绘制线段和构造线

1. 绘制线段

　　在 AutoCAD 中最常见、最基本的图形是直线。因此绘制直线是最基本也是最重要的命令。AutoCAD 提供的直线命令一次可以画一条线段，也可以连续画多条彼此相连的线段。重复"直线"命令还可以绘制多条相互独立的线段。每条直线段是由起点和终点确定的，线段的起点和终点位置可以通过鼠标拾取或键盘输入。

　　可以通过 3 种方法启动 Line 命令。

　　(1) 在"绘图"工具栏上单击"直线"按钮 。

　　(2) 选择"绘图"|"直线"命令。

　　(3) 在命令行输入 Line 命令并按 Enter 键或空格键。

　　启动 Line 命令后，命令行将会出现以下提示符序列。

```
命令: line          //输入绘制直线命令 line
指定第一点:          //输入线段起点坐标，或在绘图区拾取起点
指定下一点或 [放弃(U)]:      //输入线段终点，或在绘图区拾取终点
指定下一点或 [闭合(C)/放弃(U)]:      //若要闭合则输入 C
```

　　如果只画一条线段，则在下次出现"指定下一点或'放弃(U)'："提示符时按 Enter 键或按空格键，即可结束 Line 操作。若想画多条线段，在"指定下一点或'放弃(U)'："提示符下继续输入线段端点即可。另外，需要绘制闭合的折线时，可在"指定下一点或'闭合(C)/放弃(U)'："提示符下输入 C，选择"闭合"选项，AutoCAD 将会自动形成闭合的折线。

【例 3-1】绘制一个底角为 45°倒立的等腰三角形，底宽为 4mm，如图 3-9 所示。

图 3-9　等腰三角形

(1) 关闭状态栏上的 DYN 动态输入开关。

(2) 启动 Line 命令，输入起始点坐标(100,100)。

(3) 输入第 2 点坐标，采用相对坐标(@4,0)。

(4) 输入第 3 点坐标，采用相对坐标(@-2,-2)。

(5) 封闭三角形，在命令提示行中输入 C，运用闭合选项完成三角形的绘制。

通过以上步骤，如图 3-9 所示的等腰三角形就绘制完成了，这个过程的命令行提示如下。

```
命令: line                              //输入绘制直线命令 line
指定第一点: 100,100                      //输入起始点 1 的坐标
指定下一点或 [放弃(U)]: @4,0              //输入第 2 点坐标，采用相对坐标(@4,0)
指定下一点或 [放弃(U)]: @-2,-2            //输入第 3 点坐标，采用相对坐标(@-2,-2)
指定下一点或 [闭合(C)/放弃(U)]: c          //采用"闭合"选项，封闭三角形
```

提示：

试着打开状态栏 DYN 动态输入按钮，对比一下两种输入方法。

2. 绘制构造线

构造线的主要作用是用作绘图时的辅助线(两端无限长的直线)。AutoCAD 能绘制水平线、竖直线、任意角度线、角平分线和偏移线。通常使用构造线来对齐对象和平分角。可以通过 3 种方法启动 XLine 命令。

(1) 在"绘图"工具栏上单击"构造线"按钮。

(2) 选择"绘图"|"构造线"命令。

(3) 在命令行输入 XLine 命令并按 Enter 键或按空格键。

启动 XLine 命令后，命令行将会出现以下提示符序列。

```
命令: xline                             //键盘输入构造线 Xline 命令
指定点或 [水平(H)/垂直(V)/角度(A)/二等分(B)/偏移(O)]://拾取或输入起始点或选择构造线选项
指定通过点:      //拾取或输入通过点
```

其具体操作与绘制射线的操作类似，但不同的是在指定起点时 XLine 命令提供了 5 种选项。

- 当选择输入 H 或 V 时，直接用鼠标在绘图区拾取通过点或用键盘输入通过点的坐标即可绘制水平或竖直构造线。

- 当在提示栏中输入 A 时，绘制角度线命令行显示如下。

> 命令: xline　　　　　　　　　　　　　　//键盘输入构造线 Xline 命令
> 指定点或 [水平(H)/垂直(V)/角度(A)/二等分(B)/偏移(O)]: a　//输入 A，选择绘制角度线
> 输入构造线的角度 (0) 或 [参照(R)]: 30　//默认为直接输入角度值，现输入 30
> 指定通过点:　　//拾取或输入通过点

- 若用户输入 R，命令行显示如下。

> 命令: xline
> 指定点或 [水平(H)/垂直(V)/角度(A)/二等分(B)/偏移(O)]: a //输入 A，选择绘制角度线
> 输入构造线的角度 (0) 或 "参照(R)": r　　//选择参照
> 选择直线对象:　　　　　　　　　　//指定一条已知的直线
> 输入构造线的角度 <0>:　　　　　//输入与指定直线所成角度值，默认值为 0
> 指定通过点:　　　　　　　　//拾取或输入通过点
> 指定通过点:　　　　　　　　//Enter 或空格结束命令

- 当选择输入 B 时，可以绘制角平分线。以绘制图 3-9 中∠213 的角平分线为例介绍角平分线的绘制，先要打开端点捕捉，命令行显示如下。

> 命令: Line
> 指定点或 [水平(H)/垂直(V)/角度(A)/二等分(B)/偏移(O)]: b　//选择绘制角平分线
> 指定角的顶点:　　　　　//选择要平分角的顶点，利用端点捕捉 1 点
> 指定角的端点:　　　　//选择要平分角起始边上一点，利用端点捕捉 2 点
> 指定角的端点:　　　　//选择要平分角终止边上一点，利用端点捕捉 3 点
> 指定角的端点:　　　　//按 Enter 键或空格结束命令

通过上述步骤绘出的∠213 的角平分线如图 3-10 所示。

图 3-10　角平分线的绘制

- 当选择输入 O 时，即可绘制偏移构造线，命令行显示如下。

> 命令: xline
> 指定点或 [水平(H)/垂直(V)/角度(A)/二等分(B)/偏移(O)]: o　//选择绘制偏移构造线
> 指定偏移距离或 [通过(T)] <5.0000>:　　　//用鼠标指定偏移距离或输入平移距离，若输入 T 则可
> 　　　　　　　　　　　　　　　　　　以通过选择直线对象后再选择一点，偏移构造线通过
> 　　　　　　　　　　　　　　　　　　该点
> 选择直线对象:　　　　　　　//用鼠标指定偏移直线对象
> 指定向哪侧偏移:　　　　　//用鼠标点取偏移方向，若前面选择了 T 则没有该项
> 选择直线对象:　　　　　　//按 Enter 键或空格结束命令

3.4.2　绘制多线

在工程绘图中,常常需要绘制一组平行线,最简单的譬如建筑制图中的墙线。AutoCAD 提供了绘制多线的命令,使用此命令,可以绘制以多条平行线组成的复合线,可包含 1~16 条平行直线,其中每条直线称为多线的元素。可自己定义元素的数目和每个元素的特性,包括每根线相对于多线原点(0,0)的偏移量、颜色、线型,还可决定起点和端点是否闭合及闭合样式(如是用直线还是圆弧),设定转折点处是否连线以及多线是否填充,默认样式只包含两个元素。

1. 多线的绘制

绘制多线的命令是 Mline,可以通过以下两种方式启动该命令。

(1) 选择“绘图”|“多线”命令。

(2) 在命令行输入 Mline 命令,并按 Enter 键或按空格键。

启动 Mline 命令后,命令行显示如下。

```
命令: mline                              //输入 Mline 命令, 启动多线绘制
当前设置: 对正 = 上, 比例 = 20.00, 样式 = STANDARD    //提示当前多线设置
指定起点或 [对正(J)/比例(S)/样式(ST)]:    //指定多线起始点或修改多线设置
指定下一点:
指定下一点或 [放弃(U)]:              //指定下一点或取消
指定下一点或 [闭合(C)/放弃(U)]:       //指定下一点、闭合或取消
```

若如以上提示所示,当前的设置为顶部对齐、比例为 20、样式为 STANDARD。在此状态下可输入一点或输入选项对正(J)、比例(S)、样式(ST)。下面对这几种选项分别介绍。

● 对正(J)

“对正”选项的功能是控制将要绘制的多线相对于十字光标的位置。在命令行输入 J,命令栏将显示如下。

```
命令: mline
当前设置: 对正 = 上, 比例 = 20.00, 样式 = STANDARD
指定起点或 [对正(J)/比例(S)/样式(ST)]: j         //输入 j, 设置对正方式
输入对正类型 [上(T)/无(Z)/下(B)] <上>:           //选择对正方式
```

Mline 命令有 3 种对正方式: 上(T)、无(Z)和下(B)。默认选项为“上”,使用此选项绘制多线时,在光标下方绘制多线,因此在指定点处将会出现具有最大正偏移值的直线,如图 3-11(a)所示。 使用“无”选项绘制多线时,多线以光标为中心绘制,拾取的点在偏移量为 0 的元素上,即多线的中心线与选取的点重合,如图 3-11(b)所示。使用“下”选项绘制多线时,多线在光标上面绘制,拾取点在多线负偏移量最大的元素上,如图 3-11(c)所示。

(a)　　　　　　　　　　　　　(b)　　　　　　　　　　　　　(c)

图 3-11　多线对正的"上"、"无"、"下" 3 种方式

- 比例(S)

"比例"选项的功能是决定将要绘制多线的宽度是在样式中所设定的原始宽度的多少倍。在命令行输入 S，命令栏将显示如下。

> 命令: mline
> 当前设置: 对正 = 上，比例 = 20.00，样式 = STANDARD
> 指定起点或 [对正(J)/比例(S)/样式(ST)]: s　　　　　　//输入 s，设置比例大小
> 输入多线比例 <20.00>:　　　　　　　　　　　　　　//输入多线的比例值

例如比例输入 0.5 则宽度是设置宽度的一半宽，即各元素的偏移距离为设置值的一半。因为多线中偏移距离最大的线排在最上面，越小越往下，为负值偏移量的元素在多线原点下面，当比例为负值时，多线的元素顺序颠倒过来。当比例为 0 时，则将多线当作单线绘制。如图 3-12 所示为不同比例绘制多线的效果，最上面的多线比例为 40，中间的多线比例为 20，最下面的多线比例为 0。

图 3-12　不同比例绘制的多线

- 样式(St)

"样式"选项的功能是为将要绘制的多线指定样式。在命令行输入 ST，命令栏将显示如下:

> 命令: mline
> 当前设置: 对正 = 上，比例 = 20.00，样式 = STANDARD
> 指定起点或 [对正(J)/比例(S)/样式(ST)]: st　　　　　//输入 st，设置多线样式
> 输入多线样式名或 "?":　　　　　　　　　//输入存在并加载的样式名，或输入 "?"

输入 "?" 后，文本窗口中将显示出当前图形文件加载的多线样式，默认的样式为 Standard。

2. 设置多线样式

每一个多线样式控制着一个多线元素的数量和每一元素的特性(例如颜色和线型)，每个元素在多线中的位置。另外，还可以指定多线的背景颜色和端部形状。使用多线的场合不同，对多线的线型也就有不同的需求。默认的多线样式为 Standard，这种样式只有两个

元素，即两条直线。可以通过以下两种方式打开"多线样式"对话框，如图 3-13 所示。

(1) 选择"格式"|"多线样式"命令。

(2) 在命令行输入 Mlstyle 命令并按 Enter 键或按空格键。

图 3-13   "多线样式"对话框

在"多线样式"对话框中，"样式"列表框中列出了现有的多线样式名称，"说明"和"预览"框中将显示"样式"列表框中所选择多线样式的信息。另外，"多线样式"对话框还有"置为当前"、"新建"、"修改"、"重命名"、"删除"、"加载"和"保存"7 个选项可供操作。

单击"多线样式"对话框中的"新建"按钮，会弹出"创建新的多线样式"对话框，如图 3-14 所示。在"新样式名"栏输入新样式的名称，例如输入 Wall，然后按"继续"按钮进行下一步操作。打开"创建新多线样式"对话框，如图 3-15 所示。

图 3-14   "创建新的多线样式"对话框   图 3-15   "新建多线样式"对话框

"创建新多线样式"对话框中各选项的含义如下:

● "说明"文本框: 可以在该文本框中输入该多线样式的一些简要信息。

● "封口"选项组: 控制多线的封口形式，包括选择起点和端点、直线封口、外弧封口、内弧封口以及封口的角度。各种封口形式的对比如表 3-1 所示。

● "填充"选项组: 控制多线中的填充颜色，可以在"填充颜色"下拉列表中选择填充颜色。

- "显示连接"复选框：控制每条多线线段顶点处连接的显示。

表 3-1　封口形式和显示连接

封 口 形 式	无封口(显示连接)	有封口(显示连接)
直线		
外弧		
内弧		
角度		
显示连接		

- "图元"选项组：可以"添加"元素也可以"删除"元素，在"偏移"栏中设置偏移的数值，可以设置元素的"颜色"以及线型。其中偏移量可以是正值，也可以是负值。如图 3-16 所示的是偏移量的示意图。

图 3-16　偏移量的示意图

　　单击"添加"按钮，列表框中会出现一个偏移为 0 的新元素，单击"确定"按钮，则可以结束新建多线样式的过程，回到前面的"多线样式"界面。单击"置为当前"按钮，将 Wall 样式设为当前样式，再单击"确定"按钮完成整个设置过程。当然还可以单击"保存"按钮，把现有的这些样式保存成样式库文件，以便在其他图纸中"加载"调用，省去重复设置的时间。

3.4.3　绘制多段线

　　多段线由相连的多段直线或弧线组成，这些直线和弧线被作为单一的对象使用，也就是说当用户选择其中任意一段直线或弧线时将选择整个多段线。多段线中的线条可以设置成不同的线宽以及不同的线型，具有很强的实用性。

绘制多线的命令是 Pline。可以通过 3 种方法启动 Pline 命令。

(1) 选择"绘图"|"多段线"命令。

(2) 单击"绘图"工具栏的 按钮。

(3) 在命令行输入 Pline 命令并按 Enter 键或空格键。

单击"绘图"工具栏的 按钮，命令行提示如下。

```
命令: _pline      //单击按钮启动绘制多段线命令
指定起点:         //通过坐标方式或者光标拾取方式确定多段线第一点
当前线宽为 0.0000//系统提示当前线宽，第 1 次使用显示默认线宽 0，多次使用显示上一次线宽
指定下一个点或 [圆弧(A)/半宽(H)/长度(L)/放弃(U)/宽度(W)]:
```

这些选项的功能如下。

- 绘制圆弧(A): 在命令行提示后输入 A，命令行提示如下。

```
指定圆弧的端点或
[角度(A)/圆心(CE)/方向(D)/半宽(H)/直线(L)/半径(R)/第二个点(S)/放弃(U)/宽度(W)]: //绘制圆弧
```

- 半宽(H): 指定从多段线的中心到其一边的宽度。起点半宽将成为默认的端点半宽。端点半宽在再次修改半宽之前将作为所有后续线段的统一半宽。宽线线段的起点和端点位于宽线的中心。在命令行提示中输入 H，命令行提示如下。

```
指定下一点或 [圆弧(A)/闭合(C)/半宽(H)/长度(L)/放弃(U)/宽度(W)]: h
指定起点半宽 <0.0000>:
指定端点半宽 <0.0000>:
```

- 长度(L): 在与前一线段相同的角度方向上绘制指定长度的直线段。如果前一线段是圆弧，程序将绘制与该弧线段相切的新直线段。在命令行提示中输入 L，命令行提示如下。

```
指定下一点或 [圆弧(A)/闭合(C)/半宽(H)/长度(L)/放弃(U)/宽度(W)]: l
指定直线的长度:      //输入沿前一直线方向或前一圆弧相切直线方向的距离
```

- 设置线宽(W): 在命令行中输入 W，则命令行提示如下。

```
指定起点宽度 <0.0000>:    //设置即将绘制的多段线的起点的宽度
指定端点宽度 <0.0000>:    //设置即将绘制的多段线的末端点的宽度
```

提示:

圆弧的绘制方法在 3.5.3 节将给读者详细讲解。在绘制多段线时，与绘制直线一样可以在命令行里输入 C 来闭合多段线。如果不用闭合选项来闭合多段线，而是使用捕捉起点闭合，则闭合处有锯齿。在绘制多段线的过程中，如果想放弃前一次绘制的多段线，在命令行输入 U 即可。

3.4.4　绘制矩形

绘制矩形的命令是 Rectangle。可以通过 3 种方法启动 Rectangle 命令。

(1) 选择"绘图" | "矩形"命令。

(2) 单击"绘图"工具栏上的"矩形"按钮 □。

(3) 在命令行输入 Rectangle。

单击工具栏上的"矩形"按钮 □，命令行提示如下。

```
命令: _rectang    //启动绘制矩形的命令
指定第一个角点或 [倒角(C)/标高(E)/圆角(F)/厚度(T)/宽度(W)]://指定矩形第一个角点
指定另一个角点或 [面积(A)/尺寸(D)/旋转(R)]:
```

当指定第一角点后，命令行提示选择第二个角点的方式包括面积(A)、尺寸(D)和旋转(R)。

- 面积(A)：若此时在命令行中输入 A，则 AutoCAD 2010 将使用面积和长度或宽度二者之一创建矩形。例如要创建一个面积为 500 的矩形(采用图形单位)，如图 3-17 所示，其命令行提示如下。

```
命令: _rectang    //启动绘制矩形的命令
指定第一个角点或 [倒角(C)/标高(E)/圆角(F)/厚度(T)/宽度(W)]://指定矩形第一个角点
指定另一个角点或 [面积(A)/尺寸(D)/旋转(R)]:A  //选择以面积方式绘制矩形
输入以当前单位计算的矩形面积 <100.0000>: 500 //输入要绘制的矩形的面积，输入一个正值
计算矩形标注时依据 [长度(L)/宽度(W)] <长度>:L //再选择长度或宽度
输入矩形长度 <10.0000>:  50    //输入一个非零值
```

或

```
计算矩形标注时依据 [长度(L)/宽度(W)] <长度>:W //再选择长度或宽度
输入矩形宽度 <10.0000>: 10   //输入一个非零值
```

- 尺寸(D)：若在另一角点输入时输入 D，选择尺寸的方式。则 AutoCAD 2010 将使用长和宽来创建矩形。例如要创建一个面积为 500 的矩形(采用图形单位)，其命令行提示如下。

```
指定另一个角点或 [面积(A)/尺寸(D)/旋转(R)]:D   //选择以矩形的尺寸的方式
输入矩形的长度 <0.0000>:   50    //输入一个非零值
输入矩形的宽度 <0.0000>: 10   //输入一个非零值
```

- 旋转(R)：若在另一角点输入时输入 R，则 AutoCAD 2010 将按指定的旋转角度创建矩形。例如要创建一个面积为 500 的矩形(采用图形单位)，与 X 轴成 30° 的夹角，如图 3-18 所示，其命令行提示如下。

```
指定另一个角点或 [面积(A)/尺寸(D)/旋转(R)]:R   //选择以旋转角的方式
指定旋转角度或 [拾取点(P)] <0>:  30   //输入旋转角 30°，或在绘图区上拾取合适的点
指定另一个角点或 [面积(A)/尺寸(D)/旋转(R)]: D //可继续使用尺寸或面积方式完成矩形的绘制
输入矩形的长度 <0.0000>:  50    //输入一个非零值
```

输入矩形的宽度 <0.0000>: 10   //输入一个非零值

图 3-17   按面积绘制矩形   图 3-18   绘制旋转的矩形

另外，在命令栏提示如下时：

指定第一个角点或 [倒角(C)/标高(E)/圆角(F)/厚度(T)/宽度(W)]:

可以通过选择标高(E)来指定矩形的标高和通过选择厚度(T)来指定矩形的厚度。这两项选择可以应用于三维绘图当中。通过宽度(W)来指定绘制矩形的多段线的宽度。

倒角(C)与圆角(F)，分别用于设置倒角的距离(倒角开始点到结束点的水平距离)和设置圆角的半径，如图 3-19 和图 3-20 所示。

图 3-19   倒角   图 3-20   圆角

3.4.5   绘制正多边形

创建正多边形是绘制正方形、等边三角形、八边形等图形的简单方法。绘制正多边形的命令是 Polygon。可以通过 3 种方法启动 Polygon 命令。

(1) 选择"绘图"|"正多边形"命令。

(2) 单击"绘图"工具栏上的"正多边形"按钮。

(3) 在命令行输入 Polygon。

单击"绘图"工具栏上的 "正多边形"按钮，命令行提示如下。

命令: _polygon 输入边的数目 <4>:6   //输入正多边形的边数
指定正多边形的中心点或 [边(E)]:

系统提供了 3 种绘制正多边形的方法，3 种效果如图 3-21 所示。

● 内接于圆：多边形的顶点均位于假设圆的弧上，需要指定边数和半径。

● 外切于圆：多边形的各边与假设圆相切，需要指定边数和半径。

● 边长方式：上面两种方式是以假设圆的大小确定多边形的边长，而边长方式则直接给出多边形边长的大小和方向。

图 3-21   多边形绘制方法示例

若想采用内切圆或者外接圆法绘制正多边形，则在绘图区拾取或者通过坐标方式确定正多边形的中心点，命令行继续提示如下。

> 输入选项 [内接于圆(I)/外切于圆(C)] <I>: I　//输入 I 或 C，选择内接于圆或外切于圆
> 指定圆的半径:　　　　　　　　　　　　　//输入圆的半径

若想采用边长方式绘制正多边形，在命令行提示行中输入 E，命令行继续提示如下。

> 指定边的第一个端点:　//相当于绘制直线的第一点
> 指定边的第二个端点:　//相当于绘制直线的第二点

3.5　绘　制　曲　线

在 AutoCAD 制图中除了大量的使用直线外，曲线也是非常重要的一种元素。圆、圆弧、椭圆、椭圆弧以及样条曲线等曲线形式经常在建筑制图中用到。AutoCAD 2010 提供了强大的曲线绘制功能，下面分别介绍各种曲线的绘制方法。

3.5.1　绘制圆

绘制圆的命令是 Circle。可以通过 3 种方法启动 Circle 命令。

(1) 选择"绘图" | "圆"命令。

(2) 单击"绘图"工具栏上的"圆"按钮 ⊘。

(3) 在命令行输入 Circle。

单击"绘图"工具栏上的"圆"按钮 ⊘，命令行提示如下。

> 命令: _circle 指定圆的圆心或 [三点(3P)/两点(2P)/ 切点、切点、半径(T)]:

系统提供了指定圆心和半径、指定圆心和直径、两点定义直径、三点定义圆周和两个切点加一个半径等 5 种绘制圆的方式，如图 3-22 所示。

图 3-22　创建圆的各种方法

● 圆心半径与圆心直径

当在命令行提示时，选择圆心后命令行会继续提示。

> 指定圆的半径或 [直径(D)] <0.0000>: d //直接输入半径或输入 D 选择直径输入

指定圆的直径 <0.0000>: 50　　　　//输入直径

- 三点画圆

  命令: _circle 指定圆的圆心或 [三点(3P)/两点(2P)/相切、相切、半径(T)]:3p　//选择三点画圆
  指定圆上的第一个点:　//拾取第一点或输入坐标
  指定圆上的第二个点:　//拾取第二点或输入坐标
  指定圆上的第三个点:　//拾取第三点或输入坐标

- 两点画圆:选择两点,即为圆直径的两端点,圆心就落在两点连线的中点上,这样便完成圆的绘制。命令行提示如下:

  命令: _circle 指定圆的圆心或 [三点(3P)/两点(2P)/相切、相切、半径(T)]: 2p　//选择两点画圆
  指定圆直径的第一个端点:　　//拾取圆直径的第一个端点或输入坐标
  指定圆直径的第二个端点:　　//拾取圆直径的第二个端点或输入坐标

- 半径切点法:选择两个圆或圆弧的切点;输入要绘制圆的半径,这样便完成圆的绘制。命令行提示如下:

  命令: _circle 指定圆的圆心或 [三点(3P)/两点(2P)/ 切点、切点、半径(T)]: t　//选择半径切点法
  指定对象与圆的第一个切点:　　//拾取第一个切点
  指定对象与圆的第二个切点:　　//拾取第二个切点
  指定圆的半径 <134.3005>: 200 //输入圆半径

3.5.2　绘制圆环

圆环是填充环或实体填充圆,即带有宽度的闭合多段线。要创建圆环,就需要知道它的内外直径和圆心。通过指定不同的中心点,可以继续创建具有相同直径的多个副本。要创建实体填充圆,即圆点,请将内径值指定为 0,各种圆环效果如图 3-23 所示。

选择"绘图"|"圆环"命令,或在命令行输入 Donut 命令即可完成圆环的绘制。

选择"绘图"|"圆环"命令时,命令行提示如下。

  命令: _donut　　　　　　　　//启动圆环绘制命令
  指定圆环的内径 <0.5000>: 50 //输入圆环的内径值
  指定圆环的外径 <1.0000>: 80 //输入圆环的外径值
  指定圆环的中心点或 <退出>:　//拾取圆环的中心点或输入坐标
  指定圆环的中心点或 <退出>:　//可连续绘制该尺寸的圆环,通过选择不同的中心点

图 3-23　创建圆环

提示：

前面提到的 Fill 命令可以控制填充的显示。

3.5.3　绘制圆弧

绘制圆弧的命令是 Arc。可以通过 3 种方法启动 Arc 命令。

(1) 选择"绘图"|"圆弧"命令。

(2) 单击"绘图"工具栏上的"圆弧"按钮 。

(3) 在命令行输入 ARC。

单击"圆弧"按钮 后，命令行提示如下。

> 命令: _arc 指定圆弧的起点或 [圆心(C)]:

系统为用户提供了多种绘制圆弧的方法，下面是几种最常用的绘制方式。

● 指定三点方式

指定三点方式是圆弧绘制的默认方式，依次指定 3 个不共线的点可以确定一个圆，效果如图 3-24 所示，单击"圆弧"按钮 ，命令行提示如下。

> 命令: _arc 指定圆弧的起点或 [圆心(C)]: //拾取点 1
> 指定圆弧的第二个点或 [圆心(C)/端点(E)]: //拾取点 2
> 指定圆弧的端点: //拾取点 3。

● 指定起点、圆心以及另一参数方式

圆弧的起点和圆心决定了圆弧所在的圆。第 3 个参数可以是圆弧的端点(中止点)，角度(即起点到终点的圆弧角度)和长度(圆弧的弦长)，各参数的含义如图 3-25 所示。

图 3-24　三点确定一段圆弧　　　　图 3-25　圆弧各参数

● 指定起点、端点以及另一参数方式

圆弧的起点和端点决定了圆弧圆心所在的直线，第 3 个参数可以是圆弧的角度，圆弧在起点处的切线方向和圆弧的半径。

提示：

在第一个提示下按 Enter 键时，将绘制与上一条直线、圆弧或多段线相切的圆弧。当使用圆弧的角度作为参数时，角度的方向与使用"格式"|"单位"命令设置的角度方向一致，默认逆时针方向为正。

【例 3-2】绘制如图 3-26 所示的一个 400m 标准跑道。径赛场地 400m 跑道弯道半径应为 37.898m，弯道圆心的距离为 80m。(采用毫米为单位)

(1) 单击"直线"按钮，命令行提示如下。

> 命令: _line 指定第一点: 0,0 //指定直线的 1 点的绝对坐标
> 指定下一点或 [放弃(U)]: 80000,0//指定直线 2 点的绝对坐标
> 指定下一点或 [放弃(U)]:　　　　//按 Enter 键，完成下面一条直线的绘制。

(2) 再次执行 Line 命令，绘制绝对坐标为 3 点(0,75796)和 4 点(80000,75796)的直线。绘制方法与步骤(1)相同，在此不再赘述。

(3) 选择"工具"|"草图设置"命令，在草图设置对话框的"对象捕捉"选项卡中确保"启用对象捕捉"复选框和"端点"捕捉方式这两项被选择，单击"确定"按钮。

(4) 单击"圆弧"按钮，命令行提示如下。

> 命令: _arc 指定圆弧的起点或 [圆心(C)]:　　　　//选择捕捉直线 34 的端点 3
> 指定圆弧的第二个点或 [圆心(C)/端点(E)]: e　　//选择采用端点方式
> 指定圆弧的端点:　　　　　　　　　　　　　//捕捉直线 12 的端点 1
> 指定圆弧的圆心或 [角度(A)/方向(D)/半径(R)]: r //输入 r，采用半径方式绘制
> 指定圆弧的半径: 37898　　　　　　　　　　//输入圆弧所在圆的半径

(5) 按 Enter 键，绘制出如图 3-26 所示左边的圆弧。使用同样的方法，绘制右圆弧。

图 3-26　标准跑道示意图

提示:

绘制右圆弧的选点顺序为 2、4，沿系统默认的逆时针方向选点，否则绘制的是另一方向的一段弧线。

3.5.4　绘制椭圆与椭圆弧

1. 绘制椭圆

绘制椭圆的命令是 Ellipse。可以通过 3 种方法启动 Ellipse 命令。

(1) 选择"绘图"|"椭圆"命令。

(2) 单击"绘图"工具栏上的"椭圆"按钮。

(3) 在命令行输入 Ellipse。

单击"椭圆"按钮 后，命令行提示如下：

> 命令: _ellipse　　　　　　　　　　　　//单击按钮执行命令
> 指定椭圆的轴端点或 [圆弧(A)/中心点(C)]: //选择绘制椭圆的方式

系统提供了多种绘制椭圆的方法，下面将介绍几种最常用的绘制方式。

- 一条轴端点和另一条轴半径

按照默认的顺序就可以依次指定长轴的两个端点和另一条半轴的长度，其中长轴是通过两个端点来确定的，只需要给出另外一个轴的长度就可以确定椭圆了。

> 命令: _ellipse　　　　　　　　　　　　//单击按钮执行命令
> 指定椭圆的轴端点或 [圆弧(A)/中心点(C)]: 拾取点或输入坐标确定椭圆一条轴端点
> 指定轴的另一个端点:　　　　　　　　//拾取点或输入坐标确定椭圆一条轴另一端点
> 指定另一条半轴长度或 [旋转(R)]:　//输入长度或者用光标选择另一条半轴长度

- 一条轴端点和旋转角度

直观上讲，相当于把一个圆在空间上绕一长轴转动了一个角度以后投影在二维平面上，形成的椭圆。随着输入值的加大，椭圆的离心率也随之增大，例如 0°是圆，60°是长短轴之比为 2 的椭圆，90°时椭圆退化为一条线段。命令行提示如下。

> 命令: _ellipse　　　　　　　　　　　　//单击按钮执行命令
> 指定椭圆的轴端点或 [圆弧(A)/中心点(C)]:// 拾取点或输入坐标确定椭圆一条轴端点
> 指定轴的另一个端点:　　　　　　　　//拾取点或输入坐标确定椭圆一条轴另一端点
> 指定另一条半轴长度或 [旋转(R)]: r　//输入 r，表示采用旋转方式绘制
> 指定绕长轴旋转的角度: 60　　　　　//输入旋转角度

- 中心点、一条轴端点和另一条轴半径

这种方式需要依次指定椭圆的中心点，一条轴的端点以及另外一条轴的半径，命令行提示如下。

> 命令: _ellipse　　　　　　　　　　　　//单击按钮执行命令
> 指定椭圆的轴端点或 [圆弧(A)/中心点(C)]: c //采用中心点方式绘制椭圆
> 指定椭圆的中心点:　　　　　　　　//拾取点或输入坐标确定椭圆中心点
> 指定轴的端点:　　　　　　　　　　//拾取点或输入坐标确定椭圆一条轴端点
> 指定另一条半轴长度或 [旋转(R)]:　//输入椭圆另一条轴的半径，或者旋转的角度

提示：

在命令行提示中，还有一个"圆弧"选项，当输入 A 时，表示此时绘制的是椭圆弧。

2. 椭圆弧

可以通过 3 种方法启动绘制椭圆弧的命令。

(1) 选择"绘图"|"椭圆"|"圆弧"命令。

(2) 单击"绘图"工具栏上的"椭圆弧"按钮 。

(3) 执行 Ellipse 命令，在"指定椭圆的轴端点或[圆弧(A)/中心点(C)]"提示下输入 A。

绘制椭圆弧的操作与绘制椭圆的操作非常类似，只是最后要输入椭圆弧的起始角度和终止角度。命令行提示如下：

> 指定起始角度或 [参数(P)]:   //输入起始角度或选择采用矢量参数方式方程的方式绘制椭圆弧
> 指定终止角度或 [参数(P)/包含角度(I)]: // 输入终止角度、采用矢量参数方式方程的方式绘制椭圆弧以及夹角大小。

3.5.5　绘制样条曲线

样条曲线是通过拟合一系列指定点而形成的光滑曲线。样条曲线通常用于绘制小区平面布置图、地形等高线和一些建筑方案图。在 AutoCAD 中，一般通过指定样条曲线的控制点和起点以及终点的切线方向来绘制样条曲线，在指定控制点和切线方向时，可以在绘图区观察样条曲线的动态效果。在绘制样条曲线时，还可以改变样条曲线的拟合公差。拟合公差是指样条曲线与输入点之间所允许的最大偏移距离。此偏差值越小，样条曲线就越靠近这些点，譬如分别选择 0 和 50 的公差所绘制的样条曲线，如图 3-27 所示。可以通过 3 种方法启动绘制样条曲线命令。

(1) 选择"绘图"|"样条曲线"命令。

(2) 单击"绘图"工具栏上的"样条曲线"按钮～。

(3) 在命令行中输入 Spline。

图 3-27　不同公差的样条曲线

单击"绘图"工具栏上的"样条曲线"按钮～，命令行提示如下。

> 命令: _spline   //单击按钮执行命令
> 指定第一个点或 [对象(O)]:   ///指定样条曲线的起点
> 指定下一点: //指定样条曲线的第二个控制点
> …   //指定样条曲线的其他控制点
> 指定下一点或 [闭合(C)/拟合公差(F)] <起点切向>: //按 Enter 键，开始指定切线方向
> 指定起点切向: //指定样条曲线起点的切线方向
> 指定端点切向: //指定样条曲线终点的切线方向

3.5.6　徒手画线

在建筑制图中有时需要随意手绘一些边界或配景。AutoCAD 提供了徒手画线的命令，可以通过徒手画线命令随意勾画自己所需要的图案，如图 3-28 所示。

图 3-28　徒手画线——石山效果

可以直接在命令行输入 Sketch 命令启动徒手画线命令，命令行提示如下。

```
命令: sketch          //输入徒手画线命令
记录增量 <1.0000>:     //设置记录增量
徒手画. 画笔(P)/退出(X)/结束(Q)/记录(R)/删除(E)/连接(C)。    //绘制图形及选择选项
已记录 261 条直线。     //提示记录
```

其中各个选项的含义如下：

- “记录增量”：徒手画出的线条由若干直线组成。“记录增量”定义直线段的长度。鼠标移动的距离必须大于记录增量才能生成线段。它的值越小，线条越连续光滑，否则锯齿越明显。
- “画笔”：主要控制起笔和落笔。当要选择其他选项时必须是提笔，关于提笔和落笔的状态在命令行提示中显示，按 P 键或鼠标的左键都能控制。
- “退出”：记录并报告临时徒手画线段数，同时结束命令。按 Enter 键，便可执行。
- “结束”：放弃从开始调用 SKETCH 命令或上一次使用“记录”选项时，所有临时的徒手画线段，并结束命令。
- “记录”：永久记录临时线段且不改变画笔的位置。
- “删除”：删除临时线段的所有部分，如果画笔已落下则提起画笔。
- “连接”：落笔，从上次所画的线段的端点或上次删除的线段的端点开始继续画线。

3.6　创　建　点

点的绘制表现在 AutoCAD 中只是一个落笔的动作，即鼠标在绘图区单击拾取，或通过坐标输入点。这些点在绘图过程中常用作临时的辅助点，待绘制完其他图形后一般冻结这些点所在的图层或直接删除掉。在绘制点之前可以设置点的样式，绘制单点、定数等分点、定距等分点。

3.6.1　点的样式设置

为了能够使图形中的点具有很好的可见性，并同其他图形区分开，可以相对于屏幕或使用绝对单位来设置点的样式和大小。

选择“格式”|“点样式”命令，将会弹出如图 3-29 所示的“点样式”对话框。系统

提供了 20 种点的样式以供选择，点的大小也可自行设置。

图 3-29　　"点样式"对话框

在"点样式"对话框中，当选择"相对于屏幕设置大小"单选按钮时，表示按屏幕尺寸的百分比设置点的显示大小。当进行缩放时，点的显示大小并不改变。当选择"按绝对单位设置大小"单选按钮时，表示按指定的实际单位设置点显示的大小，原来点大小处的"%"改成"单位"。当进行缩放时，AutoCAD 显示的点的大小随之改变。

3.6.2　绘制点

绘制点的命令是 Point，可以通过 3 种方法启动 Point 命令。

(1) 选择"绘图"|"点"命令。

(2) 单击"绘图"工具栏上的"点"按钮 。

(3) 在命令行输入 Point。

单击"绘图"工具栏上的"单点"按钮 后，命令行提示如下。

```
命令: _point                       //单击按钮执行命令
当前点模式:  PDMODE=0  PDSIZE=0.0000//系统提示信息，显示点的类型和大小
指定点:                             //要求用户输入点的坐标
```

在输入第一个点的坐标时，必须输入绝对坐标，以后的点可以使用相对坐标输入。

提示:

点可以用来构造其他的实体，譬如一个点，给定厚度后在平面外就成为一直线。点同样具有各种实体属性，可以被编辑。

3.6.3　创建定数等分点

定数等分点，是 AutoCAD 通过分点将某个图形对象分为指定数目的几个部分，各个等分点之间的间距相等，其大小由对象的长度和等分点的个数来决定。使用定数等分点，可以按指定等分段数等分线、圆弧、样条曲线、圆、椭圆和多段线。

选择"绘图"|"点"|"定数等分"命令，或在命令行中输入 Divide 命令，即可执行定数等分命令。

【例 3-3】将图 3-30 所示的一个直径为 500 的圆，通过创建定数等分点来绘制该圆的内接正六边形。

(1) 单击"绘图"工具栏中的"圆"按钮，选择任意一点为圆心，输入半径值 250，完成圆的绘制。

(2) 选择"格式"|"点样式"命令，弹出"点样式"对话框，选择点样式为⊠，单击"确定"按钮。

(3) 选择"绘图"|"点"|"定数等分"命令，输入 6，命令行提示如下。

```
命令: _divide            //选择菜单执行命令
选择要定数等分的对象:    //选择图 3-30 左侧所示圆
输入线段数目或 [块(B)]: 6//输入等分数目为 6，将会出现图 3-30 中间所示的效果
```

图 3-30　定数等分圆绘制正六边形

(4) 选择"工具"|"草图设置"|"对象捕捉"命令，确保"启用对象捕捉"和"节点"捕捉方式被选择，单击"确定"按钮，完成捕捉设置。

(5) 单击"绘图"工具栏中的"直线"命令按钮，依次连接这些节点，完成正六边形的绘制。

3.6.4　创建定距等分点

定距等分，也就是按照某个特定的长度对图形对象进行划分标记，这里的特定长度可以在命令执行的过程中指定。当对象不是特定长度的整数倍时，AutoCAD 会先按特定长度划分，最后放置点到对象的端点的距离不等于特定长度。

选择"绘图"|"点"|"定距等分"命令，或在命令行中输入 Measure 命令，即可执行定距等分命令。

【例 3-4】如图 3-31 所示直线长 60，将其按照固定距离 10 来划分段。

图 3-31　定距等分直线效果

(1) 选择"格式"|"点样式"命令，弹出"点样式"对话框，选择点样式为⊕，单击"确定"按钮。

(2) 选择"绘图"|"点"|"定距等分"命令，命令行提示如下。

```
命令: _measure          //选择菜单执行命令
选择要定距等分的对象:    //选择图 3-31 所示直线
指定线段长度或 [块(B)]:10//输入等分固定距离
```

(3) 按 Enter 键，完成绘图。

提示:

使用等分的命令，不仅可以使用点作为图形对象的标识符号，选择 B，还能够使用图块来标识等分点。

3.7　查询工具

在绘图过程中，用户总需要确认自己这一步画得是否正确，才能继续下一步操作。在手工绘图中需要使用丁字尺和三角板测量所绘制的结果。AutoCAD 提供了精确、高效的查询工具，包括距离查询、面积查询和点坐标查询。在 AutoCAD 的任意一个工具栏上右击，在快捷菜单中选择"查询"命令将会弹出浮动的"查询"工具栏，如图 3-32 所示，将其固定在界面边界上。下面介绍一下这几种查询工具的用法。

3.7.1　距离查询

所谓距离查询，是指测量两个拾取点之间的距离，以及两点构成的线在平面内的夹角。当配合对象捕捉命令时，将会得到非常精确的结果。

距离查询的命令是 Dist。可以通过 3 种方法启动 Dist 命令。

(1) 选择"工具" | "查询" | "距离"命令。

(2) 单击"查询"工具栏上的"距离"按钮 。

(3) 在命令行输入 Dist。

下面对端点分别为(100,100)和(200,200)的线段进行距离查询，如图 3-33 所示，启动"端点"对象捕捉，其命令行提示如下。

图 3-32　"查询"工具栏　　　　　　图 3-33　距离查询

```
命令: _MEASUREGEOM
输入选项 [距离(D)/半径(R)/角度(A)/面积(AR)/体积(V)] <距离>: _distance
指定第一点:  指定第二点:  //启动距离查询命令，并分别选择起点(100,100)和终点(200,200)
```

距离 = 282.8427，XY 平面中的倾角 = 45，与 XY 平面的夹角 = 0 //提示距离、夹角查询结果
X 增量 = 200.0000，　　Y 增量 = 200.0000，　　Z 增量 = 0.0000　　//提示两点的坐标增量

若反过来先选择点(200,200)，再选择点(100,100)，其命令行提示如下。

命令: _MEASUREGEOM
输入选项 [距离(D)/半径(R)/角度(A)/面积(AR)/体积(V)] <距离>: _distance
指定第一点:　指定第二点:　　//启动距离查询命令，并分别选择起点 2 和终点 1
距离 = 282.8427，XY 平面中的倾角 = 225，与 XY 平面的夹角 = 0//提示距离、夹角查询结果
X 增量 = -200.0000，　　Y 增量 = -200.0000，　　Z 增量 = 0.0000　//提示两点的坐标增量

对比两种选择发现，角度和坐标增量与点的选择顺序有关，距离与其无关。这是因为 AutoCAD 始终以默认的逆时针方向为角度的增量方向。

3.7.2　面积查询

所谓面积查询，是指通过选择对象来测量整个对象及所定义的区域的面积和周长。可以通过选择封闭对象(如圆、椭圆和封闭的多段线)或通过拾取点来测量面积，每个点之间通过直线相连，最后一点与第一点相连形成封闭区域，甚至可以测量一段开放的多段线所围成的面积，其中 AutoCAD 假定多段线之间有一条连线将其封闭，然后计算出相应的面积，而算出的周长为实际多段线的长度。

面积查询的命令是 Area。可以通过 3 种方法启动 Area 命令。

(1) 选择"工具"|"查询"|"面积"命令。

(2) 单击"查询"工具栏上的"面积"按钮 。

(3) 在命令行输入 Area。

下面分别对通过端点 1(100,100)、点 2 (200,100)、点 3 (200,200)和点 4 (100,200)的矩形及通过这 4 点开放的多段线进行面积查询，如图 3-34 所示。命令行提示如下。

命令: _MEASUREGEOM
输入选项 [距离(D)/半径(R)/角度(A)/面积(AR)/体积(V)] <距离>: _area//启动距离查询命令
指定第一个角点或[对象(O)/增加面积(A)/减少面积(S)/退出(X)] <对象(O)>://选择点 1
指定下一个点或 [圆弧(A)/长度(L)/放弃(U)]: //选择点 2
指定下一个点或 [圆弧(A)/长度(L)/放弃(U)]: //选择点 3
指定下一个点或 [圆弧(A)/长度(L)/放弃(U)]: 　//选择点 4
指定下一个点或 [圆弧(A)/长度(L)/放弃(U)]: // 按 Enter 键，结束选择
面积 = 40000.0000，周长 = 800.0000　　　//提示查询结果

对于矩形对象其命令行提示如下。

命令: _MEASUREGEOM
输入选项 [距离(D)/半径(R)/角度(A)/面积(AR)/体积(V)] <距离>: _area//启动距离查询命令
指定第一个角点或[对象(O)/增加面积(A)/减少面积(S)/退出(X)] <对象(O)>:o//选择采用对象方式
选择对象:　　　　　　　　　　　　//鼠标选择矩形对象
面积 = 40000.0000，周长 = 800.0000　　　//提示查询结果

对于开放的多段线其命令行提示如下。

```
命令: _MEASUREGEOM
输入选项 [距离(D)/半径(R)/角度(A)/面积(AR)/体积(V)] <距离>: _area//启动距离查询命令
指定第一个角点或[对象(O)/增加面积(A)/减少面积(S)/退出(X)] <对象(O)>: o//选择采用对象方式
选择对象:                              //鼠标选择多段线对象
面积 = 40000.0000，长度 = 600.0000      //提示查询结果
```

图 3-34　面积查询

另外，还有两个选项分别是"增加面积(A)"和"减少面积(S)"。当输入 A 时，就会把新选择对象的面积加到总面积当中去。当选择 S 时，就会把新计算的面积从总面积中减去。

3.7.3　点坐标查询

在绘制总平面图时通常采用坐标定位。因此在绘制过程中经常要查询对象的位置坐标。AutoCAD 提供的坐标点查询的命令是 Id，可以通过 3 种方法启动 Id 命令。

(1) 选择"工具"|"查询"|"点坐标"命令。

(2) 单击"查询"工具栏上的"定位点"按钮 。

(3) 在命令行输入 Id。

单击"查询"工具栏上的"点坐标"按钮 ，命令行显示如下。

```
命令:'_id 指定点：　X = 203.4080　　　Y = 166.6229　　　Z = 0.0000
          //单击"查询"工具栏上的"点坐标"按钮，启动点坐标查询命令，然后在绘图区选择要
查询的点，便显示该点 X、Y、Z 方向的坐标
```

3.7.4　列表查询

在绘图过程中要查询对象的详细信息，可以通过列表查询该对象。列表查询是通过文本框的方式来显示对象的数据库信息(如图 3-35 所示)，如对象类型、对象图层、相对于当前用户坐标系(UCS)的 X、Y、Z 位置，以及对象是位于模型空间还是图纸空间。如果颜色、线型和线宽没有设置为 BYLAYER，列表显示命令将列出这些项目的相关信息。列表显示命令还报告与特定的选定对象相关的附加信息。

图 3-35　列表查询文本框

列表查询的命令是 List，可以通过 3 种方法启动 List 命令。

(1) 选择"工具"|"查询"|"列表查询"命令。

(2) 单击"查询"工具栏上的"列表"按钮 。

(3) 在命令行输入 List。

单击"查询"工具栏上的"列表"按钮 ，命令行显示如下。

```
命令: _list
选择对象:        //用鼠标拾取需要查询的对象
```

3.8　操 作 实 践

【例 3-5】绘制如图 3-36 所示的双扇门。在绘制该图形过程中结合了辅助绘图工具，希望能进一步帮助用户掌握这些工具。已知门长 1200mm，门厚 40mm。绘制完成后保存在以前建立的"AutoCAD 2010 学习"目录下，文件名为 Ex3-05。

图 3-36　双扇门平面图

(1) 选择"文件"|"新建"命令，打开一个新的图形文件。

(2) 选择"格式"|"图形界限"命令，将图形界限改成 420000×297000 的区域，命令行提示如下：

```
命令: '_limits                      //选择"图形界限"命令
重新设置模型空间界限:
指定左下角点或 [开(ON)/关(OFF)] <0.0000,0.0000>:    //设置左下角点坐标
指定右上角点 <420.0000,297.0000>: 420000,297000    //设置右上角点坐标
```

(3) 选择"工具"|"草图设置"命令，打开"草图设置"对话框，在"捕捉和栅格"选项卡中确保"启用捕捉"和"启用栅格"复选框均已选择，并且设置捕捉间距和栅格的 X 轴间距均为 40，Y 轴间距均为 30。单击"确定"按钮，关闭对话框。对视图进行缩放，使绘图区如图 3-37 所示。

图 3-37　打开栅格功能

(4) 单击状态栏上的"动态输入"按钮 DYN ，启动动态输入功能。

(5) 单击"绘图"工具栏上的"直线"按钮 ，起点选择 1(0,0)，终点选择 2(1200,0)，绘制过程中不一定要通过坐标输入，注意观察鼠标附近的动态提示，当显示为所需坐标时捕捉该点，如图 3-38 所示。

图 3-38　绘制直线 12

(6) 单击"绘图"工具栏上的"矩形"按钮 。用 AutoCAD 默认的方式绘制矩形，第一个角点选择 1(0,0)，第二个角点选择 3(40,600)。同样采用(5)中的方式，捕捉结合动态提示在栅格点上移动捕捉所需要的点，如图 3-39 所示。尽量减少键盘输入，提高绘图效率。

图 3-39　绘制左侧门扇

(7) 单击状态栏上的"对象追踪"按钮 对象追踪 ，启用对象追踪功能。

(8) 选择"工具"|"草图设置"命令，打开"草图设置"对话框的"对象捕捉"选项卡，确保"端点"和"中点"捕捉方式均选择。

(9) 绘制右侧门扇，单击"绘图"工具栏上的"矩形"按钮 ▢。用 AutoCAD 默认的方式绘制矩形，类似第(6)步第一个角点选择 2(1200,0)，第二个角点选择 4(1160,600)。关于第二点的选择可以利用对象追踪，拖动鼠标先在点 3 处作短暂停留，等出现临时捕捉点后，即小加号出现后，再往回拖动鼠标，当捕捉点与 3 点平齐时将出现水平的临时路径的虚线。选择往左移动一个栅格间距捕捉矩形的另一个角点，完成矩形的绘制，如图 3-40 所示。

图 3-40　绘制右侧门扇

(10) 单击"绘图"工具栏上的"圆弧"按钮 ⌒，绘制开门轨迹。选择点 1 为圆心，通过直线 12 的中点 5 和左侧门扇的角点 6，命令行提示如下。

```
命令: _arc 指定圆弧的起点或 [圆心(C)]: c    //采用圆心方式绘制圆弧
指定圆弧的圆心:                        //选择点 1 为圆心
指定圆弧的起点:                        //选择直线 12 的中点 5 点为起点
指定圆弧的端点或 [角度(A)/弦长(L)]      //选择门的左侧角点 6 点为端点，完成圆弧的绘制
```

(11) 右侧开门轨迹的绘制同步骤(10)，分别选择点 2 为圆心，点 7 为圆弧的起点，点 5 为圆弧的终点，完成绘制后的图形如图 3-41 所示。

图 3-41　绘制双扇门的开门轨迹

(12) 完成绘制后，使用测量工具来检验一下绘图结果，单击"查询"工具栏上的"距离"按钮 ▤。分别选择点 1 和 2、点 1 和 6、点 3 和 6、点 2 和 7 以及点 4 和 7，来测量所绘制的门扇尺寸。单击"查询"工具栏上的"列表"按钮 ▧，选择圆弧 56，可得到如图

3-42 所示结果。

图 3-42　左侧圆弧段的列表查询

(13) 选择"文件"|"保存"命令，将绘制的双扇门平面图以文件名为 Ex3-05 存入先前建立的"AutoCAD 2010 学习"目录下。

3.9　习　　题

3.9.1　填空题

(1) (@ΔX, ΔY, ΔZ)中的"@"表示输入的为_____坐标值。

(2) 设置图形界限的命令是_____。

(3) 不能与极轴追踪同时使用的绘图辅助工具是_____。

(4) "草图设置"对话框的"极轴追踪"选项卡中，设置"增量角"为 30°，则可能形成的临时路径的夹角分别为_____、_____、_____、_____、_____、_____。

(5) 使用列表查询的命令是_____。

(6) 徒手画线的命令是_____。

3.9.2　选择题

(1) 正交模式和_____不能同时打开。

   A. 极轴追踪　　　　B. 对象追踪　　　　C. 对象捕捉　　　　D. 动态输入

(2) 在采用极轴追踪绘制一个图形时，已经设置了增量角为 15°，要求绘制的每条线段与上一条线段成 15° 夹角，在"极轴追踪"选项卡的设置过程中，"对象捕捉追踪设置"选项组用户应该选择的是_____。在"极值角测量"选项组中用户还应该选择的是_____。

   A. "用所有极值角设置追踪"　　　　B. "仅正交追踪"

   C. "绝对"　　　　　　　　　　　　D. "相对上一段"

(3) AutoCAD 中距离查询的命令是_____。

　　A. AREA　　　　　　B. DISTANCE　　　　　C. LIST　　　　　　D. ID

3.9.3　上机操作

　　绘制一直角三角形的内切圆，其中三角形的一个角为 30°。三角形的尺寸大小任意，绘制效果如图 3-43 所示。

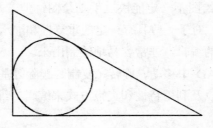

图 3-43　直角三角形内切圆

第4章 二维图形编辑

计算机绘图与手工绘图相比最大的优势在于它的编辑修改功能。例如仅仅对于要绘制一个圆或三角形，计算机绘图不一定能快过手工绘图，但若是面对多个圆或三角形绘图，计算机将体现其绝对优势。对于一些具有一定的重复性和继承性的复杂图形对象，它可以通过对基本图形进行适当的编辑，非常容易地绘制出来。

本章主要介绍 AutoCAD 中移动、旋转、复制、删除等基本的二维图形编辑方法，修饰对象的一些基本命令，以及利用特性和夹点方式来编辑二维图形的方法。

知识要点
- 图形编辑命令
- 夹点编辑方法
- 图形编辑的实践操作

4.1 基本编辑命令

在 AutoCAD 2010 中，系统提供了移动、复制、旋转、偏移、 修剪、缩放、延伸、拉伸、拉长、镜像和阵列等基本图形编辑命令。AutoCAD 2010 中文版默认的用户界面的右侧是常见的二维图形"修改"工具栏，如图 4-1 所示。下面将分别介绍 AutoCAD 2010 中文版的二维图形编辑功能及其相关内容。

图 4-1 "修改"工具栏

4.1.1 移动

移动是指将一个或者多个对象平移到新的位置，相当于剪切源对象在新的位置粘贴。在 AutoCAD 中整个过程是连续可视的。移动的命令是 Move，可以通过 3 种方法启动 Move 命令。

(1) 选择"修改"|"移动"命令。

(2) 单击"修改"工具栏上的"移动"按钮 ✥。

(3) 在命令行输入 Move。

单击"修改"工具栏上的"移动"按钮 ✥后，命令行提示如下：

命令: _move   //单击按钮执行命令
选择对象: 找到 1 个   //选择需要移动的对象
选择对象: //按 Enter 键, 完成选择
指定基点或 [位移(D)] <位移>: 指定第二个点或 <使用第一个点作为位移>:
                                     //拾取点作为基点, 然后选择要移动到的位置点

在 AutoCAD 中要准确地将图形移动到所需位置, 结合使用对象捕捉等辅助绘图工具是十分必要的。所谓基点, 也就是移动中的参照基准点。一般都是通过捕捉命令拾取基点, 然后选择新的位置点。移动中还会出现橡筋线, 它代表的是移动的方向。另外动态提示还会显示新位置的极坐标, 如图 4-2 所示。若不选择第二点, 直接按 Enter 键, 系统将会把基点的坐标值作为移动的位移。

图 4-2 移动命令

另外, 在命令行出现"指定基点或 [位移(D)] <位移>: "提示符时输入 D, 可以选择直接指定各个方向的位移, 命令行提示如下:

命令: _move   //单击按钮执行命令
选择对象: 找到 1 个   //选择需要移动的对象
选择对象: //按 Enter 键, 完成选择
指定基点或 [位移(D)] <位移>: d   //选择直接位移
指定位移 <0.0000, 0.0000, 0.0000>: 100,100 //输入位移值

提示:
Pan 命令移动的是视图, 即看图的位置发生变化; 而 Move 命令是移动对象的位置。

4.1.2 复制

复制命令用于对图中已有的对象进行复制。使用复制命令可以在保持原有对象不变的基础上, 将选中的对象复制到图中的其他部分, 这样, 可以减少重复绘制同样图形的工作量。复制的命令是 Copy。用户可以通过 3 种方法启动 Copy 命令。

(1) 选择"修改"|"复制"命令。
(2) 单击"修改"工具栏上的"复制"按钮 。
(3) 在命令行输入 Copy。

【例 4-1】使用复制命令。

(1) 在绘图区分别运用"圆"命令绘制大小两个圆。

(2) 打开对象捕捉功能的象限点、圆心捕捉模式。单击"修改"工具栏上的"移动"按钮![move]，选择小圆对象，捕捉小圆圆心为基点，移动到大圆的一个象限点上，如图 4-3 所示。

(3) 单击"修改"工具栏上的"复制"按钮![copy]，命令行提示如下：

命令: _copy	//单击按钮执行复制对象命令
选择对象: 找到 1 个	//选择小圆对象
选择对象:	//按 Enter 键结束对象选择
当前设置: 复制模式 = 多个	//系统提示信息，当前复制模式为多个
指定基点或 [位移(D)/模式(O)] <位移>:	//拾取小圆的圆心为基点
指定第二个点或 <使用第一个点作为位移>:	//拾取大圆上象限点为位移点，如图 4-4 所示
指定第二个点或 [退出(E)/放弃(U)] <退出>:	//拾取大圆右象限点为位移点
指定第二个点或 [退出(E)/放弃(U)] <退出>:	//拾取大圆下象限点为位移点
指定第二个点或 [退出(E)/放弃(U)] <退出>:	//按 Enter 键，完成复制，复制效果如图 4-5 所示

图 4-3　需要复制的圆　　　图 4-4　指定位移第二点　　　图 4-5　连续复制后的效果

4.1.3　旋转

旋转命令可以改变对象的方向，按指定的基点和角度定位新的方向。执行旋转命令，选择的对象将绕着指定的基点旋转指定的角度。旋转的命令是 Rotate。可以通过 3 种方法启动 Rotate 命令。

(1) 选择"修改"|"旋转"命令。

(2) 单击"修改"工具栏上的"旋转"按钮![rotate]。

(3) 在命令行输入 Rotate。

单击"修改"工具栏上的"旋转"按钮![rotate]，命令行提示如下：

命令: _rotate	//单击按钮执行命令
UCS 当前的正角方向: ANGDIR=逆时针　ANGBASE=0	//系统提示信息
选择对象: 指定对角点: 找到 5 个	//选择需要旋转的对象
选择对象:	//按 Enter 键，完成选择
指定基点:	//输入绝对坐标或者绘图区拾取点作为基点
指定旋转角度，或 [复制(C)/参照(R)] <30>: 30	//输入需要旋转的角度

在旋转过程中还有"复制(C)"和"参照(R)"两个选项可以选择。在提示栏输入 C，则在旋转的同时对选择的对象进行复制，即还保留源对象在原来的位置。在提示栏输入 R，

可以将对象从指定的角度旋转到新的绝对角度。下面通过一个例子来介绍旋转命令，特别是参照角度的使用。

【例 4-2】使用旋转复制命令。将如图 4-6 所示的矩形进行旋转复制，图中的数字表示点号，夹角为一任意角度，复制的矩形要求与图上所示的夹角的 13 边对齐。

(1) 打开对象捕捉功能的"端点"捕捉模式。

(2) 单击"修改"工具栏上的"旋转"按钮 ○。

(3) 用窗口选择矩形对象，以点 1 为旋转的基点。选择复制旋转选项，再采用参照角度的方式来旋转目标对象。命令行提示如下：

```
命令: _rotate
UCS 当前的正角方向: ANGDIR=逆时针　ANGBASE=0
选择对象: 指定对角点: 找到 1 个
选择对象:                              //窗选矩形为旋转对象
指定基点:                              //捕捉点 1 为旋转的基点
指定旋转角度，或 [复制(C)/参照(R)] <0>:　c   //在旋转的同时对选择的对象进行复制旋转一
                                          组选定对象
指定旋转角度，或 [复制(C)/参照(R)] <0>:　r   //采用参照角度方式
指定参照角 <0>: 指定第二点:              //选择点 1，然后选择点 2，确定参照角度
指定新角度或 [点(P)] <0>:                //选择点 3，确定新角度，如图 4-7 所示
```

图 4-6　旋转复制前的效果　　　图 4-7　旋转复制后的效果

4.1.4　镜像

在 AutoCAD 绘图中，当绘制的图形对象与某一对称轴对称时，就可以使用 Mirror 命令来绘制图形。镜像命令是将选定的对象沿一条指定的直线对称复制，复制完成后可选择删除源对象或不删除源对象。可以通过 3 种方法启动 Mirror 命令。

(1) 选择"修改"|"镜像"命令。

(2) 单击"修改"工具栏上的"镜像"按钮 ▲。

(3) 在命令行输入 Mirror。

【例 4-3】将图 4-8 所示的座椅进行镜像，镜像效果如图 4-10 所示。

打开对象捕捉功能的中点捕捉模式。单击"镜像"按钮 ▲，命令行提示如下：

```
命令: _mirror                //单击按钮执行命令
选择对象: 指定对角点: 找到 36 个//选择如图 4-8 所示的虚线对象
选择对象:                    //按 Enter 键完成选择
指定镜像线的第一点: 指定镜像线的第二点://拾取矩形左边直线中点为第一点，拾取矩形右边
```

直线中点为第二点，如图 4-9 所示

是否删除源对象？[是(Y)/否(N)] <N>://按 Enter 键，采取默认值，不删除源对象

图 4-8　需要镜像的座椅　　　图 4-9　指定镜像轴线　　　图 4-10　镜像后的效果

提示：

系统变量 Mirrtext 控制镜像时文字对象的反射特性。当遇到镜像对象中包含文字时，需要先设置系统变量 Mirrtext，当值为 0 时，文字镜像后可读，当值为 1 时，文字镜像后不可读。

4.1.5　阵列

阵列是指绘制多个水平方向或竖直方向等间距分布的对象，或者是围绕一个中心旋转的图形。阵列的命令是 Array。可以通过 3 种方法启动 Array 命令。

(1) 选择"修改"|"阵列"命令。

(2) 单击"修改"工具栏上的"阵列"按钮🆒。

(3) 在命令行输入 Array。

1. 矩形阵列

矩形阵列是指将选中的对象进行多重复制后沿 X 轴和 Y 轴方向排列的阵列方式，创建的对象按用户定义的行数、列数和间距排列。执行 Array 命令后，弹出"阵列"对话框，选中"矩形阵列"单选按钮，将会出现如图 4-11 所示的对话框。

图 4-11　"阵列"对话框

在"阵列"对话框中，单击"选择对象"按钮🆒，在绘图区选择要阵列的对象。在"行"文本框中设置阵列的行数，"列"文本框中设置阵列的列数，行和列的数目都包括对象本

身。在"行偏移"文本框中设置行距，在"列偏移"文本框中设置列间距。用户在"行偏移"文本框和"列偏移"文本框中输入值均为正数时，则 AutoCAD 往上、向右排列复制对象生成阵列。若要向下阵列，则只要在"行偏移"文本框中输入负数；若要向左阵列，则只要在"列偏移"文本框中输入负数即可。"行偏移"和"列偏移"两者均可通过单击后面的拾取按钮，在绘图区拾取两点作为间距。或者单击按钮同时选择两个方向上的偏移。"阵列角度"文本框用于阵列旋转的角度。

　　将如图 4-12 所示图形中的对象阵列为如图 4-13 所示的图形，"阵列"对话框的设置如图 4-11 所示。其中柱网尺寸为 6000×8000。

图 4-12　待矩形阵列对象

图 4-13　矩形阵列效果

提示：

还可以单击"预览"按钮查看阵列效果，然后选择是否接受。

2. 环形阵列

　　环形阵列是围绕着用户指定的圆心为基点，在其周围作圆形或呈一定角度的扇面形式复制对象。选中"环形阵列"单选按钮，将会出现如图 4-14 所示的对话框。

图 4-14　"环形阵列"对话框

　　单击"选择对象"按钮在绘图区选择对象。在"中心点"文本框中输入阵列中心点的坐标，或者单击按钮来拾取中心点。有 3 种方法可用来选择环形阵列。在"方法"下拉列表框中，分别有"项目总数和填充角度"、"项目总数和项目间的角度"、"填充角度和项目间的角度"选项。选中其中一种方法，则相应的参数栏被激活，例如，选择"项目总数和填充角度"选项，则"项目间角度"文本框将不被激活。

- "项目总数"文本框用于控制对象的数目，与矩形阵列一样，其中包括了复制的对象本身。

- "填充角度"文本框用于控制填充角度，在填充角度内才能复制对象。填充角度是确定对象如何沿圆周分布的，默认时，对象沿整个圆周分布，但也可以使用小于360°的角，此时呈扇形分布。
- "项目间角度"文本框用于控制两个对象之间相隔的角度。

对话框左下角的"复制时旋转项目"复选框用于控制复制对象时是否旋转相应的角度。若选中该复选框，阵列将如图 4-15 所示。若不选中此复选框，复制对象时，不会旋转，如图 4-16 所示。还可以通过单击其对应的"详细"按钮，对旋转项目的"基点"进行设置，如果将基点从原来默认的矩形左上角点改为矩形的中心点，阵列效果如图 4-17 所示。

图 4-15　复制时旋转项目　　　图 4-16　默认基点不旋转项目　　　图 4-17　手动设置基点

提示：

在"项目间角度"文本框中若输入的角度为负值，则对象沿顺时针复制。若输入的角度为正值，则对象沿逆时针复制。

4.1.6　偏移

偏移是通过选择对象，偏移出与对象平行的图形。可偏移的对象包括直线、样条曲线、圆弧、矩形、圆等。偏移的命令是 Offset。可以通过 3 种方法启动命令 Offset。

(1) 选择"修改"|"偏移"命令。

(2) 单击"修改"工具栏上的"偏移"按钮 。

(3) 在命令行输入 Offset。

启动偏移命令后，输入偏移的距离，然后选择需要偏移的对象，最后选择偏移的方向，即可完成偏移操作。在建筑制图中的平行线通常采用偏移来绘制，例如建筑轴网、墙线等，建筑轴网效果如图 4-18 所示。在绘制一些同心图像时偏移也是一个很有效的工具，如图 4-19 所示。单击"修改"工具栏上的"偏移"按钮 ，命令行提示如下：

```
命令: _offset                                    //单击"偏移"按钮执行命令
当前设置: 删除源=否    图层=源    OFFSETGAPTYPE=0    //系统提示信息
指定偏移距离或 [通过(T)/删除(E)/图层(L)] <5.0000>: 7000 //指定偏移的对象与源对象的距离
选择要偏移的对象，或 [退出(E)/放弃(U)] <退出>: //选择要偏移的对象
指定要偏移的那一侧上的点，或 [退出(E)/多个(M)/放弃(U)] <退出>:  //在对象的偏移方向上方
                                                        拾取任意一点
选择要偏移的对象，或 [退出(E)/放弃(U)] <退出>:    //按 Enter 键，退出偏移
```

图 4-18 绘制轴网

图 4-19 同心偏移

当指定偏移距离时，有 3 个选项可供选择，分别是"通过(T)"、"删除(E)"、"图层(L)"。

- "通过(T)"：当命令行提示"指定偏移距离或 [通过(T)/删除(E)/图层(L)]"时输入
  T，选择偏移的对象，然后选定偏移后的线通过指定的点。如图 4-20 所示，偏移线
  通过点 1，命令行提示如下：

命令: _offset
当前设置: 删除源=否 图层=源 OFFSETGAPTYPE=0
指定偏移距离或 [通过(T)/删除(E)/图层(L)] <5.0000>: t //选择通过方式
选择要偏移的对象，或 [退出(E)/放弃(U)] <退出>:   //选择要偏移的对象
指定通过点或 [退出(E)/多个(M)/放弃(U)] <退出>:   //选择偏移的对象要通过的点 1
选择要偏移的对象，或 [退出(E)/放弃(U)] <退出>: //按 Enter 键，退出偏移，如图 4-21 所示

图 4-20 偏移要通过点 1

图 4-21 "通过"方式偏移效果

- "删除(E)"：控制执行完偏移命令后是否保留源对象，可以在输入 E 后选择"是"
  或者"否"来确定是否删除源对象。
- "图层(L)"：控制偏移后的对象属于哪个图层，是在当前图层上还是源对象所在的
  图层上。

当命令行提示"指定要偏移的那一侧上的点，或 [退出(E)/多个(M)/放弃(U)] <退出>:"
时，有 3 个选项可供选择，分别是"退出"、"多个"和"放弃"。

- "退出"：输入 E，退出 OFFSET 命令。
- "多个"：输入 M，将使用当前偏移距离重复进行偏移操作，如图 4-22 所示。
- "放弃"：输入 U，将恢复到前一个偏移，撤销刚刚进行的偏移操作。

图 4-22 "多个"方式偏移效果

4.1.7　修剪

修剪命令是使对象精确地终止于选定的由其他对象组成的边界。修剪的边界可以是直线、圆弧、圆、多段线、椭圆、样条曲线、构造线、射线和块。修剪的命令为 Trim，可以通过 3 种方法启动 Trim 命令。

(1) 选择"修改"|"修剪"命令。

(2) 单击"修改"工具栏上的"修剪"按钮 。

(3) 在命令行输入 Trim。

要修剪图 4-23 所示图形，可以单击"修改"工具栏中的"修剪"按钮 ，命令行提示如下：

```
命令: _trim                    //单击按钮执行命令
当前设置:投影=UCS，边=无    //系统提示信息
选择剪切边...
选择对象或 <全部选择>:  找到 2 个 //选择剪切边，如图 4-24 所示
选择对象:                      //按 Enter 键，退出剪切边选择
选择要修剪的对象，或按住 Shift 键选择要延伸的对象，或
[栏选(F)/窗交(C)/投影(P)/边(E)/删除(R)/放弃(U)]: // 选择伸入墙内要修剪的对象
选择要修剪的对象，或按住 Shift 键选择要延伸的对象，或
[栏选(F)/窗交(C)/投影(P)/边(E)/删除(R)/放弃(U)]: // 选择伸入墙内要修剪的对象，结果如图 4-25
选择要修剪的对象，或按住 Shift 键选择要延伸的对象，或
[栏选(F)/窗交(C)/投影(P)/边(E)/删除(R)/放弃(U)]: //按 Enter 键，退出修剪命令
```

图 4-23　修剪前的图形　　　　图 4-24　选择两条剪切边　　　　图 4-25　剪切后的效果

在修剪过程中还可以选择"栏选(F)"、"窗交(C)"、"投影(P)"、"边(E)"、"删除(R)"、"放弃(U)"选项。其中较常用选项的意义如下。

● "栏选(F)"：输入 F，选择栏选方式，该选项用于一次剪切多个对象的情况。建立一个围栏，与围栏相交的对象，均被修剪。例如，要修剪图 4-26 中竖线之间的部分，可以使用"栏选"方法。如图 4-27 所示两虚线中间的虚线为栏选线，修剪后的效果如图 4-28 所示。

图 4-26　栏选修剪前的图形　　　　图 4-27　栏选要修剪的对象　　　　图 4-28　修剪后的效果

● "窗交(C)"：输入 C，选择窗交方式，将选择矩形区域(由两点确定)内部或与之相交的对象修剪。

● "边(E)"：输入 E，选择修剪边是否延伸。若选择延伸，那么即使修剪边与对象不相交同样能够修剪。该选项选择后有继承性，后面的修剪将默认当前设定。

提示：
在修剪过程中，按住 Shift 键选择要延伸的对象，这样可以切换成延伸命令。

4.1.8　延伸

延伸命令可以使对象精确地延伸至选定的由其他对象组成的边界。该命令可以将所选的直线、射线、圆弧、椭圆弧、非封闭的二维或三维多段线延伸到指定的直线、射线、圆弧、椭圆弧、圆、椭圆、二维或三维多段线、构造线、区域等上面。其操作方式与修剪类似，修剪对象需要选择修剪边和要修剪的对象，延伸对象需要选择边界边和要延伸的对象。延伸的命令为 Extend，可以通过 3 种方法启动 Extend 命令。

(1) 选择"修改"|"延伸"命令。
(2) 单击"修改"工具栏上的"延伸"按钮 ⌐⁄。
(3) 在命令行输入 Extend。

单击"延伸"按钮 ⌐⁄，对如图 4-29 所示图像进行延伸，命令行提示如下。

```
命令: _extend                        //单击按钮执行命令
当前设置:投影=UCS，边=延伸            //系统提示信息
选择边界的边...                       //系统提示指定边界的边
选择对象或 <全部选择>: 找到 1 个      //选择指定的边界
选择对象:                            //按 Enter 键，完成选择，如图 4-30 所示
选择要延伸的对象，或按住 Shift 键选择要修剪的对象，或
[栏选(F)/窗交(C)/投影(P)/边(E)/放弃(U)]:     //选择需要延伸的对象
选择要延伸的对象，或按住 Shift 键选择要修剪的对象，或
[栏选(F)/窗交(C)/投影(P)/边(E)/放弃(U)]:     //选择需要延伸的对象
选择要延伸的对象，或按住 Shift 键选择要修剪的对象，或
[栏选(F)/窗交(C)/投影(P)/边(E)/放弃(U)]:  //按 Enter 键，完成选择，示意效果如图 4-31 所示
```

图 4-29　修剪前的图形　　　　　图 4-30　选择延伸的边界　　　　　图 4-31　延伸后的效果

提示：
在延伸过程中，按住 Shift 键选择要修剪的对象，这样可以切换成修剪命令。

4.1.9　缩放

缩放命令是指将选择的图形对象按比例均匀地放大或缩小。可以通过指定基点和输入

比例因子来缩放对象，也可以为对象指定当前长度和新长度。比例因子大于 1 时，对象放大，介于 0～1 之间时对象缩小。缩放的命令为 Scale，可以通过 3 种方法启动 Scale 命令。

(1) 选择"修改" | "缩放"命令。

(2) 单击"修改"工具栏上的"缩放"按钮 。

(3) 在命令行输入 Scale。

单击"修改"工具栏上的"缩放"按钮 ，命令行提示如下。

```
命令: _scale                          //单击按钮执行命令
选择对象: 找到 1 个                    //选择要缩放的对象
选择对象:                             //按 Enter 键，完成选择
指定基点:                             //拾取点作为缩放对象的基点
指定比例因子或 [复制(C)/参照(R)] <1.0000>:0.5   // 输入比例因子为 0.5，如图 4-32 所示
```

按 Enter 键，对比效果如图 4-32 所示。

图 4-32　缩放效果对比

提示：

"复制(C)"和"参照(R)"两个选项的用法与"旋转"命令中"复制(C)"和"参照(R)"两个选项的用法相同。

4.1.10　拉伸

拉伸命令是将对象选定的部分进行拉伸，而不改变没有选定的部分。在使用拉伸图形命令时，图形选择窗口外的部分不会有任何改变，图形选择窗口内的部分会随图形选择窗口的移动而移动，但也不会有形状的改变，只有与图形选择窗口相交的部分会被拉伸指定的距离。该距离由用户选择的基点和新的位移点之间的距离确定。拉伸的命令为 Stretch，可以通过 3 种方法启动命令 Stretch。

(1) 选择"修改" | "拉伸"命令。

(2) 单击"修改"工具栏上的"拉伸"按钮 。

(3) 在命令行输入 Stretch。

单击"修改"工具栏上的"拉伸"按钮 ，命令行提示如下。

```
命令: _stretch                        //单击按钮执行命令
以交叉窗口或交叉多边形选择要拉伸的对象...    //系统提示信息
选择对象: 指定对角点: 找到 6 个         //选择需要拉伸的对象，如图 4-33 所示
```

选择对象:　　　　　　　　　　　　　　　//按 Enter 键，完成对象选择
指定基点或 [位移(D)] <位移>:　　　　　//绘图区拾取点 3 作为基点，如图 4-34 所示
指定第二个点或 <使用第一个点作为位移>: //拾取点 4 确定第二点

在用交叉窗口方式选择完需要拉伸的对象后，命令行提示的操作与 MOVE 命令类似，如图 4-35 所示就是一个拉伸的示意图。

图 4-33　交叉选定拉伸对象　　　图 4-34　选定拉伸基点　　　图 4-35　拉伸后的效果

提示：

要进行拉伸的对象必须用交叉窗口或交叉多边形的方式进行选取。与"移动"命令类似，但在"指定基点或 [位移(D)] <位移>:"提示符下输入 D 时，可以直接指定各个方向的位移。

4.1.11　删除与恢复

1. 删除

选择"修改" | "删除"命令，或单击"修改"工具栏上的"删除"按钮 ✐，或在命令行输入 Erase，都可以执行删除命令。单击"修改"工具栏上的"删除"按钮 ✐，命令行提示如下。

命令: _erase
选择对象:

此时屏幕上的十字光标变为一个拾取框，可以选择需要删除的对象，然后按 Enter 键，选择的对象即被删除。或者按照"先选择实体，再调用命令"主谓式顺序也可将对象删除。还有可以采用 Windows 的删除方法，先选择对象，然后按 Delete 键。

2. 放弃和重做

在绘图过程中经常会出现误操作，将有用的图形删除了或者绘制了错误的图形需要重新回到绘制前的状态。AutoCAD 提供了几种方式来让用户返回到前一步或者前几步的状态。若是放弃过多了，可以采用重做命令。

放弃的命令是 Undo，它可以恢复意外删除的对象，可以返回到前几步的操作。AutoCAD 2010 中文版提供了放弃操作的功能，即对于多次缩放视图和平移视图的放弃可以合并成一次，这样节约了绘图时间，提高了绘图效率。除了输入 Undo 命令外，还可以单击"标准"工具栏上的"放弃"按钮 ⟲•。单击按钮旁边的小箭头，可以弹出一个下拉菜单，里面列出了用户已经进行的各项操作。可以选择放弃到任一步操作，如图 4-36 所示。

也可以选择重做到任一步操作，如图 4-37 所示。

图 4-36　放弃操作　　　　　　　　　　　　　　图 4-37　重做操作

4.2　其他编辑命令

除去前面介绍的基本编辑命令外，AutoCAD 还提供了其他一些编辑命令，例如打断、合并、倒角、圆角以及分解等，下面介绍一下它们的用法。

4.2.1　打断

打断命令是使对象在指定的点或区间断开，分成两部分，或除去对象上的某一部分。该命令可以作用于直线、射线、圆弧、椭圆弧、二维或三维多段线、构造线等对象。

打断命令将会删除对象上位于第一点和第二点之间的部分。第一点是选取该对象时的拾取点，第二点即为选定的点，如果选定的第二点不在对象上，系统将选择对象上离该点最近的一个点。若要重新指定第一个打断点，需要输入 F。打断的命令为 Break，可以通过 3 种方法启动命令 Break。

(1) 选择"修改" | "打断"命令。

(2) 单击"修改"工具栏上的"打断"按钮🖰。

(3) 在命令行输入 Break。

要打断如图 4-38 所示的图，单击"修改"工具栏上的"打断"按钮🖰，命令行提示如下：

```
命令: _break 选择对象:          //单击按钮执行命令，选择要打断的对象
指定第二个打断点 或 [第一点(F)]: f   //重新选择第一个打断点，如图 4-39 所示
指定第一个打断点:                //选择第二个打断点，如图 4-39 所示
指定第二个打断点:                //按 Enter 键，完成打断操作，如图 4-40 所示
```

图 4-38　要打断的圆　　　　图 4-39　打断对象　　　　图 4-40　打断后的效果

4.2.2　合并

合并命令是使打断的对象，或者相似的对象合并为一个对象。使用合并命令，可以通

过圆弧和椭圆弧创建完整的圆和椭圆。合并的对象包括圆弧、椭圆弧、直线、多段线和样条曲线。合并该命令是 AutoCAD 2010 中文版新增加的命令。合并的命令为 Joint，可以通过 3 种方法启动命令 Joint。

(1) 选择"修改"|"合并"命令。

(2) 单击"修改"工具栏上的"合并"按钮 。

(3) 在命令行输入 Joint。

要合并如图 4-41 所示直线，单击"修改"工具栏上的"合并"按钮 ，命令行提示如下：

命令: _join 选择源对象:	//单击按钮执行命令，选择要合并的源对象
选择要合并到源的直线: 找到 1 个	//选择要合并到源对象的直线
选择要合并到源的直线:	//按 Enter 键，完成合并操作
已将 1 条直线合并到源	//系统提示信息，如图 4-42 所示

图 4-41　合并前的直线　　　　　　　　　　　图 4-42　合并后的直线

合并命令根据选择合并的源对象的不同所显示的提示也不同，要求也不一样。它们的要求分别如下：

● 直线：直线对象必须共线(位于同一无限长的直线上)，但是它们之间可以有间隙。

● 多段线：对象可以是直线、多段线或圆弧，对象之间不能有间隙，并且必须位于与 UCS 的 XY 平面平行的同一平面上。

● 圆弧：圆弧对象必须位于同一圆上，但是它们之间可以有间隙。"闭合"选项可将源圆弧转换成圆。

● 椭圆弧：椭圆弧必须位于同一椭圆上，但是它们之间可以有间隙，"闭合"选项可将源椭圆弧闭合成完整的椭圆。

● 样条曲线：样条曲线对象必须位于同一平面内，并且必须首尾相邻(端点到端点放置)。

提示：

合并两条或多条圆弧或椭圆弧时，将从源对象开始按逆时针方向合并圆弧或椭圆弧。

4.2.3　倒角与圆角

圆角和倒角命令是用选定的方式，通过事先确定了的圆弧或直线段来连接两条直线、圆、圆弧、椭圆弧、多段线、构造线以及样条曲线等。

1. 倒角

倒角的命令是 Chamfer。执行倒角命令后，需要依次指定角的两边、设定倒角在两条边上的距离，倒角的尺寸就由两个距离所决定。可以通过 3 种方法启动命令 Chamfer。

(1) 选择"修改"|"倒角"命令。

(2) 单击"修改"工具栏上的"倒角"按钮　。

(3) 在命令行输入 Chamfer。

单击"修改"工具栏上的"倒角"按钮　，命令行提示如下：

```
命令: _chamfer                    //单击按钮执行命令
("修剪"模式) 当前倒角距离 1 = 20.0000，距离 2 = 20.0000   //系统提示信息
选择第一条直线或 [放弃(U)/多段线(P)/距离(D)/角度(A)/修剪(T)/方式(E)/多个(M)]://选择第一条
直线或者设置其他选项
选择第二条直线，或按住 Shift 键选择要应用角点的直线://选择第二条直线，完成倒角
```

注意，在选择第一条直线时还有其他选项可以设置和选择。它们包括"多段线(P)"、"距离(D)"、"角度(A)"、"修剪(T)"、"方式(E)"和"多个(M)"。下面分别介绍这些选项。

- "多段线(P)"：输入 P，对整个二维多段线修倒角。相交多段线线段在每个多段线顶点被倒角。倒角成为多段线的新线段。如果多段线包含的线段过短以至于无法容纳倒角距离，则不对这些线段修倒角，如图 4-43 所示。

- "距离(D)"：输入 D，设置倒角至选定边端点的距离。如果将两个距离都设置为零，倒角将延伸或修剪两条直线，使它们终止于同一点。该命令有时可以替代修剪和延伸命令。

- "角度(A)"：输入 A，用第一条线的倒角距离和角度设置倒角。例如第一条直线的倒角距离是 20，角度是 30，其倒角效果如图 4-44 所示。

图 4-43　多段线不同距离大小的倒角　　　　图 4-44　角度选项的效果

- "修剪(T)"：输入 T，选择是否采用修剪模式，即倒角后是否还保留原来的边线，如图 4-45 所示。

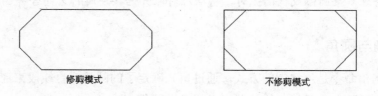

图 4-45　修剪与不修剪模式倒角

- "多个(M)"：输入 M，选择"多个"模式，则可以连续操作倒角，不必重新启动命令。这是 AutoCAD 2010 中文版新增加的功能。

提示:

当在选择"第二条直线…"时按住 Shift 键,再选择第二条直线,则会放弃倒角而直接将两条直线延长相交。

2. 圆角

圆角的命令为 Fillet,激活圆角命令后,设定半径参数和指定角的两条边,就完成对这个角的圆角操作。可以通过 3 种方法启动命令 Fillet。

(1) 选择"修改"|"圆角"命令。

(2) 单击"修改"工具栏上的"圆角"按钮 ▱。

(3) 在命令行输入 Fillet。

单击"修改"工具栏上的"圆角"按钮 ▱,命令行提示如下:

> 命令: _fillet　　　　　　　　　　　　　　　//单击按钮执行命令
> 当前设置: 模式 = 不修剪,半径 = 20.0000　　//系统提示信息
> 选择第一个对象或 [放弃(U)/多段线(P)/半径(R)/修剪(T)/多个(M)]://选择第一条直线或者设置其
> 　　　　　　　　　　　　　　　　　　　　　　　他选项
> 选择第二个对象,或按住 Shift 键选择要应用角点的对象: //选择第二条直线,完成圆角

圆角中除去"半径(R)"选项外,其他选项的含义均与倒角相同,而"半径"选项主要控制圆角的半径。

【例4-4】使用倒角与圆角绘制茶几。下面通过绘制一个茶几来熟悉倒角、圆角以及偏移命令的使用,茶几的尺寸如图 4-46 所示。

图 4-46　茶几的平面图

(1) 单击"绘图"工具栏上的"矩形"按钮 ▭,绘制一个长 200,宽 120 的矩形,命令栏提示如下。

> 命令: _rectang　　　　　　　　　　　　　　　　　　//单击按钮执行命令
> 指定第一个角点或 [倒角(C)/标高(E)/圆角(F)/厚度(T)/宽度(W)]: //拾取第一个角点
> 指定另一个角点或 [面积(A)/尺寸(D)/旋转(R)]: d　　//选择尺寸输入的方式
> 指定矩形的长度 <10.0000>: 200　　　　　　　　　//输入长度
> 指定矩形的宽度 <10.0000>: 120　　　　　　　　　//输入宽度
> 指定另一个角点或 [面积(A)/尺寸(D)/旋转(R)]: 　　//选择一个合适位置,完成矩形绘制

(2) 单击"修改"工具栏上的"偏移"按钮 ⏣,将矩形向内偏移 20,绘制一个同心的矩形,如图 4-47 所示,命令栏提示如下。

```
命令:_offset                                           //单击按钮执行命令
当前设置: 删除源=否  图层=源  OFFSETGAPTYPE=0         //系统提示信息
指定偏移距离或 [通过(T)/删除(E)/图层(L)] <5.0000>:  20 //设置偏移距离
选择要偏移的对象，或 [退出(E)/放弃(U)] <退出>:         //选择偏移对象
指定要偏移的那一侧上的点，或 [退出(E)/多个(M)/放弃(U)] <退出>://选取矩形内的一点
选择要偏移的对象，或 [退出(E)/放弃(U)] <退出>:         //按 Enter 键，完成偏移操作
```

(3) 单击"修改"工具栏上的"圆角"按钮 ⌐，设置圆角半径为 20，采用"多个方式
分别将 4 个角变成圆角，如图 4-48 所示，命令行提示如下。

```
命令:_fillet                                           //单击按钮执行命令
当前设置: 模式 = 修剪，半径 = 20.0000                  //系统提示信息
选择第一个对象或 [放弃(U)/多段线(P)/半径(R)/修剪(T)/多个(M)]: r//选择设置圆角半径
指定圆角半径 <20.0000>: 20                             //输入半径值
选择第一个对象或 [放弃(U)/多段线(P)/半径(R)/修剪(T)/多个(M)]: m//采用多个方式
选择第一个对象或 [放弃(U)/多段线(P)/半径(R)/修剪(T)/多个(M)]://选择第一个角的第一边
选择第二个对象，或按住 Shift 键选择要应用角点的对象: //选择第一个角的第二边
选择第一个对象或 [放弃(U)/多段线(P)/半径(R)/修剪(T)/多个(M)]: //选择第二个角的第一边
选择第二个对象，或按住 Shift 键选择要应用角点的对象: //选择第二个角的第二边
选择第一个对象或 [放弃(U)/多段线(P)/半径(R)/修剪(T)/多个(M)]: //选择第三个角的第一边
选择第二个对象，或按住 Shift 键选择要应用角点的对象: //选择第三个角的第二边
选择第一个对象或 [放弃(U)/多段线(P)/半径(R)/修剪(T)/多个(M)]: //选择第四个角的第一边
选择第二个对象，或按住 Shift 键选择要应用角点的对象: //选择第四个角的第二边
选择第一个对象或 [放弃(U)/多段线(P)/半径(R)/修剪(T)/多个(M)]: //按 Enter 键，完成圆角操作
```

图 4-47　绘制同心矩形　　　　图 4-48　对外矩形进行圆角

(4) 单击"修改"工具栏上的"倒角"按钮 ⌐，将两边的倒角距离设为 20。采用"多
段线"方式一次完成 4 个角的倒角，如图 4-49 所示，命令行提示如下。

```
命令:_chamfer                                          //单击按钮执行命令
("修剪"模式) 当前倒角长度 = 20.0000，角度 = 30        //系统提示信息
选择第一条直线或 [放弃(U)/多段线(P)/距离(D)/角度(A)/修剪(T)/方式(E)/多个(M)]:  d//选择设
置倒角距离
指定第一个倒角距离 <20.0000>: 20                       //输入第一个倒角距离
指定第二个倒角距离 <20.0000>: 20                       //输入第二个倒角距离
选择第一条直线或 [放弃(U)/多段线(P)/距离(D)/角度(A)/修剪(T)/方式(E)/多个(M)]:p
                                                       //采用多段线方式来完成倒角
选择二维多段线:                                         //选择多段线，完成倒角
4 条直线已被倒角                                        //系统提示信息
```

(5) 单击"修改"工具栏上的"偏移"按钮 ⌐，将内外两矩形向内偏移 5，绘制双边，

如图 4-50 所示，完成茶几的绘制，命令行提示如下。

```
命令：_offset                                              //单击按钮执行命令
当前设置：删除源=否   图层=源   OFFSETGAPTYPE=0   //系统提示信息
指定偏移距离或 [通过(T)/删除(E)/图层(L)] <20.0000>：  5 //设置偏移距离
选择要偏移的对象，或 [退出(E)/放弃(U)] <退出>：         //选择外矩形为偏移对象
指定要偏移的那一侧上的点，或 [退出(E)/多个(M)/放弃(U)] <退出>://选取矩形内的一点
选择要偏移的对象，或 [退出(E)/放弃(U)] <退出>：         //选择内矩形为偏移对象
指定要偏移的那一侧上的点，或 [退出(E)/多个(M)/放弃(U)] <退出>: //选取矩形内的一点
选择要偏移的对象，或 [退出(E)/放弃(U)] <退出>: //按 Enter 键，完成偏移操作
```

图 4-49　对内矩形进行倒角　　　　　　图 4-50　绘制双边

4.2.4　分解

分解命令主要用于把一个对象分解为多个单一的对象，主要应用于整体图形、图块、文字、尺寸标注等对象。分解的命令为 Explode，可以通过 3 种方法启动命令 Explode。

(1) 选择"修改"|"分解"命令。

(2) 单击"修改"工具栏上的"分解"按钮 。

(3) 在命令行输入 Explode。

单击"修改"工具栏上的"分解"按钮 ，命令行提示如下：

```
命令：_explode
选择对象：
```

在绘图区选择需要分解的对象，按 Enter 键，即可将选择的图形对象分解。例如将一个矩形分解成 4 段直线段，就可以采用分解命令，分解前后的效果如图 4-51 和图 4-52 所示。

图 4-51　矩形分解前　　　　　图 4-52　矩形分解后

4.3　编辑多线

普通的 AutoCAD 编辑命令，例如裁剪命令、延长命令、圆角命令、倒角命令、偏移命令以及折断命令，都不能应用于多线对象。为了可以对多线进行此类编辑，实现诸如前面提到的命令所能达到的编辑效果，AutoCAD 2010 提供了多线编辑命令 Mledit。可以通

过两种方法启动 Mledit 命令。

(1) 选择"修改"|"对象"|"多线"命令。

(2) 在命令行输入 Mledit。

启动 Mledit 命令后，将会弹出如图 4-53 所示的"多线编辑工具"对话框。在此对话框中，可以对交叉型、T 字形及有拐角和顶点的多线进行编辑，还可以截断和连接多线。对话框中有组编辑工具，每组工具有 3 个选项。要使用这些选项时，只需单击选项的图标即可。对话框中第一列中控制的是多线的十字交叉处，第二列控制的是多线的 T 形交点形式，第三列控制的是拐角点和顶点，第四列控制的是多线的剪切及连接。

图 4-53　"多线编辑工具"对话框

下面介绍此对话框中各个选项的使用方法。

- "十字闭合"按钮：在两条多线之间创建闭合的十字交点，第一条多线保持原状，第二条多线被修剪成与第一条多线分离的形状，如图 4-54 所示。

图 4-54　"十字闭合"

- "十字打开"按钮：在两条多线之间创建打开的十字交点。打断将插入第一条多线的所有元素和第二条多线的外部元素，如图 4-55 所示。

图 4-55　"十字打开"

- "十字合并"按钮：在两条多线之间创建合并的十字交点。选择多线的次序并不重要，如图 4-56 所示。

图 4-56　"十字合并"

- "T 形闭合"按钮 ：在两条多线之间创建闭合的 T 形交点。将第一条多线修剪或延伸到与第二条多线的交点处，如图 4-57 所示。

图 4-57　"T 形闭合"

- "T 形打开"按钮 ：在两条多线之间创建打开的 T 形交点。将第一条多线修剪或延伸到与第二条多线的交点处，如图 4-58 所示。

图 4-58　"T 形打开"

- "T 形合并"按钮 ：在两条多线之间创建合并的 T 形交点。将多线修剪或延伸到与另一条多线的交点处，如图 4-59 所示。

图 4-59　"T 形合并"

- "角点结合"按钮 ：在多线之间创建角点结合。将多线修剪或延伸到它们的交点处，如图 4-60 所示。

图 4-60　"角点结合"

- "添加顶点"按钮 ：向多线上添加一个顶点，如图 4-61 所示。

图 4-61　"添加顶点"

- "删除顶点"按钮 ：从多线上删除一个顶点，如图 4-62 所示。

图 4-62　"删除顶点"

- "单个剪切"按钮▐▌·▐ ：剪切多线上的选定元素，如图 4-63 所示。

图 4-63   "单个剪切"

- "全部剪切"按钮▐▌·▐ ：将多线剪切为两个部分，如图 4-64 所示。

图 4-64   "全部剪切"

- "全部结合"按钮▐▌·▐ ：将已被剪切的多线线段重新接合起来，如图 4-65 所示。

图 4-65   "全部结合"

4.4   编辑多段线

      多段线编辑命令可以用来编辑二维多段线、三维多段线和三维多边形网格。这里只介绍对二维多段线的操作。该命令可以闭合一条非闭合的多段线，或打开一条已闭合的多段线；可以改变多段线的宽度，把整条多段线改变为新的统一宽度，也可以改变多段线中某一条线段的宽度或锥度；可以将一条多段线分段成为两条多段线；也可以将多条相邻的直线、圆弧和二维多段线连接组成一条新的多段线；还可以移去两顶点间的曲线，移动多段线的顶点，或增加新的顶点。多段线编辑命令是 Pedit，可以通过 3 种方法启动命令 Pedit。

      (1) 选择"修改"|"对象"|"多段线"命令。

      (2) 先调出"修改 II"工具栏，如图 4-66 所示，单击"修改 II"工具栏上的"编辑多段线"按钮◿ 。

      (3) 在命令行输入 Pedit。

      单击"修改 II"工具栏上的"编辑多段线"按钮◿ 后，命令行提示如下：

```
命令: _pedit 选择多段线或 [多条(M)]: //单击按钮执行命令，选择多段线
输入选项
[闭合(C)/合并(J)/宽度(W)/编辑顶点(E)/拟合(F)/样条曲线(S)/非曲线化(D)/线型生成(L)
/放弃(U)]:                          //选择编辑项目
```

图 4-66   "修改 II"工具栏

      启动多段线编辑命令后，系统会要求用户选择目标对象，选定了一条多段线，就可以

对该多段线进行编辑，如果选定的目标对象不是一条多段线，命令行提示如下：

> 选定的对象不是多段线
> 是否将其转换为多段线? <Y>:　//输入 y，可以将其转为多段线

选定一条多段线，即可进行编辑。编辑选项有"闭合(C)"、"合并(J)"、"宽度(W)"、"编辑顶点(E)"、"拟合(F)"、"样条曲线(S)"、"非曲线化(D)"、"线型生成(L)"和"放弃(U)"9 个选项。下面对几个主要编辑选项的功能进行介绍。

- "闭合(C)"与"打开(O)"：输入 C，选定"闭合"选项，则系统会将未闭合的目标多段线的第一段和最后一段连接起来，即使多段线首尾相连，构成一条闭合的多段线。这时新增一个"打开(Open)"选项，输入 O，就会将闭合多段线的线段或圆弧去掉，命令行提示如下：

> 输入选项
> [闭合(C)/合并(J)/宽度(W)/编辑顶点(E)/拟合(F)/样条曲线(S)/非曲线化(D)/线型生成(L)/放弃(U)]: c
> 输入选项
> [打开(O)/合并(J)/宽度(W)/编辑顶点(E)/拟合(F)/样条曲线(S)/非曲线化(D)/线型生成(L)/放弃(U)]:

提示：

如果选定对象的首尾端均为直线，则闭合的线段为连接两端的直线，只要首尾两端有一端为圆弧，那么连接线即为弧线。

- "合并(J)"：该选项用于找出与非闭合的多段线的任意一端相遇的线段、弧线以及其他多段线，并将它们加到该多段线上，构成一个新的多段线。然后再用所得的新多段线的端点重复上述的搜索过程，直到所有要连接的实体都搜索到为止。

提示：

要连接到指定多段线上的对象必须与当前多段线有共同的端点，如果一条线段与多段线是 T 形相交或是交叉，则它不会被连接；如果有多条线段与一条多段线在同一端相连，那么只能选其中的一条进行连接，连接完毕后，其他的线段就不能连接了。也就是说，必须要保证在连接后仍然是一条多段线，不带有任何分支。

- "宽度(W)"：该选项用来为多段线指定一个新的统一的宽度。用此方法可以消除多段线宽度不统一的现象。
- "拟合(F)"：该选项用来产生一条光滑曲线拟合多段线的所有顶点。光滑曲线的形状与各顶点的切线方向有关。为此，可先选择"编辑顶点"选项来设置各顶点的切线方向，然后再用该选项生成拟合曲线。如果不设置顶点切线方向，直接进行拟合，这时各顶点默认的切线方向为零度。
- "样条曲线(S)"：该选项把选中的多段线的各个顶点当作曲线的控制点，用样条曲线来逼近各个控制点，除了穿过第一个和最后一个控制点外，曲线并不一定穿过其他的控制点，而只是拉向这些点，控制点越多，逼近程度就越高。样条曲线与前

面讲过的拟合曲线不同。拟合曲线是由过各个顶点的一段段圆弧组成，一般情况下，样条曲线要比拟合曲线效果好一些。

- "线型生成(L)"：该选项可以按当前系统变量的设置重新生成一条多段线。
- "放弃(U)"：该选项用来取消最近一次操作，连续使用该选项可以使图形一步步还原。

4.5　编辑样条曲线

使用样条曲线编辑命令，可以编辑样条曲线的各种特征参数。可以删除样条曲线上的拟合点；通过增加样条曲线上的拟合点，提高样条曲线的精度；移动曲线上的拟合点，改变样条曲线的形状；打开闭合的样条曲线或闭合开放的样条曲线；改变样条曲线的起点和终点切向；改变样条曲线的拟合公差，控制曲线到指定的拟合点的距离；增加曲线上某一部分的控制点数量或改变指定控制点的权值，从而提高曲线的精度；改变样条曲线的阶数，从而指定曲线的控制点数量。

样条曲线编辑命令是 Splinedit，可以通过 3 种方法启动命令 Splinedit。

(1) 选择"修改"|"对象"|"样条曲线"命令。

(2) 单击"修改 II"工具栏上的"编辑样条曲线"按钮 <i>乙</i>。

(3) 在命令行输入 Splinedit。

单击"修改 II"工具栏上的"编辑样条曲线"按钮 <i>乙</i>，命令行提示如下：

```
命令: _splinedit
选择样条曲线:
输入选项 [拟合数据(F)/闭合(C)/移动顶点(M)/精度(R)/反转(E)/放弃(U)]:
```

Splinedit 命令有 6 个选项，分别为"拟合数据(F)"、"闭合(C)"、"移动顶点(M)"、"精度(R)"、"反转(R)"以及"放弃(U)"选项。

- "拟合数据(F)"：该选项的功能是对样条曲线的拟合数据进行编辑。
- "闭合(C)"：该选项用于闭合原来开放的样条曲线，并使之在端点处相切连续(光滑)，如果起点和端点重合，那么在两点处都相切连续(即光滑过渡)。若选择的样条曲线是闭合的，则"闭合"选项换为"打开"选项。"打开"选项用于打开原来闭合的样条曲线，将其起点和端点恢复到原始状态，移去在该点的相切连续性，即不再光滑连接。
- "移动顶点(M)"：该选项用于移动样条曲线控制点到其他位置，改变样条曲线的形状，同时清除样条曲线的拟合点。与多段线编辑类似也有"上一个"和"下一个"选项，选中点呈高亮显示。另外还有"选择点"选项，用于从样条曲线的控制点集中自由选择一点来完成移动操作。
- "精度(R)"：该选项用于对样条曲线的定义进行细化，还包括 4 个子选项，分别是"添加控制点(A)"、"提高阶数(E)"、"权值(W)"和"退出(E)"。

- "反转(R)"：该选项用于将样条曲线方向反向，不影响样条曲线的控制点和拟合点。
- "放弃(U)"：该选项用于取消最后一步的编辑操作。

4.6　夹点编辑模式

对象的夹点就是指对象本身的一些特殊的点，例如直线段的中点、端点，圆弧的中点、端点等，如图 4-67 所示。用夹点编辑对象是 AutoCAD 提供的另一种编辑对象的方法，即运用主谓式编辑对象。应用夹点功能后，不用调用通常的 AutoCAD 系统编辑命令就可以对所选择的对象进行移动、拉伸、旋转、复制、比例缩放以及镜像等操作。

选择"工具"|"选项"命令，在打开的"选项"对话框的"选择集"选项卡中选中"启用夹点"和"启用夹点提示"复选框，启动夹点功能，如图 4-68 所示。

图 4-67　一些图形的夹点　　　　　　　　　图 4-68　启动夹点

"启用夹点"复选框在选中时启动夹点的显示，关闭时不显示夹点。"在块中启用夹点"复选框控制块内对象上夹点的显示，选中这个选项则块内所有对象的夹点都会显示，关闭这个功能则只有块的插入点上的夹点会显示。还可以在"未选中夹点颜色"、"选中夹点颜色"以及"悬停夹点颜色"下拉列表框中设置夹点在不同状态下的颜色。

夹点的位置一般在直线和圆弧的中点和端点处，多段线的顶点和端点处，尺寸标注、文字、填充区域、三维面、三维网格、视区以及块的插入点处。

当光标移动到夹点附近时，会自动地捕捉到夹点，夹点的状态有 3 种，根据被选择的情形分为"选中"、"未选中"和"悬停"状态。

选定一个对象，光标移至该对象上的夹点时，此夹点变成"悬停"夹点。在一个对象上拾取一个"悬停"夹点，则该夹点变为一个实心的方框，即为"选中"夹点，当前选中的对象进入了夹点编辑状态，可以进行图形编辑操作。在拾取"悬停"夹点时按住 Shift 键可同时生成多个"选中"夹点。多个"选中"态夹点的图形如图 4-69 所示。不在当前选择集中的对象上的夹点为"未选中"夹点。

选中的夹点在默认状态下为拉伸、移动的基点，旋转(旋转复制)、比例放缩的中心点和镜像线的第一点，通过 Enter 键或空格键可以循环切换这 5 种模式。输入 X，选择"退出"选项即可退出夹点编辑模式。

选定一个夹点，使之成为"选中"态，然后右击，弹出一个菜单，如图 4-70 所示，可以在这个菜单上选择要进行的操作。

图 4-69　多个"选中"态夹点的图形　　　　　　图 4-70　夹点编辑快捷菜单

4.7　操作实践

【例 4-5】按照图 4-71 所示的图形和尺寸，使用本章以及前面章节学过的知识绘制传达室的平面墙体布置图，墙厚 240，散水距墙边 600，完成绘制后将文件存为"Ex04-1 传达室.dwg"。

图 4-71　平面墙体布置图

(1) 选择"格式"|"图形界限"命令，设置图形界限，命令行提示如下：

```
命令: limits                              //启动图形界限命令
重新设置模型空间界限:                      //系统提示信息
指定左下角点或 [开(ON)/关(OFF)] <0,0>:    //接受默认值
指定右上角点 <420.000，297.000>: 420000,297000 //输入新的界限角点值
```

(2) 在状态栏单击"正交"按钮和 DYN 按钮，打开正交绘制模式和动态输入，单击"绘图"工具栏上的"直线"按钮，在绘图区任一位置绘制一条水平线和一条竖直线，长度均为 10000，如图 4-72 所示。

图 4-72　先绘制起始的正交轴线

(3) 单击"修改"工具栏上的"偏移"按钮，偏移距离为 3000，选择竖向轴线偏移两次，得到如图 4-73 所示效果，命令行提示如下：

```
命令: _offset                                    //单击按钮执行命令
当前设置: 删除源=否    图层=源    OFFSETGAPTYPE=0  //系统提示信息
指定偏移距离或 [通过(T)/删除(E)/图层(L)] <5.0000>: 3000 //指定偏移的对象与源对象的距离
选择要偏移的对象，或 [退出(E)/放弃(U)] <退出>:     //选择竖向轴线为偏移的对象
指定要偏移的那一侧上的点，或 [退出(E)/多个(M)/放弃(U)] <退出>:
                                              //在对象的偏移方向上方拾取任意一点
选择要偏移的对象，或 [退出(E)/放弃(U)] <退出>:     //选择对象，进行第二次偏移
指定要偏移的那一侧上的点，或 [退出(E)/多个(M)/放弃(U)] <退出>: //选择偏移方向
选择要偏移的对象，或 [退出(E)/放弃(U)] <退出>:     //按 Enter 键，退出偏移
```

(4) 再单击"修改"工具栏上的"偏移"按钮，偏移距离为 2100，选择水平轴线，向上偏移两次。然后再单击"修改"工具栏上的"偏移"按钮，偏移距离为 1800，选择最上一根水平轴线，向上偏移，得到如图 4-74 所示效果，命令行提示类似步骤(3)。

(5) 单击"修改"工具栏上的"移动"按钮后，选择三根竖线，移动到如图 4-75 所示位置。

图 4-73　偏移竖向轴线　　　　图 4-74　偏移水平轴线　　　　图 4-75　移动调整轴线位置

(6) 单击"修改"工具栏上的"偏移"按钮，偏移距离为 120，偏移方向为轴线两侧，完成后效果如图 4-76 所示。

(7) 单击"修改"工具栏上的"圆角"按钮，将半径设为 0，对墙进行倒角如图 4-77 所示，命令行提示如下：

```
命令: _fillet                                              //启动圆角命令
当前设置: 模式 = 修剪，半径 = 20.000                       //系统提示信息
选择第一个对象或 [放弃(U)/多段线(P)/半径(R)/修剪(T)/多个(M)]: r //设置圆角半径
指定圆角半径 <20.000>: 0                                    //半径值为 0
选择第一个对象或 [放弃(U)/多段线(P)/半径(R)/修剪(T)/多个(M)]: //选择外包边界
选择第二个对象，或按住 Shift 键选择要应用角点的对象:        //选择外包边界
```

(8) 重复第(7)步的操作可得到如图 4-78 所示的效果。

图 4-76　完成墙体偏移　　　图 4-77　对墙线进行倒角　　　图 4-78　倒角完成后的效果

(9) 单击"修改"工具栏上的"修剪"按钮，修剪墙线，如图 4-79~图 4-81 所示，命令行提示如下。

图 4-79　选择三个剪切边　　图 4-80　选择 1、2 为剪切对象　图 4-81　12 之间的 3 为剪切对象

```
命令: _trim                        //单击修剪按钮
当前设置: 投影=UCS，边=延伸          //系统提示信息
选择剪切边...
选择对象或 <全部选择>: 找到 1 个    //选择剪切边
选择对象: 找到 1 个，总计 2 个       //选择剪切边
选择对象: 找到 1 个，总计 3 个       //选择剪切边
选择对象:                           //按 Enter 键完成剪切边的选择
选择要修剪的对象，或按住 Shift 键选择要延伸的对象，或
[栏选(F)/窗交(C)/投影(P)/边(E)/删除(R)/放弃(U)]:       //选择要修剪得线条 1
选择要修剪的对象，或按住 Shift 键选择要延伸的对象，或
[栏选(F)/窗交(C)/投影(P)/边(E)/删除(R)/放弃(U)]:       //选择要修剪得线条 2
选择要修剪的对象，或按住 Shift 键选择要延伸的对象，或
[栏选(F)/窗交(C)/投影(P)/边(E)/删除(R)/放弃(U)]:       //选择要修剪得线条 3
选择要修剪的对象，或按住 Shift 键选择要延伸的对象，或
[栏选(F)/窗交(C)/投影(P)/边(E)/删除(R)/放弃(U)]:       //按 Enter 键完成修剪
```

(10) 重复第(9)步，完成墙的一些修剪工作，修剪后的效果如图 4-82 所示。

(11) 单击"修改"工具栏上的"偏移"按钮，根据图 4-71 提供的尺寸，在门窗洞口处选择相应的轴线进行偏移，以左上角的窗为例，两条轴线向内均偏移 450，形成两条辅助线，偏移后的效果如图 4-83 所示。

图 4-82 修剪完成后的效果   图 4-83 偏移定位窗洞

(12) 单击"修改"工具栏上的"修剪"按钮，选择偏移后的两条辅助线为剪切边，选择墙线为剪切对象，剪切后的效果如图 4-84 所示。

(13) 单击"修改"工具栏上的"删除"按钮，删去这两条辅助线。

(14) 单击"绘图"工具栏上的"直线"按钮，打开状态栏"对象捕捉"开关，并确保"端点"捕捉打开，然后连接剪断的墙线，效果如图 4-85 所示。

图 4-84 修剪窗洞   图 4-85 修剪完成后的效果

(15) 重复(11)~(14)步的操作，严格按照图示尺寸偏移轴线或辅助线，可得到如图 4-86 所示的效果。

(16) 单击"修改"工具栏上的"偏移"按钮，将外圈轴线偏移 720(120 半墙厚+600) 绘制散水，如图 4-87 所示。

图 4-86 完成所有门窗洞口修剪后的效果   图 4-87 偏移轴线定位散水边界

(17) 单击"修改"工具栏上的"圆角"按钮 ▊，将半径设为 0，对散水进行圆角，可以利用"圆角"操作对散水线进行修剪，达到"修剪"命令同样的功能，效果如图 4-88 所示。

(18) 单击"绘图"工具栏上的"直线"按钮 ▟，连接墙角点和散水边界角点，可以利用"圆角操作对散水线进行修剪，达到"修剪"命令同样的功能，如图 4-89 所示。

图 4-88　倒角绘制散水边界　　　　　　　图 4-89　绘制完成后的效果

(19) 选择"文件"|"另存为"命令，将绘制的图形保存为"Ex04-1 传达室.dwg"。

4.8　习　　题

4.8.1　填空题

(1) 要移动对象，可以使用_____命令，要旋转对象，可以使用____命令，修剪对象可以使用____命令，删除对象可以使用_____命令。

(2) 在 AutoCAD 中，有_____和 _____两种倒角方式。

(3) 在修剪过程中，按住_____键选择要延伸的对象，这样可以切换成_____命令。

(4) 拉伸图形时，必须采用_____选择方式。

(5) 打断命令是_____，合并命令是_____命令。

4.8.2　选择题

(1) AutoCAD 中不能完成复制图形功能的命令是_____。

　　A. Copy　　　　　　B. Move　　　　　　C. Rotate　　　　　　D. Mirror

(2) 系统变量_____，控制镜像时文字对象的反射特性。当遇到镜像对象中包含文字时，需要先设置系统变量值为 0 时，文字镜像后可读，当值为 1 时，文字镜像后不可读。

　　A. Mirrtext　　　　B. Isoline　　　　　C. Splerame　　　　D. Linetype

(3) 分解命令主要用于把一个对象分解为多个单一的对象，主要是应用于整体图形、图块、文字、尺寸标注等对象。分解的命令是_____。

　　A. Break　　　　　B. Explode　　　　　C. Mirror　　　　　D. Joint

4.8.3　上机操作

(1) 绘制如图 4-90 所示尺寸的图形。

(2) 绘制如图 4-91 所示尺寸的图形。

图 4-90　屋顶平面图

图 4-91　天沟详图

第5章 绘制及编辑图案填充

在建筑行业图纸中，常常需要绘制剖面图，以及平面布置图。剖面填充被用来显示剖面结构关系和表达建筑中各种建筑材料的类型、地基轮廓面、房屋顶的结构特征，以及墙体材料和立面效果等。在 AutoCAD 2010 中文版中，根据图案填充与其填充边界之间的关系将填充分为关联的图案填充和非关联的图案填充。关联的图案填充，在修改边界时填充会得到自动更新；而非关联的图案填充则与其填充边界保持相对的独立性。填充时可以使用预定义填充图案填充区域，也可以使用当前线型定义简单的线图案，或者创建更复杂的填充图案去填充区域，还可以用实体颜色去填充区域。

本章主要介绍绘制和编辑图案填充的相关内容，以及建筑制图规范对填充的要求。

知识要点
- 图案填充与渐变色填充
- 填充图案的编辑
- 建筑制图规范对填充的要求

5.1 图 案 填 充

如图 5-1 和图 5-2 所示，分别是使用了图案填充的建筑立面图局部和窗剖面图的效果。

图 5-1 建筑立面图

图 5-2 窗剖面图

图案的填充命令是 Hatch，可以通过 3 种方式启动命令 Hatch。

(1) 选择"绘图"|"图案填充"命令。

(2) 单击"绘图"工具栏上的"图案填充…"按钮 。

(3) 在命令行输入 Hatch。

单击"绘图"工具栏上的"图案填充"按钮 ，会弹出如图 5-3 所示的"图案填充和渐变色"对话框。

选择"图案填充"选项卡，其中包含 6 方面的内容：类型和图案、角度和比例、图案填充原点、边界、选项和继承特性。下面分别介绍这几方面的内容。

1. 类型和图案

在"图案填充"选项卡的"类型和图案"选项组可以设置填充的类型和图案。

- "类型"下拉列表框：主要用于选择图案的类型，其中包括"预定义"、"用户定义"和"自定义"3 种类型。"预定义"类型是指 AutoCAD 存储在产品附带的 acad.pat 或 acadiso.pat 文件中的预先定义的图案；"用户定义"类型填充图案由基于图形中的当前线型的线条组成。可以通过更改"角度和比例"选项组中的"间距"和"角度"的参数来改变填充的疏密程度和倾角大小。另外还可以通过选择"双向"复选框，双向填充线条；"自定义"类型填充图案是在任何自定义 PAT 文件中定义的图案。
- "图案"下拉列表框：主要用于对填充图案的选择，下拉列表将显示填充图案的名称，并且最近使用的 6 个用户预定义图案出现在列表顶部。单击▯▯按钮，弹出"填充图案选项板"对话框，如图 5-4 所示，通过该对话框可以查看填充图案并做出选择。

图 5-3　"图案填充和渐变色"对话框　　　图 5-4　"填充图案选项板"对话框

- "样例"列表框：用于显示选定图案的预览。
- "自定义图案"下拉列表框：列出可用的自定义图案，最近使用的 6 个自定义图案将出现在列表顶部。

2. 角度和比例

"角度和比例"选项组包含"角度"、"比例"、"间距"和"ISO 笔宽"4 部分内容。主要控制填充的疏密程度和倾斜程度。

- "角度"下拉列表框：可以在下拉列表中选择所需角度，或者直接输入角度值。例如，选择不同的角度值，其效果如图 5-5 所示。

角度0，比例1　　　　　　　角度45，比例1　　　　　　　角度0，比例0.5

图 5-5　　角度和比例的控制效果

● "双向"复选框：主要控制选择"用户定义"填充图案时采用的当前线型的线条布置是单向还是双向，如图 5-6 的中间图例所示。

角度0，间距100　　　　　角度45，间距100，双向　　　　　角度0，间距50

图 5-6　　"用户定义"角度、间距和双向的控制效果

● "比例"下拉列表框：可以在下拉列表中选择所需角度，或者直接输入比例值。选择不同的比例值，其效果如图 5-5 所示。

提示：

"相对于图纸空间"复选框，仅在图纸空间里显示为可用，选中该复选框则相对于图纸空间单位缩放填充图案。

● "间距"文本框：主要是针对用户选择"用户定义"填充图案类型时，采用的当前线型的线条间距。输入不同的间距值将得到不同的效果，如图 5-6 所示。
● "ISO 笔宽"下拉列表框：主要针对用户选择"预定义"填充图案类型，同时选择了 ISO 预定义图案时，可以通过改变笔宽值来改变填充效果，如图 5-7 所示。

角度0，ISO线宽0.13　　　　角度0，ISO线宽0.5　　　　角度60，ISO线宽0.5

图 5-7　　"ISO 笔宽"控制效果

3. 边界

"图案填充"选项卡中的"边界"选项组主要用于指定图案填充的边界。可以通过指定对象封闭区域中的点或者封闭区域的对象的方法确定填充边界。"边界"选项组包含"添加：拾取点"、"添加：选择对象"、"删除边界"、"重新创建边界"和"查看选择集"5 项。

- "添加：拾取点"按钮 ：用于根据围绕指定点构成封闭区域的现有对象确定边界。单击该按钮，此时对话框将暂时关闭，系统将会提示用户拾取一个点，命令行提示如下。

> 命令：_bhatch
> 拾取内部点或 [选择对象(S)/删除边界(B)]:　正在选择所有对象...

拾取内部点时，可以随时在绘图区域右击以显示包含多个选项的快捷菜单，如图 5-8 所示，该快捷菜单定义了部分对封闭区域操作的命令。下面详细介绍一下与孤岛检测相关的 3 个命令。用户也可以在"图案填充和渐变色"对话框中单击 ⊘ 按钮，将对话框扩展开并进行孤岛检测设置，如图 5-9 所示。

图 5-8　图案填充快捷菜单　　　　　　　图 5-9　扩展对话框

最外层边界内的封闭区域对象将被检测为孤岛。Hatch 使用此选项检测对象的方式取决于用户选择的孤岛检测方法。

(1) "普通孤岛检测"填充模式从最外层边界向内部填充，对第一个内部岛形区域进行填充，间隔一个图形区域，转向下一个检测到的区域进行填充，如此反复交替进行。

(2) "外部孤岛检测"填充模式从最外层的边界向内部填充，只对第一个检测到的区域进行填充，填充后就终止该操作。

(3) "忽略孤岛检测"填充模式从最外层边界开始，不再进行内部边界检测，对整个区域进行填充，忽略其中存在的孤岛。

系统默认的检测模式是普通填充模式。3 种不同填充模式效果的对比，如图 5-10 所示。

图 5-10　3 种不同的孤岛检测模式的效果

- "添加：选择对象"按钮 ⊞：用于根据构成封闭区域的选定对象确定边界。单击该按钮，对话框将暂时关闭，系统将会提示用户选择对象，命令行提示如下。

```
命令: _bhatch                              //启动图案填充命令
选择对象或 [拾取内部点(K)/删除边界(B)]:    //选择对象边界
```

值得注意的是，如果填充线遇到对象(例如文本、属性)或实体填充对象，并且该对象被选为边界集的一部分(即文字也选择作为边界)，则 Hatch 将填充该对象的四周，如图 5-11 所示。

图 5-11　文字是否在边界集中的效果

- "删除边界"按钮 ▣×：从边界定义中删除以前添加的任何边界对象。例如，选择图 5-10 左侧图中的小圆边界，则可以得到图 5-10 中间图形的填充效果。
- "重新创建边界"按钮 ▣：围绕选定的图案填充或填充对象创建多段线或面域，并使其与图案填充对象相关联。
- "查看选择集"按钮 🔍：单击该按钮，将暂时关闭对话框，并使用当前的图案填充或填充设置显示当前定义的边界。

提示：

对于未封闭的图形，可以通过"添加：选择对象"选择边界，完成填充。但"添加：拾取点"方式不能选择这种边界。"重新创建边界"将在后面"填充图案的编辑"中详细介绍。

4. 图案填充原点

图案填充原点的功能是 AutoCAD 2010 中文版的新增功能，如图 5-12 所示。在默认情况下，填充图案始终相互对齐，但是有时可能需要移动图案填充的起点(称为原点)。例如，如果用砖形图案填充建筑立面图，可能希望在填充区域的左下角以完整的砖块开始，如图 5-13 所示。在这种情况下，需要在"图案填充原点"选项组中重新设置图案填充原点。选择"指定的原点"单选按钮后，可以通过单击 ▣ 按钮，用鼠标拾取新原点，或者选择"默认为边界范围"复选框，并在下拉菜单中选择所需点作为填充原点。另外还可以选择"存储为默认原点"复选框，保存当前选择为默认原点。

图 5-12　"图案填充原点"选项组

默认图案填充原点　　　　新的图案填充原点

图 5-13　改变图案填充原点效果

5. 选项

"图案填充"选项卡中的"选项"选项组主要包括 3 方面的内容，即"关联"、"创建独立的图案填充"和"绘图次序"。

- "关联"复选框：该复选框用于控制填充图案与边界"关联"或"非关联"。关联图案填充随边界的更改自动更新，而非关联的图案填充则不会随边界的更改而自动更新，如图 5-14 所示的工字梁的填充。默认情况下，使用 Hatch 创建的图案填充区域是关联的。

填充的对象　　　　　编辑具有关联图案　　　　　编辑非关联填充边
　　　　　　　　　填充的边界的结果　　　　　界所得到的结果

图 5-14　"关联"与"非关联"效果比较

- "创建独立的图案填充"复选框：当选择了多个封闭的边界进行填充时，该复选框控制是创建单个或多个图案填充对象，如图 5-15 所示，相同的填充效果，但左图为单个的图案填充对象，而右图为 3 个图案填充对象。该功能也是 AutoCAD 2010 中文版的新增功能。

图 5-15　创建独立的图案填充

- "绘图次序"下拉列表框：主要为图案填充指定绘图次序。图案填充可以放在所有其他对象之后、所有其他对象之前、图案填充边界之后或图案填充边界之前。

6. 继承特性

"继承特性"按钮，是指使用选定对象的图案填充或填充特性对指定的边界进行图案填充。单击该按钮，然后选择源图案填充，再选择目标对象，这样可以节省选择填充图案类型、角度、比例、原点位置等参数设置的时间，直接使用源图案填充的参数，提高绘图效率。

5.2　渐变色填充

　　AutoCAD 2010 中文版不仅提供了各种图案填充,还提供了渐变色填充。在建筑制图中可以利用该填充方式加强方案图的表现效果。选择如图 5-3 所示的"图案填充和渐变色"对话框中的"渐变色"选项卡,或者直接单击"绘图"工具栏上的"渐变色…"按钮 ,可以得到如图 5-16 所示的对话框。

　　"单色"和"双色"单选按钮用来选择填充颜色是单色还是双色。在"颜色"下拉列表框里可以选择颜色,单击 按钮会弹出如图 5-17 所示的"选择颜色"对话框,在其中可以选择所需颜色。选项卡中有 9 种渐变的方式可供选择。"居中"复选框控制颜色渐变居中,"角度"下拉列表框控制颜色渐变的方向。其余选项的功能和操作均与图案填充一样。

图 5-16　　"渐变色"选项卡　　　　　　　　图 5-17　　"选择颜色"对话框

5.3　工具选项板填充图案

　　单击"标准"工具栏上的"工具选项板"按钮 ,或者在命令行输入命令 Toolpalettes,弹出"工具选项板"浮动窗口,选择"图案填充"选项卡,如图 5-18 所示。

　　可以从"图案填充"选项卡中选择合适的填充图案填充到绘图区中的图形中。单击选择要填充的图案,将光标移到绘图区需要填充图形的封闭区域内,单击即可填充图案。

提示:

使用"工具选项板"窗口直接创建填充图案,只对具有封闭区域的对象有效。

5.4　填充图案的编辑

在 AutoCAD 中，填充图案的编辑主要包括变换填充图案，调整填充角度和调整填充比例等。进行填充图案的编辑有 3 种方法。

(1) 选择"修改"|"对象"|"图案填充"命令。

(2) 单击"修改 II"工具栏上的"编辑图案填充"按钮 。

(3) 在命令行输入 Hatchedit。

单击"修改 II"工具栏上的"编辑图案填充"按钮 ，选择要编辑的对象后，将会弹出如图 5-19 所示的"图案填充编辑"对话框。该对话框与"图案填充和渐变色"对话框类似，只是在编辑的状态下才能使用"删除边界"和"重新创建边界"功能。下面就介绍一下"重新创建边界"的操作。

图 5-18　"工具选项板"的"图案填充"选项卡　　　图 5-19　"图案填充编辑"对话框

如图 5-20 左图所示，填充图案边界被删除，可以通过 AutoCAD 的"重新创建边界"功能重新绘制出边界，并可以设定其关联性。

图 5-20　"重新创建边界"的效果

(1) 单击"修改 II"工具栏上的"编辑图案填充"按钮 ，选择要编辑的对象。

(2) 单击"重新创建边界"按钮 ，选择以"多段线方式"重新创建边界，命令行提示如下。

```
命令:  HATCHEDIT        //单击按钮,启动编辑命令
选择图案填充对象:       //选择编辑对象
输入边界对象的类型 [面域(R)/多段线(P)] <多段线>:  P  //以多段线方式重新创建边界
要关联图案填充与新边界吗? [是(Y)/否(N)] <Y>: Y  //选择边界与填充图案关联
```

(3) 再输入 Y,选择新边界与图案填充关联。如图 5-20 右图所示,边界与填充图案关联。

提示:

还可以通过修改填充的特性来对填充进行编辑。关于"特性"功能将在后续章节进行介绍。

5.5　建筑制图规范关于填充的要求

房屋建筑制图统一标准(GB/T 50001-2001)中有对于建筑材料的图例画法和一些与填充相关的规定。对于常用建筑材料的图例画法,规范对其尺度比例不作具体规定,可以根据图样大小而定,但绘制时应该注意以下问题。

(1) 图例线应间隔均匀,疏密适度,做到图例正确,表示清楚。

(2) 不同品种的同类材料使用同一图例时(如某些特定部位的石膏板必须注明是防水石膏板时),应在图上附加必要的说明。

(3) 两个相同的图例相接时,图例线宜错开或使倾斜方向相反,如图 5-21 所示。

图 5-21　相同图例相接时的画法

(4) 两个相邻的涂黑图例(如混凝土构件、金属件)间,应留有空隙,其宽度不得小于0.7mm,如图 5-22 所示。

(5) 需画出的建筑材料图例面积过大时,可在断面轮廓线内,沿轮廓线作局部表示,如图 5-23 所示。

图 5-22　相邻涂黑图例的画法　　　　　　图 5-23　局部表示图例

(6) 当选用《房屋建筑制图统一标准》中未包括的建筑材料时,可自编图例。但不得与本表所列的图例重复。绘制时应在适当位置画出该材料图例,并加以说明。

【例 5-1】绘制填充—钢筋混凝土 T 型梁断面图要填充的 T 型梁断面如图 5-24 所示,按照规范规定的图例对该梁进行填充,最后效果如图 5-26 所示。

图 5-24　需要填充的断面图

图 5-25　用 ANSI31 进行填充

图 5-26　再用 AR-CONC 填充

(1) 单击"绘图"工具栏上的"图案填充…"按钮 ，弹出"图案填充和渐变色"对话框，再单击"添加：拾取点"按钮 ，在 T 型梁断面内选择一点，确定填充边界。

(2) 在"类型和图案"选项组的"类型"下拉列表框中选择"预订义"选项，然后单击"图案"下拉列表框后的 按钮，弹出"填充图案选项板"对话框。选择 ANSI 选项卡中的 ANSI31 图案，单击"确定"按钮，样例栏将更改成相应的图标，在"比例"列表框中输入 20。

(3) 单击"预览"按钮，得到如图 5-25 所示图形，命令行提示如下。

```
命令: _bhatch            //
拾取内部点或 [选择对象(S)/删除边界(B)]:   正在选择所有对象...// 拾取内部点确定填充边界
正在选择所有可见对象...
正在分析所选数据...
正在分析内部孤岛...
拾取内部点或 [选择对象(S)/删除边界(B)]: //按 Enter，结束对象选择，返回对话框，选择填充
图案
拾取或按 Esc 键返回到对话框或 <单击右键接受图案填充>: //返回对话框调整比例，预览
拾取或按 Esc 键返回到对话框或 <单击右键接受图案填充>://返回对话框调整比例，预览
拾取或按 Esc 键返回到对话框或 <单击右键接受图案填充>://返回对话框调整比例，预览
拾取或按 Esc 键返回到对话框或 <单击右键接受图案填充>://单击右键接受图案填充
```

(4) 在"填充图案选项板"对话框的"其他预订义"中选择"AR-CONC"图案进行再一次填充。该填充的操作与前一步的填充相似，在"比例"列表框中输入 0.75，最后的效果如图 5-26 所示。

5.6　操作实践

【例 5-2】对如图 5-27 所示的立面图进行图案填充，填充后的效果如图 5-28 所示。

图 5-27　填充前的效果

图 5-28　填充后的效果

(1) 单击"绘图"工具栏上的"图案填充…"按钮，弹出"图案填充和渐变色"对话框，选择"图案填充"选项卡。

(2) 单击"图案填充"选项卡中"图案"下拉列表框后面的按钮，弹出"填充图案选项板"对话框，选择"其他预定义"选项卡，单击 BRICK 填充图案，单击"确定"按钮，返回"图案填充"对话框。

(3) 在"角度"下拉列表框中输入 0，在"比例"列表框中输入 500，如图 5-29 所示。

(4) 单击"拾取点"按钮，切换到绘图区指定填充区域，在中段墙中任意拾取一点，按 Enter 键返回"图案填充"对话框。可以通过单击"预览"按钮查看填充效果。单击"确定"按钮完成砖块填充。

(5) 再单击"绘图"工具栏上的"图案填充…"按钮，单击"图案填充"选项卡中"图案"下拉列表框后面的按钮，弹出"填充图案选项板"对话框，选择"其他预定义"选项卡，选择 AR-SAND 填充图案，单击"确定"按钮，返回"图案填充"对话框。

(6) 在"角度"文本框中输入 0，在"比例"文本框中输入 100，如图 5-30 所示。

图 5-29　设置"图案填充和渐进色"对话框 1　　　图 5-30　设置"图案填充和渐进色"对话框 2

(7) 单击"拾取点"按钮，切换到绘图区指定填充区域，在中段墙中任意拾取一点，按 Enter 键返回"图案填充"对话框。

(8) 单击"确定"按钮，完成图案填充，效果如图 5-28 所示。

提示：

由于填充图案间距太密导致不能填充，此时命令行提示"图案填充间距太密，或短划尺寸太小"，这种情况下，只需要将填充比例放大就可以了。使用"拾取点"选取方式时，拾取点直接落在了边界上，此时弹出"边界定义错误"对话框，提示"点直接在对象上"，将拾取点落在边界内就可以执行操作。

5.7　习　　题

5.7.1　填空题

(1) 在 AutoCAD 中，_____命令可同时创建关联的和非关联的图案填充。

(2) "孤岛检测"有 3 种检测模式分别是_____、_____和_____。

(3) 如果需要对图案填充进行编辑，可以采取_____和_____方法。

5.7.2　选择题

(1) AutoCAD 图案填充中_____填充随边界的更改自动更新。

　　A. 非关联　　　　　B. 关联　　　　　　C. 普通孤岛检测　　　　D. 外部孤岛检测

(2) 填充图案的编辑主要包括变换填充图案、调整填充角度和调整填充比例等，填充编辑的命令是_____。

　　A. HATCH　　　　　B. HATCHEDIT　　　C. TOOLPALETTES　　　D. SOLIDE

5.7.3　上机操作

(1) 为图 5-31 所示图形的断面填充图案，填充效果如图 5-32 所示。

图 5-31　需要填充图案的图形(1)　　　　　　　图 5-32　填充后的效果(1)

(2) 为图 5-33 所示图形的断面填充图案，填充效果如图 5-34 所示。

图 5-33　需要填充图案的图形(2)　　　　　　　图 5-34　填充后的效果(2)

第6章 线型、线宽、颜色及图层设置

为了使图形的绘制和阅读更方便，绘图时通常会赋予图形一定的特性，例如，用不同的颜色来代表不同的内容，用不同的线宽代表不同的内容等。使用这些不同的特性，能够在视觉上将对象相互区别开来，使得图形易于阅读，AutoCAD 提供了颜色、线型和线宽特性，以及图层工具来方便用户绘制和阅读。

本章主要介绍线型、颜色、线宽的设置方法，图层的设置与管理方法，以及通过"对象特性"对话框更改对象特性的方法。

知识要点

- 线型的设置
- 对象颜色的设置
- 线宽的设置
- 图层的设置与管理
- 更改对象特性

6.1 线型的设置和修改

线型是直线或某类曲线的显示方式。例如，连续直线、虚线和点划线等。在建筑制图中不同的线型代表的含义是不同的，例如，实线一般代表可见对象，而虚线一般代表隐含的对象。在 AutoCAD 绘图过程中，关于线型的操作包括加载线型、设置当前线型、更改对象线型和控制线型比例。

6.1.1 加载线型

在制图开始时应先加载线型，以便需要时使用。AutoCAD 中包括两种线型定义文件 acad.lin 和 acadiso.lin。其中若使用英制测量系统则使用 acad.lin 文件，若使用公制测量系统则使用 acadiso.lin 文件，加载线型的步骤如下。

(1) 选择"格式"|"线型"命令，打开"线型管理器"对话框，如图 6-1 所示。

(2) 单击"加载"按钮，将弹出"加载或重载线型"对话框，如图 6-2 所示。

图 6-1 "线型管理器"对话框   图 6-2 "加载或重置线型"对话框

(3) 在"加载或重载线型"对话框中选择所需线型，然后单击"确定"按钮。

(4) 若所列的线型没有所需要的线型，可以单击"文件"按钮，打开"选择线型文件"对话框，重新选择线型文件，再选择所需要的线型。

(5) 单击"加载或重载线型"对话框的"确定"按钮，完成线型加载。

若要查看已经加载的线型，可以单击"对象特性"工具栏上的"线型控制"下拉列表框的下三角按钮，列表中将显示所有加载了的线型，如图 6-3 所示。

图 6-3 "线型控制"下拉列表框

若要卸载一些图形中不需要的线型，可以在如图 6-1 所示的"线型管理器"中选择需要卸载的线型，单击"删除"按钮。

提示：

Bylayer、Byblock、Continuous 和任何当前使用的线型都不能被卸载。

6.1.2 设置当前线型

绘制图形时所采用的线型就是当前线型，也就是在图 6-3 的"对象特性"工具栏的"线型控制"下拉列表框中显示的线型。当需要换一种线型绘制下一个对象时操作步骤如下：

(1) 选择"格式"|"线型"命令，打开"线型管理器"对话框，单击"加载"按钮，弹出"加载或重载线型"对话框，加载需要的线型。

(2) 在加载线型后，在"线型"列表中选择一种线型，单击"线型管理器"对话框的"当前"按钮，则该线型被设置为当前线型。若选择 ByLayer，即"随层"线型，就会将当前图层的线型设为当前线型来绘制图形对象，若选择 ByBlock，即"随块"线型，则还是以当前线型绘图，将对象编组到块中。当把块插入图形时，块中的对象继承当前的线型设置。例如，选择"随块"后，仍然是用连续直线绘图，当绘制完成后生成块，插入到图形当中，此时的块将显示成当前图形的当前线型，可能不再是连续直线了。

(3) 单击"确定"按钮，完成当前线型的设置。

另外，用户还可以通过图 6-3 所示的"对象特性"工具栏的"线型控制"下拉列表框直接选择已经加载的线型。

6.1.3　更改对象线型

更改对象线型在 AutoCAD 制图中经常遇到。建筑制图中通常需要在同一图层中绘制多种线型的图形。可以先选择需要修改线型的对象，然后在"对象特性"工具栏的"线型控制"下拉列表框中选择所需线型即可。

6.1.4　控制线型比例

可以通过更改全局比例因子和更改每个对象的线型比例因子来控制线型比例。在默认情况下，AutoCAD 使用全局和单个线型比例均为 1.0。全局缩放比例因子显示用于所有线型。对象缩放比例因子设置新建对象的线型比例，最终的比例是全局缩放比例因子与该对象缩放比例因子的乘积。控制线型比例的操作步骤如下。

(1) 选择"格式"|"线型"命令，打开"线型管理器"对话框，如图 6-1 所示。

(2) 在"线型管理器"对话框中，单击"显示细节"按钮可以展开对话框，如图 6-4 所示。

图 6-4　显示线型细节

(3) 在"全局比例因子"文本框中输入数值，更改全局的线型比例；在"当前对象缩放比例"文本框中输入新值，更改当前对象的线型比例。

(4) 单击"确定"按钮，完成更改线型比例的操作。

下面通过一个例子，熟悉一下线型的加载、更改和比例控制。

【例 6-1】绘制一个 4000×2000 的矩形平台，外侧为 300 的悬挑的边，用实线和虚线绘制该平台的平面图。

(1) 加载虚线，选择"格式"|"线型"命令，打开"线型管理器"对话框。单击"加载"按钮，在"加载或重置线型"对话框中选择 ACAD_ISO02W100 线型，单击"确定"按钮。

(2) 选择"格式"|"图形界限"命令，设置图形界限为 420000×297000，命令行提示

如下。

命令: '_limits
重新设置模型空间界限:
指定左下角点或 [开(ON)/关(OFF)] <0.0000,0.0000>:
指定右上角点 <420.0000,297.0000>: 420000,297000

(3) 单击"绘图"工具栏上的"矩形"按钮,选定第一个角点后,选择"尺寸"方式,输入长 4000,宽 2000。

(4) 单击"偏移"按钮 ,输入偏移距离 300,选择矩形,然后选择矩形内的一点,完成偏移绘制,得到图形如图 6-5 所示。

(5) 选择里面的小矩形,然后在"对象特性"工具栏的"线型控制"下拉列表框中选择 ACAD_ISO02W100,将小矩形的线型设置为虚线。

(6) 选择"格式"|"线型"命令,打开"线型管理器"对话框,单击显示细节按钮展开对话框,如图 6-4 所示。选择 ACAD_ISO02W100,在"全局比例因子"中输入 100,单击"确定"按钮,得到图形如图 6-6 所示。

(7) 重复步骤(6)在"全局比例因子"中输入 50,单击"确定"按钮,得到图形如图 6-7 所示。

图 6-5　更改线型前的图形　　　图 6-6　全局比例因子 100　　　图 6-7　全局比例因子 50

6.2　线宽的设置和修改

关于线宽的显示在前面的章节中已经介绍,本节主要介绍线宽的设置和修改。在建筑制图中常常用不同的线宽来表示不同构件。例如粗线常常用于断面详图的轮廓线,而一些分隔和门窗线一般都选择细线来表示。不同的线宽便于分辨图形对象。

在模型空间中显示的线宽不随缩放比例因子变化,而在布局和打印预览中线宽是以实际单位显示的,并且随缩放比例因子而变化。设置线宽的步骤如下:

(1) 选择"格式"|"线宽"命令,弹出"线宽设置"对话框,如图 6-8 所示。

图 6-8　"线宽设置"对话框

(2) 在"线宽设置"对话框中选择线宽，并在"列出单位"选项组中选择所需要的单位。

(3) 单击"确定"按钮。

另外，还可以直接在"对象特性"工具栏的"线宽控制"下拉列表框中选择所需线宽，如图 6-9 所示。线宽的修改方式与线型的修改方式类似，在此就不再赘述。

图 6-9　"线宽控制"下拉列表

6.3　颜色的设置和修改

图形对象的颜色是区分图形对象的又一特性。由于颜色特性的直观性，可以用于区分不同的图层，也可以用于指示打印线宽。在为对象指定颜色时，可以采用索引颜色、真彩色和配色系统中的颜色。

AutoCAD 的索引(ACI)颜色是 AutoCAD 中使用的标准颜色。每一种颜色用一个 ACI 编号对应，编号是 1～255 中的整数。标准颜色的名称只用于 1~7 号颜色，颜色的名称分别为 1 红色、2 黄色、3 绿色、4 青色、5 蓝色、6 品红色、7 白色/黑色。

真彩色使用 24 位颜色定义显示 16 兆色。指定真彩色时，可以使用 RGB 或 HSL 颜色模式。如果使用 RGB 模式，可以指定颜色的红、绿、蓝组合，如图 6-10 所示。如果使用 HSL 颜色模式，则可以指定颜色的色调、饱和度和亮度要素，如图 6-11 所示。

图 6-10　"真彩色"RGB 模式　　　　图 6-11　"真彩色"HSL 模式

用户可以通过 AutoCAD 自带的标准配色系统中的颜色来设定颜色，也可以通过输入用户自定义的配色系统来进一步扩充可供使用的颜色系统，如图 6-12 所示。

通过 AutoCAD 的颜色索引(ACI)选择所需要的颜色的步骤如下：

(1) 选择"格式"|"颜色"命令，弹出"选择颜色"对话框，如图 6-13 所示。

图 6-12　配色系统

图 6-13　"选择颜色"对话框

(2) 选择一种颜色，单击 Bylayer 按钮，指定按当前图层的颜色绘制；单击 Byblock 按钮，即"随块"颜色，指定新对象的颜色为默认颜色(白色或黑色，取决于背景颜色)，直到将对象编组到块并插入块。当把块插入图形时，块中的对象继承当前图形的颜色设置。

(3) 单击"确定"按钮完成颜色设置。

另外，还可以直接在"对象特性"工具栏的"颜色控制"下拉列表框中选择"选择颜色"选项，如图 6-14 所示，也会弹出如图 6-13 所示的"选择颜色"对话框。

图 6-14　"颜色控制"下拉列表

6.4　图层的设置和管理

图层相当于多层"透明纸"重叠而成，先在"透明纸"上面绘制图形，然后将纸一层层重叠起来，就构成了最终的图形。在 AutoCAD 中，图层的功能和用途非常强大，可以根据需要创建图层，然后将相关的图形对象放在同一层上，以此来管理图形对象。AutoCAD 中各个图层具有相同的坐标系、绘图界限和显示时的缩放倍数。可以对位于不同图层上的对象同时进行编辑操作。每个图层都有一定的属性和状态，包括图层名、开关状态、冻结状态、锁定状态、颜色、线型、线宽、打印样式、是否打印等。图层的管理对建筑制图十分重要，管理好图层能够极大地方便用户对图形对象的修改和编辑，起到化繁为简的效果。有 3 种方法打开"图层特性管理器"对话框，如图 6-15 所示。

图 6-15　　"图层特性管理器"对话框

(1) 选择"格式"|"图层"命令。

(2) 单击如图 6-16 所示的"图层"工具栏上的"图层特性管理器"按钮 。

图 6-16　　"图层"工具栏

(3) 在命令行输入命令 Layer。

在"图层特性管理器"对话框中，可以通过对话框上的一系列按钮对图层进行基本操作。各常用按钮的具体含义如下。

- "新建图层"按钮 ：单击该按钮，图层列表中显示新创建的图层。第一次新建图层，列表中将显示名为"图层 1"的图层，随后名称便递增为"图层 2"、"图层 3"……。该名称处于选中状态，可以直接输入一个新图层名，例如"墙线"等。
- "删除图层"按钮 ：单击该按钮，可以删除用户选定的要删除的图层。
- "置为当前"按钮 ：单击该按钮，将选定图层设置为当前图层。将要创建的对象会被放置到当前图层中。

提示：

删除图层时，只能删除未参照的图层。参照图层包括图层 0 和 DEFPOINTS、包含对象(包括块定义中的对象)的图层、当前图层和依赖外部参照的图层。

6.4.1　设置图层特性

特性管理包括对名称、颜色、线型、线宽、打印样式、打印与否和说明的管理，下面分别讲解各自的设置。

1. 命名图层

单击"新建图层"按钮 之后，默认名称处于可编辑状态，可以输入新的名称。对于已经创建的图层，如果需要修改图层的名称，需要单击一次该图层的名称，使图层名处于可编辑状态，可以输入新的名称。

2. 颜色设置

所谓图层的颜色，是指该图层上面的实体颜色，即在该图层上创建对象将会与图层的颜色相同。在建立图层时，图层的颜色是继承上一个图层的颜色，对于图层 0 系统默认的是 7 号颜色，该颜色相对于黑的背景显示白色，相对于白的背景显示黑色。

在绘图过程中，通过更改该层的颜色区分其他层的对象、默认状态下改变该层的颜色，该层所有对象的颜色随之改变。单击"颜色"列表下的颜色特性图标■ 白色，弹出如图 6-14 所示的"选择颜色"对话框，可以对图层颜色进行设置。具体的设置方法在本章的前面已经介绍，在此不再赘述。

3. 线型设置

图层的线型是指在图层中绘图时所用的线型，每一层都应有一个相应线型。不同的图层可以设置为不同的线型，也可以设置为相同的线型。在"图层特性管理器"中单击对应"线型"栏中的 Continuous，将会弹出"选择线型"对话框，如图 6-17 所示，在其中可以选择已经加载的线型。若没有所需线型，可单击"加载"按钮重新加载。在建筑制图中经常在同一图层中运用多种线型，因此掌握好线型的比例是十分重要的。线型的具体设置方法也在前面已经介绍，在此不再赘述。

图 6-17　"选择线型"对话框

4. 线宽设置

使用线宽特性，可以创建粗细(宽度)不一的线，分别用于不同的地方。这样就可以图形化地表示对象和信息。

在"图层特性管理器"中单击"线宽"列表框下的线宽特性图标—— 默认，弹出如图 6-18 所示的"线宽"对话框，在"线宽"列表中选择需要的线宽，单击"确定"按钮完成线宽设置操作。

图 6-18　"线宽"对话框

5. 打印设置

AutoCAD 可以控制某个图层中图形输出时的外观。一般情况下，不对"打印样式"进行修改。图层的可打印性是指某图层上的图形对象是否需要打印输出，系统默认是可以打印的。在"打印"列表下，打印特性图标有可打印🖶和不可打印🖶两种状态。当为🖶时，该层图形可打印，当为🖶时，该层图形不可打印，通过单击进行切换。

6.4.2　图层的管理

控制图层包括控制图层开关、图层冻结和图层锁定。

1. 图层的打开与关闭

当图层打开时，它在屏幕上是可见的，并且可以打印。当图层关闭时，它是不可见的，并且不能打印，即使"打印"选项是打开的。在"开"列表下，💡图标表示图层处于打开状态，💡图标表示图层处于关闭状态。单击💡图标，图标变为💡，图层变为关闭状态，再单击一次，图标变回💡，图层回到打开状态。

2. 图层的冻结与解冻

冻结图层可以加快 ZOOM、PAN 和许多其他操作的运行速度，增强对象选择的性能并减少复杂图形的重生成时间。当图层被冻结以后，该图层上的图形将不能显示在屏幕上，不能被编辑，不能被打印输出。在"冻结"列表下，☀图标表示图层处于解冻状态，❄图标表示图层处于冻结状态。冻结/解冻的操作同打开/关闭。

3. 图层的锁定与解锁

锁定图层后，选定图层上的对象将不能被编辑修改，但仍然显示在屏幕上，能被打印输出。在"锁定"列表下，🔓图标表示图层处于解锁状态，🔒图标表示图层处于锁定状态。解锁/锁定的控制与图层打开关闭控制类似，不再赘述。

"图层"工具栏是一个更加快捷的图层管理工具，可以直接在图层管理下拉列表框中对选定的图层进行上述 3 种操作，如图 6-17 所示。另外单击"图层"工具栏上的"将对象设置为当前"按钮 ，选择对象，则该对象所处的图层将自动地设置为当前图层。

还可以通过单击"图层"工具栏上的"上一个图层"按钮 ，回到上一个设置的图层。

提示：

可以冻结长时间不用看到的图层。如果要频繁地切换可见性设置，可以使用 "开/关"设置，以避免重生成图形。在编辑图形时要注意，不要将要编辑图形中的一部分内容关闭或冻结，这样容易出错。例如要移动某个图形对象，但对象的某一部分图层已经关闭，移动后被关闭图层的对象将被遗漏。

6.4.3 图层的过滤与排序

在大型的建筑工程制图中一张图纸中通常包含十几个、几十个、甚至上百个图层，寻找所需要的图层时，往往要对图层进行过滤和排序。因此 AutoCAD 2010 中文版提供了"图层特性过滤器"和"图层组过滤器"。

1. 图层特性过滤器

图层特性过滤器是指通过过滤留下包括名称或其他特性相同的图层。例如，可以定义一个过滤器，其中包括图层为打开的并且名称包括字符 door 的所有图层。在"图层特性管理器"中单击"新特性过滤器"按钮 ，将弹出"图层过滤器特性"对话框，如图 6-19 所示。在其中的"过滤器名称"文本框中输入名称，然后在过滤器定义的名称栏输入*door*，在"开"栏选择 。

图 6-19　图层特性过滤器的使用

提示：

过滤时输入的 "*" 号是一个通配符，可以替代其他的字符串。

2. 图层组过滤器

图层组过滤器是指包括在定义时放入过滤器的图层，而不考虑其名称或特性。可以在"图层特性管理器"中单击"新组过滤器"按钮 ，建立新的组过滤器，并对其进行重新

命名，然后将鼠标移至其上右击，弹出快捷菜单后，选择"选择图层"|"添加"命令，便可将所需图层添加到新建的组过滤器中。在快捷菜单中还能选择创建下一级的"特性过滤器"和"组过滤器"形成一个树状结构。

提示：

"图层特性管理器"中的"反转过滤器"复选框主要控制反转过滤器的选择结果，即选择过滤器没有选择的其他图层。另外，过滤器的学习可以在对图层操作比较熟悉以后再循序渐进地学习，初学者可以先行跳过。

6.5　对　象　特　性

对象特性是 AutoCAD 提供的一个非常强大的编辑功能，或者说是一种编辑方式。绘制的每个对象都具有特性。有些特性是基本特性，适用于多数对象。例如图层、颜色、线型和打印样式。有些特性是专用于某个对象的特性。例如，圆的特性包括半径和面积，直线的特性包括长度和角度。可以通过修改选择的对象的特性来达到编辑图形对象的效果。启动"特性"选项板的方法有 4 种，"特性"选项板如图 6-20 所示。

图 6-20　　"特性"选项板

(1) 选择"工具"|"特性"命令。

(2) 单击"标准"工具栏上的"特性"按钮 。

(3) 在命令行输入命令 Properties。

(4) 先选择对象，然后右击，在弹出的快捷菜单中选择"特性"命令。

"特性"选项板用于列出选定对象或对象集的当前特性设置。可以通过选择或者输入新值来修改特性。当没有选择对象时，在顶部的文本框中将显示"无选择"，如图 6-20 所示。此时"特性"选项板只显示当前图层的基本特性、图层附着的打印样式表的名称、查看特性以及关于 UCS 的信息。若选择了多个对象，"特性"选项板只显示选择集中所有对象的公共特性。

单击"标准"工具栏上的"特性"按钮，弹出"特性"选项板，再单击"选择对象"按钮，选择要查看或要编辑的对象。此时就可以在"特性"选项板中查看或修改所选对象的特性了。在"选择对象"的旁边还有一个 PICKADD 系统变量按钮或者是，当显示为时表示选择的对象不断地加入到选择集当中，"特性"选项板将显示它们共同的特性。如显示为，表示选择的对象将替换前一对象，"特性"选项板将显示当前选择对象的特性。另外，还可以单击快速选择按钮，快速选择所需对象。

"特性"选项板上的按钮可以控制特性选项板的自动隐藏功能，单击按钮，会弹出一快捷菜单，其中可以控制是否显示"特性"选项板的说明区域。选项板上显示的信息栏可以折叠也可以展开，通过按钮来切换。

通过"特性"选项板更改特性的方式主要有以下几种。

(1) 输入新值。

(2) 单击右侧的向下箭头并从列表中选择一个值。

(3) 单击"拾取点"按钮，使用定点设备修改坐标值。

(4) 单击"快速计算"计算器按钮可计算新值，再粘贴到相应位置。

(5) 单击左或右箭头可增大或减小该值。

(6) 单击"…"按钮并在对话框中修改特性值。

通过以上 6 种方式可以更改"特性"选项板中的数据，从而达到编辑图形对象的目的。例如对如图 6-21 所示的圆半径进行的调整，可以先选择图形对象，然后单击"标准"工具栏上的"特性"按钮，打开"特性"选项板，在半径文本框将原来的半径值 50 改为 25，得到的效果如图 6-22 所示。

图 6-21　半径为 50 的圆　　　　　　　　　　图 6-22　半径为 25 的圆

特性匹配工具也是常用工具之一。当需要将新绘制的图形的颜色、线型和图层、文字的样式、标注样式等特性与以前绘制的图形进行匹配，或者说更改成与某一图形的特性一致时，可以使用"特性匹配"命令(单击"标准"工具栏上的"特性匹配"按钮，或者在命令行输入 Matchprop)，选择源对象，然后选择要更改的对象，便完成了特性匹配的操作，命令提示如下。

```
命令:'_matchprop                      //单击按钮启动命令
选择源对象:                           //选择源对象
当前活动设置:   颜色 图层 线型 线型比例 线宽 厚度 打印样式 标注 文字 填充图案 多段线
```

视口 表格材质 阴影显示 多重引线
　　　选择目标对象或 [设置(S)]:　　　//选择要更改的对象
　　　选择目标对象或 [设置(S)]:　　　//按 Enter 键完成特性匹配的操作

6.6　规范对线型、线宽的要求

　　房屋建筑制图统一标准GB-T5001-2001中对建筑制图的线形和线宽都有比较明确的规定，这样便于设计人员的读图和绘图，以及加强图纸的通用性。

　　(1) 图线的基本宽度 b，宜从下列线宽系列中选取：2.0、1.4、1.0、0.7、0.5、0.35mm。每个图样，应根据复杂程度与比例大小，先选定基本线宽 b，再从表 6-1 中选取相应的线宽组。同一张图纸内，相同比例的各图样应选用相同的线宽组。

表 6-1　线宽组(mm)

线　宽　比	线　宽　组					
b	2.0	1.4	1.0	0.7	0.5	0.35
0.5b	1.0	0.7	0.5	0.35	0.25	0.18
0.25b	0.5	0.35	0.25	0.18	—	

　　注：1. 需要微缩的图纸，不宜采用 0.18mm 及更细的线宽。
　　　　2. 同一张图纸内，各种不同线宽中的细线，可统一采用较细的线宽组的细线。

　　(2) 工程建设制图中，不同的线型和线宽有着不同的含义，比较统一的选取原则读者可以参看《房屋建筑制图统一标准》中表 3.0.2 关于图线的规定。

　　(3) 图纸的图框和标题栏线，可采用表 6-2 所示线宽。

表 6-2　图框线、标题栏线的宽度(mm)

幅　图　代　号	图　框　线	标题栏外框线	标题栏分格线、会签栏线
A0、A1	1.4	0.7	0.35
A2、A3、A4	1.0	0.7	0.35

　　(4) 相互平行的图线，其间隙不宜小于其中的粗线宽度，且不宜小于 0.7mm。

　　(5) 虚线、单点长画线或双点长画线的线段长度和间隔，宜各自相等。

　　(6) 单点长画线或双点长画线，当在较小图形中绘制有困难时，可用实线代替。

　　(7) 单点长画线或双点长画线的两端，不应是点。点画线与点画线交接或点画线与其他图线交接时，应是线段交接。

　　(8) 虚线与虚线交接或虚线与其他图线交接时，应是线段交接。虚线为实线的延长线时，不得与实线连接。

　　(9) 图线不得与文字、数字或符号重叠、混淆，不可避免时，应首先保证文字等的清晰。

提示：

在建筑制图过程中，线型和线宽的设置应该满足规范对线型和线宽的要求，从一开始就养成良好的标准制图习惯。图框的绘制在后续章节中详细介绍。

6.7 CAD 制图统一规则关于图层的管理

CAD 制图统一规则 GB-T18112-2000 中的图层组织原则为：图层的组织根据不同的用途、阶段、实体属性和使用对象等可采取不同的方法，但应具有一定的逻辑性便于操作。

图层的命名也十分重要，一个较好的图层名能够用较少的字符涵盖该图层中的重要信息，并且有较好的区分度和唯一性。规则建议采用国内外通用信息分类的编码标准，可用字母、数字、连接符、汉字及下划线组成，字符数不宜超过 31 个。为便于各专业之间的数据的交换。图层名应采用中文或西文的格式化命名方式，编码之间用西文连接符"-"连接。

1. 中文图层命名格式

中文图层名格式应采用以下 4 种，如图 6-23 所示。

图 6-23 中文图层命名格式

其中，

- 专业码：由两个汉字组成用于说明专业类别，例如建筑、结构等。
- 主组码：由两个汉字组成用于详细说明专业特征，可以和任意专业码组合，例如墙体。
- 次组码：由两个汉字组成用于进一步区分主组码类型是可选项，用户可以自定义次组码如全高，次组码可以和不同主组码组合。
- 状态码：由两个汉字组成用于区分改建加固房屋中该层实体的状态，如新建、拆迁、保留、和临时等，也是可选项。

2. 英文图层命名格式

英文图层名格式应采用以下 4 种，如图 6-24 所示。专业码由一个字符组成，主组码、次组码和状态码由 3 个字符组成。其含义同中文图层命名格式。

图 6-24　英文图层命名格式

规则建议的图层命名可以参见附录 A。

提示:

养成按标准管理图层的习惯能够提高绘图效率，便于各专业协同工作。

6.8　操 作 实 践

【例 6-2】如图 6-25 所示，建立建筑图常见图层，一共设置"建筑-轴线"、"建筑-尺寸标注"、"建筑-文字标注"、"建筑-墙线"、"建筑-门窗"、"建筑-卫生洁具"、和"建筑-家具"图层，轴线层设置为红色并采用点划线，尺寸标注层设置为绿色，文字标注层设置为黄色，墙线层设为黑色，门窗层设为蓝色，卫生洁具层设为洋红、散水层采用绿色、家具层设为青色，墙线层使用 0.30 毫米线宽，其他采用默认设置，然后将第 4 章操作实践所绘制的平面图中对应的图形放在设置的图层上。

图 6-25　建筑图常见图层设置

(1) 打开第 4 章所绘制的平面图"Ex04-1 传达室.dwg"。

(2) 选择"格式"|"图层"命令，弹出"图层特性管理器"对话框，连续单击"新建图层"按钮，图层列表框出现从"图层 1"到"图层 8"一共 8 个图层。

(3) 单击 **图层1** 图标，图层名处于可编辑状态，输入图层名"建筑-轴线"，按照同样方法，以此设定图层名为"建筑-尺寸标注"、"建筑-文字标注"、"建筑-墙线"、"建筑-门窗"、"建筑-卫生洁具"、"建筑-散水"和"建筑-家具"，效果如图 6-26 所示。

图 6-26　命名各图层

(4) 单击"建筑-轴线"层的颜色图标 ■ 白色，弹出"选择颜色"对话框，在"索引颜色"选项组中选择红色色块，单击"确定"按钮完成设置。按同样方法为其他图层设置相应的颜色，如图 6-27 所示。

图 6-27　轴线层设置颜色

(5) 单击"建筑-轴线"图层的线型图标 Continuous，弹出"选择线型"对话框，单击"加载"按钮，弹出"加载或重载线型"对话框，在"可用线型"列表框中选择线型"ACAD_ISO10W100"，单击"确定"按钮回到"选择线型"对话框，线型"ACAD_ISO10W100"出现在对话框中。选择刚加载的线型，单击"确定"按钮，完成"建筑-轴线"层线型设置。

(6) 单击"建筑-墙线"图层的线宽图标 —— 默认，弹出"线宽"对话框，在"线宽"列表框中选择 1.0 毫米，单击"确定"按钮，完成"建筑-墙线"图层线宽设置。

(7) 单击"确定"按钮，关闭"图层特性管理器"完成常见的建筑图层设置。

(8) 选择"格式"|"线型"命令，弹出图 6-28 所示"线型管理器"对话框，选择"ACAD_ISO10W100"，将"全局比例因子"设为 100。单击"确定"按钮回到绘图区。

图 6-28　设置线型比例

(9) 单击"标准"工具栏上的"对象特性"按钮 ，然后选择所有轴线，在"常规"组中单击"图层"，然后在下拉列表中选择"建筑-轴线"选项，如图 6-29 所示，即把所有轴线从 0 层转换到"建筑-轴线"图层，轴线由直线变成了单点长画线，效果如图 6-30 所示。

图 6-29　转换轴线至"轴线"层　　　　　　图 6-30　转换后的效果

(10) 在"图层"工具栏中的下拉列表框中选择"建筑-轴线"图层，并单击 💡 图标，图标变为 💡，图层变为关闭状态，得到如图 6-31 所示的效果。

(11) 与第(7)步类似，选择墙线图形对象转换到"建筑-墙线"图层，单击"状态栏"的"线宽"按钮，显示线宽，效果如图 6-32 所示。

图 6-31　关闭轴线层　　　　　　图 6-32　改变线宽

(12) 与(7)或(9)步操作类似，完成其他图形对象的转换。

(13) 选择"文件"|"保存"命令，保存文件。

6.9 习　　题

6.9.1　填空题

(1) AutoCAD 提供了标准的线型库，库文件为＿＿＿＿＿和＿＿＿＿＿。

(2) AutoCAD 线型中更改全局的线型比例的因子是＿＿＿＿＿，更改当前对象的线型比例的因子为＿＿＿＿＿。

(3) 一个图形文件中，有＿＿＿＿＿、＿＿＿＿＿、＿＿＿＿＿、＿＿＿＿＿图层不可以删除。

(4) AutoCAD 2010 中文版提供了＿＿＿＿＿和＿＿＿＿＿两种图层过滤器。

6.9.2　选择题

(1) 如果要想长时间地不用看到某个图层，可以使该图层处于＿＿＿＿＿状态，

　　A. 关闭　　　　　　B. 冻结　　　　　　C. 锁定　　　　　　D. 解冻

(2) 如果需要不断地切换可见性，则最好使该图层处于＿＿＿＿状态。

　　A. 关闭　　　　　　B. 冻结　　　　　　C. 锁定　　　　　　D. 解冻

(3) 对图形上一个图层的对象进行操作，但其他图层的图形为参考，则此时最好使其他图层处于＿＿＿＿状态。

　　A. 关闭　　　　　　B. 冻结　　　　　　C. 锁定　　　　　　D. 解冻

6.9.3　上机操作

建立建筑施工图的常见图层，并根据规范要求设置线宽和线型，一共设置 7 个图层，分别是："建筑-轴线"，"建筑-轮廓线"、"建筑-剖面线"、"建筑-细实线"、"建筑-尺寸标注"、"建筑-文字标注"、"建筑-洞口"图层，"建筑-轴线"图层采用点划线，"建筑-洞口"图层采用虚线，轮廓线层线宽为 0.7 毫米，颜色设置由用户选择，其他采用默认设置。

第7章 文字与表格

在 AutoCAD 绘制的图纸中，除了图形对象外，文字和表格也是非常重要的部分。文字为图形对象提供了必要的说明和注释。表格主要用于集中统计构件或材料的数量或其他信息方便用户查阅。

AutoCAD 2010 中可以自行设置文字的样式，例如楷体、宋体、仿宋等。对于简短的文字输入一般使用单行文字输入，带有内部格式或者较长的文字一般使用多行文字输入。另外，AutoCAD 2010 的表格功能也非常强大，熟练掌握表格的绘制和编辑方法能够大幅提高工程制图中表格的绘制效率和效果。

本章主要介绍在图纸中标注文字、建立表格、编辑文字和编辑表格的方法，以及建筑制图规范对文字标注的一般要求。

知识要点

- 设置文字样式
- 创建单行文字
- 创建多行文字
- 编辑文字
- 创建表格
- 表编辑格
- 规范对文字的要求

7.1 文 字 样 式

在 AutoCAD 中，要先设置文字的样式，然后使创建的文字内容套用当前的文字样式。当前的文字样式决定了输入文字的字体、字高、角度、方向和其他文字特征。输入文字时，可以在如图 7-1 所示的"样式"工具栏的"文字样式"下拉列表框中，选择合适的已定义的文字样式作为 AutoCAD 当前的文字样式。

图 7-1 "样式"工具栏

7.1.1 新建文字样式

选择"格式"|"文字样式"命令，或单击"文字"工具栏上的"文字样式"按钮 **A⁄**，或在命令行中输入 Style，均可弹出如图 7-2 所示的"文字样式"对话框，在该对话框中可

以设置字体文件、字体大小、宽度系数等参数，用户一般只需设置最常用的几种字体样式，需要时从这些字体样式中进行选择，而不需要每次都重新设置。

"文字样式"对话框由"样式"、"字体"、"大小"、"效果"、"预览"五个选项组组成。下面分别进行介绍。

1. "样式"列表

"样式"列表中显示了已经创建好的文字样式。默认情况下，"样式"列表中存在 Annotative 和 Standard 两种文字样式， 图标表示创建的是注释性文字的文字样式。

当选择"样式"列表中的某个样式时，右侧显示该样式的各种参数，用户可以对参数进行修改，单击"应用"按钮，则可以完成样式参数的修改。单击"置为当前"按钮，则可以把当前选择的文字样式设置为当前使用的文字样式。

单击"新建"按钮，弹出如图 7-3 所示的"新建文字样式"对话框，在对话框的"样式名"文字框中输入样式名称，单击"确定"按钮，即可创建一种新的文字样式。

图 7-2　"文字样式"对话框　　　　　　图 7-3　"新建文字样式"对话框

右击存在的样式名，在弹出的快捷菜单中选择"重命名"命令，可以对除 Standard 以外的文字样式进行重命名。单击"删除"按钮，可以删除所选择的除 Standard 以外的非当前文字样式。

2. "字体"选项组

"字体"选项组用于设置字体文件。字体文件分为两种：一种是普通字体文件，即 Windows 系列应用软件所提供的字体文件，为 TrueType 类型的字体；另一种是 AutoCAD 特有的字体文件，被称为大字体文件。

当选择"使用大字体"复选框时，"字体"选项组存在"SHX 字体"和"大字体"两个下拉列表框，如图 7-4 所示。只有在"字体名"中指定 SHX 文件，才能使用"大字体"，只有 SHX 文件可以创建"大字体"。

当不选择"使用大字体"复选框时，"字体"选项组仅有"字体名"下拉列表框可用，其中包含了 Windows 系统中所有字体文件，如图 7-5 所示。

图 7-4　使用大字体　　　　　　　图 7-5　不使用大字体

3．"大小"选项组

"大小"选项组用于设置文字的大小。选择"注释性"复选框后，表示创建的文字为注释性文字，此时"使文字方向与布局匹配"复选框可选，该复选框指定图纸空间视口中的文字方向与布局方向匹配。如果取消"注释性"复选框的选择，则显示"高度"文本框，同样可设置文字的高度。

4．"效果"选项组

"效果"选项组方便用户设置字体的具体特征，有以下几个设置项。

- "颠倒"复选框：用于确定是否将文字旋转 180°。
- "反向"复选框：用于确定是否将文字以镜像方式标注。
- "垂直"复选框：用于确定文字是水平标注还是垂直标注。
- "宽度因子"文字框：用于设定文字的宽度系数。
- "倾斜角度"文字框：用于确定文字倾斜角度。

5．"预览"框

"预览"区用来预览用户所设置的字体样式，可通过预演窗口观察所设置的字体样式是否满足自己的设计要求。

提示：

一般只需设置几种最常用的字体样式，需要时便可在这些字体样式中进行选择，而不用每次都重新设置。另外，只有定义了有中文字库的字体，例如宋体、楷体或大字体中的 Hztxt.shx 等字体文件，才能进行中文标注，否则将会出现乱码或问号。

7.1.2　应用文字样式

在定义了各种文字样式之后，从"文字样式"对话框的下拉列表框中选择某种文字样式，单击"置为当前"按钮，然后单击"关闭"按钮，则所选择的文字样式就是当前的文字样式。

单行文字创建时，可以输入单行文字要使用的文字样式，否则将使用目前系统置为当前的文字样式。命令行提示如下。

```
命令: text                                         //在命令行输入 text 命令
当前文字样式: Standard  当前文字高度: 2.5000    //系统提示文字样式信息
指定文字的起点或 [对正(J)/样式(S)]: s              //选择设定文字样式
```

> 输入样式名或 [?] <Standard>:样式 1　　　　　　//输入要选择的文字样式
> 当前文字样式: 样式 1 当前文字高度: 2.5000　//系统提示当前文字样式的信息

在创建多行文字时，可以使用"文字格式"工具栏设置文字的样式。这些内容将在创建单行、多行文字的时候具体讲解。还可以在"特性"选项板的"文字"卷展栏中对文字样式进行修改，如图 7-6 所示。

图 7-6　使用"特性"选项板修改文字样式

7.2　单行文字输入

在绘图过程中，经常要输入一些较短的文字来注释对象，如一些图名。通常输入的文字只采用一种字体和文字样式时，可以使用单行文字命令来标注文字。在 AutoCAD 中，使用 TEXT 和 DTEXT 命令都可以在图形中添加单行文字对象。用 TEXT 命令输入文字时，能同时在屏幕上看到所输入的文字，并且可以输入多个单行文字，每一行文字是一个单独的对象。可以通过 3 种方法启用单行文字命令。

(1) 选择"绘图"|"文字"|"单行文字"命令。

(2) 单击如图 7-7 所示"文字"工具栏上的"单行文字"　　图 7-7　"文字"工具栏
按钮 。

(3) 在命令行输入命令 TEXT 或 DTEXT。

单击"文字"工具栏上的"单行文字"按钮 ，命令行提示如下。

> 命令: dtext　　　　　　　　　　　　　　//单击按钮执行命令
> 当前文字样式: Standard 当前文字高度: 2.5000　//系统提示文字样式信息
> 指定文字的起点或 [对正(J)/样式(S)]:　//选择文字的起点
> 指定高度 <2.5000>:　　　　　　　　　//输入文字的高度
> 指定文字的旋转角度 <0>:　　　　　　//输入文字旋转的角度

输入旋转角度后或者接受默认的角度直接按 Enter 键便可输入文字，文字输入完成后按 Enter 键将会换行，若不需换行书写，可以连按两次 Enter 键或者在编辑框外直接单击，完成单行文字的输入。

命令行提示包括"指定文字的起点"、"对正"和"样式"3 个选项。

● 指定文字的起点：为默认项，用于确定文字行基线的起点位置。

● 对正(J)：用于确定标注文字的排列方式及排列方向。创建单行文字时设置对齐方式。"对正"决定字符的哪一部分与插入点对齐。左对齐是默认选项，因此要左对齐文字，不必在"对正"提示下输入选项。在命令行里输入 J 之后，命令行继续提示如下。

指定文字的起点或 [对正(J)/样式(S)]: J	//输入 J，设置对正方式
输入选项	//系统提示信息
[对齐(A)/调整(F)/中心(C)/中间(M)/右(R)/左上(TL)/中上(TC)/右上(TR)/左中(ML)/正中(MC)/右中(MR)/左下(BL)/中下(BC)/右下(BR)]:	//系统提供了 14 中对正的方式，用户可以从中任意选择一种

● 样式(S)：该选项用于选择文字样式。在前一节已经介绍，在此不再赘述。

在一些特殊的文字中，常常需要输入类似于下划线、百分号等特殊符号，在 AutoCAD 中，有专门的代码，标注文字时，输入代码即可。常见的特殊符号的代码如表 7-1 所示。

表 7-1　特殊符号的代码及含义

代 码 输 入	字　符	说　明
%%o	‾	上划线
%%u	_	下划线
%%%	%	百分号
%%c	Φ	直径符号
%%p	±	正负公差符号
%%d	°	度

【例 7-1】使用单行文字，创建文字"北"，要求设置字高为 500，旋转角度为 0°，以中下点对齐指北针的针尖，效果如图 7-8 所示。

(1) 在任意一个工具栏上右击，选择"文字"选项，将弹出如图 7-7 所示的"文字"浮动工具栏。

(2) 单击"文字"工具栏上的"文字样式"按钮 ，在"文字样式"对话框中"样式名"选择 Standard，在"字体名"下拉列表中选择"仿宋_GB2312"选项。在"高度"文本框中输入 500，单击"应用"按钮，应用该字体，然后单击"确定"按钮，完成设置。

(3) 单击"文字"工具栏上的"单行文字"按钮 ，命令行提示如下。

命令: _dtext	//单击按钮执行命令
当前文字样式：Standard　当前文字高度：500	//系统提示信息
指定文字的起点或 [对正(J)/样式(S)]: j	//输入 j，设置对正样式
输入选项	//系统提示信息
[对齐(A)/调整(F)/中心(C)/中间(M)/右(R)/左上(TL)/中上(TC)/右上(TR)/左中(ML)/正中(MC)/右中(MR)/左下(BL)/中下(BC)/右下(BR)]: bc	//采用正中对正样式
指定文字的中下点:	//在绘图区拾取指北针针尖点

指定高度 <500>:	//按 Enter 键，接受默认高度
指定文字的旋转角度 <0>:	//按 Enter 键，采用默认旋转角度 0，在屏幕上 输入"北"，然后单击鼠标左键完成输入，

如果采用系统默认的左对齐，而不选中下对齐绘制效果如图 7-9 所示。

图 7-8　中下对齐后的效果　　　　图 7-9　默认左对齐的效果

7.3　多行文字输入

对于文字内容较长、格式较复杂的文字段的输入，可以使用多行文字输入。多行文字会根据用户设置的文本宽度自动换行。启动多行文字输入有以下 4 种方法。

(1) 选择"绘图" | "文字" | "多文字"命令。

(2) 单击"文字"工具栏上的"多行文字"按钮 **A**。

(3) 单击"绘图"工具栏上的"多行文字"按钮 **A**。

(4) 在命令行输入命令 Mtext。

单击"文字"工具栏上的"多行文字"按钮 **A**，命令行提示如下。

命令: _mtext 当前文字样式:"Standard"   当前文字高度:2.5//系统提示信息
指定第一角点:　　　　　　　　　　　　　　　//指定文字输入区的第一个角点
指定对角点或 [高度(H)/对正(J)/行距(L)/旋转(R)/样式(S)/宽度(W)]://系统给出 6 个选项

命令行提示中共有 6 个选项，分别为"指定对角点"、"高度"、"对正"、"行距"、"旋转"、"样式"和"宽度"。

- 高度(H)：该选项标注文字框的高度，用户可以在屏幕上拾取一点，该点与第一角点的距离成为文字的高度，或者在命令行中输入高度值。
- 对正(J)：该选项用于确定文字排列方式，与单行文字类似。
- 行距(L)：该选项为多行文字对象制定行与行之间的间距。
- 旋转(R)：该选项确定文字倾斜角度。
- 样式(S)：该选项确定文字字体样式。
- 宽度(W)：该选项用于确定标注文字框的宽度。

设置好以上选项后，系统都要提示"指定对角点"，此选项用于确定标注文字框的另一个对角点，AutoCAD 将在这两个对角点形成的矩形区域中进行文字标注，矩形区域的宽度就是所标注文字的宽度。

当指定了对角点之后，弹出如图 7-10 所示的多行文字编辑器，可以在编辑框中输入需要输入要插入的文字，在文字编辑框的上方还有一个"文字格式"工具栏。在多行文字编辑框中，可以选择文字，修改大小、字体、颜色等格式，可以完成在一般文字编辑中常用的一些操作。多行文字编辑器中包含了制表位和缩进，因此可以轻松地创建段落，并可以轻松地相对于文字元素边框进行文字缩进。制表位、缩进的运用和 Microsoft Word 相似。如图 7-11 所示，标尺左端上面的小三角为"首行缩进"标记，该标记主要控制首行的起始位置。标尺左端下面的小三角为"段落缩进"标记，该标记主要控制该自然段左端的边界。标尺右端的两个小三角为设置多行对象的宽度标记。单击该标记然后按住鼠标左键拖动便可以调整文本宽度。另外，单击标尺还能够生成用户设置的制表位。

图 7-10　多行文字编辑器

图 7-11　标尺功能

"文字格式"工具栏各项的含义如下：

(1) "文字样式"下拉列表框 [Standard] 用于选择设置文字样式；"字体"下拉列表框 [txt, gbcbig] 用于设置字体类型；"字高"下拉列表框 [50] 用于设置字符高度；"注释性"按钮 △ 表示创建的多行文字是否为注释性文字。

(2) "粗体"按钮 **B** 可以将被选择的文字设置成粗实体；"斜体"按钮 *I* 按钮可以将被选择的文字设置成斜体；"下划线"按钮 U 可以为被选择的文字添加下划线；"上划线"按钮 O 可以为被选择的文字添加上划线。

(3) 单击"放弃"按钮 ↶，放弃操作，包括对文字内容或文字格式所做的修改。单击"重做"按钮 ↷，重做操作，包括对文字内容或文字格式所做的修改。

(4) "堆叠"按钮 可以创建分数等堆叠文字。使用堆叠字符、插入符(^)、正向斜杠(/)和磅符号(#)时，单击该按钮，堆叠字符左侧的文字将堆叠在字符右侧的文字之上。如果选定堆叠文字，单击该按钮则取消堆叠。默认情况下，包含插入符(^)的文字转换为左对正的公差值。包含正斜杠(/)的文字转换为居中对正的分数值，斜杠被转换为一条同较长的字符串长度相同的水平线。包含磅符号(#)的文字转换为被斜线(高度与两个字符串高度相同)

分开的分数。 斜线上方的文字向右下对齐，斜线下方的文字向左上对齐。

(5) "颜色"下拉列表框 ■ ∨ 用于设置当前文字颜色。

(6) "显示标尺"按钮 ▭ 控制标尺的显示。

(7) 单击"选项"按钮 ⊙ ，可以弹出菜单栏，其中集中了绝大部分多行文字的操作命令，用户如果不习惯操作工具栏，可以使用菜单命令设置多行文字。

(8) 工具栏上的对齐按钮 ▤ ▤ ▤ ▤ ▤ 包括左对齐、居中对齐、右对齐、对正和分布5 种对齐方式。

(9) 单击"编号"按钮 ☰ ▾ ，显示"项目符号和编号"菜单，可以选择用于创建列表的选项。

(10) 单击"插入字段"按钮 ⇦ ，将弹出"字段"对话框，可以选择插入所需字段。字段是设置为显示可能会在图形生命周期中修改的数据的可更新文字。字段更新时，将显示最新的字段值，譬如日期、时间等。

(11) "全部大写"按钮 Aa 用于控制字母由小写转化为大写；"小写"按钮 aA 用于控制字母由大写转化为小写。

(12) 单击"符号"按钮 @ ，弹出如图 7-12 所示的"符号"级联菜单，在菜单中包括一些常用的符号。选择"其他"命令，弹出如图 7-13 所示的"字符映射表"对话框，对话框中提供了更多的符号供用户选择。

图 7-12 "符号"级联菜单　　　　　图 7-13 "字符映射表"对话框

(13) "倾斜"文字框 用于设置选定文字的倾斜角度。倾斜角度表示的是相对于 90°角方向的偏移角度。

(14) "追踪"文字框 a↔b 1.0000 ▾ 用于控制增大或减小选定字符之间的空间。1.0 设置是常规间距。设置为大于 1.0 可增大间距，设置为小于 1.0 可减小间距。

(15) "宽度比例"文字框 ○ 1.0000 ▾ 用于控制扩展或收缩选定字符。1.0 设置代表此字体中字母的常规宽度。

(16) 单击"列"按钮 ▤ ▾ ，弹出"栏"菜单，可以将多行文字对象的格式设置为多栏，可以指定栏和栏间距的宽度、高度及栏数。系统提供了静态模式和动态模式两种不同的创建和操作栏的方法。要创建多栏，必须始终由单个栏开始。

(17) 单击"多行文字对正"按钮[A]，显示"多行文字对正"菜单，系统提供 9 个对齐选项可用，"左上"为默认选项。

(18) 单击"段落"按钮[≡]，显示"段落"对话框，可以为段落和段落的第一行设置缩进，指定制表位和缩进，控制段落对齐方式、段落间距和段落行距。

(19) 单击"行距"按钮[≡·]，弹出"行距"菜单，通过菜单可以显示建议的行距选项或打开"段落"对话框，在当前段落或选定段落中设置行距。

设置完成后，单击"确定"按钮，多行文字就创建完毕。

【例 7-2】使用多行文字，创建如图 7-14 所示的多行文字，要求第一行文字设置字高为 700，字体为仿宋体，其他行设置字高为 500，中文使用仿宋体。

```
说明:
    1.   房屋四周做卵石散水。
    2.   房屋入口坡道的坡度不大于2%。
```

图 7-14　多行文字

(1) 单击"绘图"工具栏上的"多行文字"按钮 **A**，命令行提示如下。

```
命令: _mtext 当前文字样式:"Standard"  当前文字高度:2.5        //系统提示信息
指定第一角点:                                        //拾取第一个角点
指定对角点或 [高度(H)/对正(J)/行距(L)/旋转(R)/样式(S)/宽度(W)]://拾取对角点，如图 7-15 所示
```

(2) 指定对角点后，弹出多行文字编辑器，在字体中选择仿宋 GB_2312，在字高栏中输入 500，在编辑框中输入如图 7-16 所示的文字，然后按 Enter 键换行。

图 7-15　指定文字输入区　　　　　　　　图 7-16　输入部分文字

(3) 在标尺上拖动"首行缩进"标记至如图 7-17 所示位置，然后分别输入图示中的两行文字。

(4) 单击"文字格式"工具栏的"符号"按钮[@]，单击"其他…"选项，弹出"字符映射表"对话框，选择"%"符号，单击"选定"按钮，然后单击"复制"按钮，在编辑框中右击，在弹出的快捷菜单中选择"粘贴"命令粘贴到所需位置。插入后的效果如图 7-18 所示。

图 7-17 首行缩进

图 7-18 插入符号

(5) 选择这两段文字，单击"编号"按钮 ，将得到如图 7-19 所示效果。

(6) 拖动"段落缩进"和"制表位"标记可以对文字位置进行调整，调整后的效果如图 7-20 所示。

图 7-19 对文字进行编号

图 7-20 调整格式

(7) 拖动标尺右端的两个小三角，调整编辑框的宽度，如图 7-21 所示。

图 7-21 调整编辑框的宽度

(8) 选择第一行的"说明："，在字高框中输入 700，单击"文字格式"工具栏的"确定"按钮，完成多行文字输入。

7.4 编 辑 文 字

7.4.1 文字内容编辑

文字标注完成后，有时需要对已经标注的文字或其属性进行修改，AutoCAD 2010 提供了多种方法启动文本编辑的命令。

(1) 选择"修改"|"对象"|"文字"|"编辑"命令。

(2) 单击"文字"工具栏上的"编辑文字"按钮 。

(3) 在命令行输入命令 Ddedit。

(4) 在命令行输入命令 Mtedit，只能编辑多行文字。

(5) 直接双击文字段，即可进入编辑状态。

单击"编辑文字"按钮 ，命令行提示如下。

```
命令: _ddedit
选择注释对象或 [放弃(U)]:
```

可以使用光标在图形中选择需要修改的文字对象，按照选择文字对象的不同，系统会出现以下两种不同的响应。

(1) 如果选择的是单行文字，则只能对文字内容进行修改。如果要修改文字的字体样式、字高等属性，可以修改该单行文字所采用的文字样式，或者用"比例"按钮来修改。

(2) 如果选择的是多行文字，系统会显示多行文字编辑器，可以直接在其中对文字的内容和格式进行修改。

7.4.2 文字高度与对正

在"文字"工具栏中，AutoCAD 2010 还提供了"比例"和"对正"两个按钮。

1. 比例

"比例"按钮 主要用于调整单行文字或多行文字的高度。单击该按钮，命令行提示如下。

```
命令: _scaletext                              //单击"比例"按钮
选择对象: 找到 1 个                           //选择文字对象
选择对象:                                     //按 Enter 键，结束选择对象
输入缩放的基点选项
[现有(E)/左(L)/中心(C)/中间(M)/右(R)/左上(TL)/中上(TC)/右上(TR)/左中(ML)/正中(MC)/右中
(MR)/左下(BL)/中下(BC)/右下(BR)] <中间>: MC    //选择缩放的参考点
指定新高度或 [匹配对象(M)/缩放比例(S)] <500>: 300    //输入文字新高度
```

另外还有"匹配对象"和"缩放比例"两个选项。在提示栏中输入 M，选择匹配的方式，命令行提示如下。

```
指定新高度或 [匹配对象(M)/缩放比例(S)] <300>: m    //选择匹配方式
选择具有所需高度的文字对象:                        //选择参考高度的文字
高度=700                                          //系统提示信息
```

在提示栏中输入 S，选择缩放的方式，命令行提示如下。

```
指定新高度或 [匹配对象(M)/缩放比例(S)] <300>: s    //选择缩放方式
指定缩放比例或 [参照(R)] <2>: 2.5                   //输入比例因子
```

2. 对正

"对正"按钮 主要用于调整单行文字或多行文字的对齐位置。单击该按钮，命令行提示如下。

```
命令: _justifytext                           //单击"对正"按钮
选择对象: 找到 1 个                           //选择需要调整对齐点的文字对象
```

选择对象：　　　　　　　　　　　　//按 Enter 键，退出对象选择
输入对正选项
[左(L)/对齐(A)/调整(F)/中心(C)/中间(M)/右(R)/左上(TL)/中上(TC)/右上(TR)/左中(ML)
/正中(MC)/右中(MR)/左下(BL)/中下(BC)/右下(BR)] <中上>: R //输入新的对正点

7.4.3　文字的查找和替换

在进行文字编辑时，通常需要对整个图形或者是图形的某一个部分的一批文字进行内容或属性上的更改。如何才能在大量的文字中选择出需要更改的文字并进行更改。AutoCAD 2010 提供了查找和替换命令方便用户编辑。可以通过 3 种方式启动文字的查找和替换命令。

(1) 选择"编辑"|"查找"命令。

(2) 单击"文字"工具栏上的"查找…"按钮。

(3) 在命令行输入命令 Find.

单击"文字"工具栏上的"查找…"按钮，将会弹出如图 7-22 所示的"查找和替换"对话框。

【例 7-3】在绘图区域查找【例 7-2】中的文字"卵石散水"，并替换为"混凝土散水"。

图 7-22　"查找和替换"对话框

(1) 单击"文字"工具栏上的"查找…"按钮。

(2) 在"查找和替换"对话框中，"查找位置"选择默认的"整个图形"。

(3) 在"查找内容"文本框中输入"卵石散水"。在"替换为"文本框中输入"混凝土散水"。

(4) 单击"查找"按钮，便可找到包含查找字符串的多行文字。

(5) 可以逐一"查找"，然后单击"替换"按钮一个个地替换，也可以直接单击"全部替换"按钮，进行一次性替换。在对话框的下侧下凹处会提示替换结果。

(6) 单击"关闭"按钮，完成查找与替换操作，最后结果如图 7-23 所示。

说明：
　　1.　　房屋四周做混凝土散水。
　　2.　　房屋入口坡道的坡度不大于2%。

图 7-23　　查找和替换后的结果

提示：

"查找和替换"范围还可以控制在选择集当中，此时只需在选择对象后将"搜索范围"设为"当前选择"即可。

7.5　创建表格

在建筑制图中，表格常用来创建门窗表和其他一些关于材料和面积的表格。表格的使用能够帮助用户更清晰地表达一些统计数据。

7.5.1　创建表格样式

表格的外观由表格样式控制，表格样式可以指定标题、列标题和数据行的格式。选择"格式"|"表格样式"命令，弹出"表格样式"对话框，如图 7-24 所示。"样式"列表中显示了已创建的表格样式。

图 7-24　　"表格样式"对话框

在默认状态下，表格样式中仅有 Standard 一种样式，第一行是标题行，由文字居中的合并单元行组成。第二行是列标题行，其他行都是数据行。用户设置表格样式时，可以指定标题、列标题和数据行的格式。

单击"新建"按钮，弹出"创建新的表格样式"对话框，如图 7-25 所示。

在"新样式名"中可以输入新的样式名称，在"基础样式"下拉列表框中选择一个表格样式为新的表格样式提供默认设置，单击"继续"按钮，弹出"新建表格样式"对话框，如图 7-26 所示。

图 7-25　"创建新的表格样式"对话框　　　　图 7-26　"新建表格样式"对话框

- "起始表格"选项组：用于在绘图区指定一个表格用作样例来设置新表格样式的格式。单击选择表格按钮，回到绘图区选择表格后，可以指定要从该表格复制到表格样式的结构和内容。
- "常规"选项组：用于更改表格方向，系统提供了"向下"和"向上"两个选项，"向下"表示标题栏在上方，"向上"表示标题栏在下方。
- "单元样式"选项组：用于创建新的单元样式，并对单元样式的参数进行设置，系统默认有数据、标题和表头 3 种单元样式，不可重命名，不可删除，在单元样式下拉列表中选择一种单元样式作为当前单元样式，即可在下方的"基本"、"文字"和"边框"选项卡里对参数进行设置。要创建新的单元样式，可以单击"创建新单元样式"按钮和"管理单元样式"按钮进行相应的操作。

7.5.2　创建表格

选择"绘图"|"表格"命令，或者单击"绘图"工具栏上的"表格"按钮，或者在命令行输入命令 Table，均弹出"插入表格"对话框，如图 7-27 所示。

图 7-27　"插入表格"对话框

系统提供了如下 3 种创建表格的方式。

- "从空表格开始"单选按钮：表示创建可以手动填充数据的空表格。
- "自数据链接"单选按钮：表示从外部电子表格中获得数据创建表格。
- "自图形中的对象数据"单选按钮：表示启动"数据提取"向导来创建表格。

系统默认设置"从空表格开始"方式创建表格，当选择"自数据链接"方式时，右侧参数均不可设置，变成灰色。

下面以一个表格为例介绍表格的创建。

【例 7-4】如图 7-28 所示的表格，标题栏的字高 700，列标题的字高为 500，数据栏的字高为 500，单元边距竖直方向为 100，水平方向为 200，数据栏为 5 行 3 列。

图 7-28　所需创建的表格

(1) 单击"绘图"工具栏上的"表格"按钮 ▦，将会弹出如图 7-27 所示的"插入表格"对话框。

(2) 在"表格样式名称"下拉列表框中选择所需要的表格样式，系统默认的样式为 Standard。可以在"预览"窗口查看表格样式。若样式不符合要求，可以通过单击"表格样式"对话框按钮▢，进行新样式设置或者对当前样式进行修改。

(3) 单击▢按钮，弹出"表格样式"对话框。单击"新建"按钮，弹出"创建新的表格样式"对话框，可以输入样式名"样式 1"和选择基础样式为 Standard，即在 Standard 样式的基础上创建。

(4) 单击"继续"按钮，弹出"新建表格样式"对话框，在"表格方向"选项组中选择表格方向为"向下"，标题栏将位于数据栏的上方，即表格向下发展。

(5) 设置"数据"、"表头"和"标题"的对齐方式均为"正中"，水平页边距为 200，垂直页边距为 100，文字样式为 Standard，字体为"仿宋_GB2312"，"数据"、"表头"文字高度为 500，"标题"文字高度为 700。

(6) 完成设置后单击"确定"按钮，完成表格样式"样式 1"的创建。

(7) 在"表格样式"对话框中，选择该样式，单击"置为当前"按钮，将当前的表格样式设为"样式 1"，单击关闭按钮，回到"插入表格"对话框。

(8) "插入方式"单选按钮中包含"指定插入点"和"指定窗口"两种方式。"指定插入点"即指定表格的左上角点在图形中的位置。"指定窗口"即指定表格的大小和位置，选定此选项时，行数、列数、列宽和行高取决于窗口的大小以及列和行设置。在此选择"指定插入点"的方式。

(9) 在"行和列的设置"选项组的"列"文本框中输入 3，在"列宽"文本框中输入 2000，在"行"文本框中输入 5，在"行高"文本框中输入 1。

(10) 单击"确定"按钮，完成表格设置，命令行提示如下。

命令: _table

指定插入点: //指定表格的左上角点位置，将出现如图 7-29 所示编辑状态

图 7-29　输入表格内容

(11) 使用键盘上的"上"、"下"、"左"、"右"行健，选择要输入内容的单元格，输入字符。输入完成后，单击"文字格式"工具栏上的"确定"按钮，完成整个表格的创建。

7.6　编 辑 表 格

当创建完表格后，一般都要对表格的内容或表格的格式进行修改。AutoCAD 2010 提供了多种方式来编辑表格。其中包括"表格"工具栏、夹点编辑方式、选项板编辑方式和快捷菜单编辑方式。下面分别介绍这几种编辑方式的应用。

7.6.1　"表格"工具栏

当选择表格中的单元格时，表格状态如图 7-30 所示，用户可以对表格中的单元格进行编辑处理，在表格上方的"表格"工具栏中提供了各种各样的表格单元格编辑的工具。

图 7-30　单元格选中状态

"表格"工具栏中各选项的含义如下。

- "在上方插入行"按钮：单击该按钮，在选中的单元格上方插入一行，插入行的格式与其下一行的格式相同。
- "在下方插入行"按钮：单击该按钮，在选中的单元格下方插入一行，插入行的格式与其上一行的格式相同。

- "删除行"按钮 ：单击该按钮，删除选中单元格所在的行。
- "在左侧插入列"按钮 ：单击该按钮，在选中单元格的左侧插入整列。
- "在右侧插入列"按钮 ：单击该按钮，在选中单元格的右侧插入整列。
- "删除行"按钮 ：单击该按钮，删除选中单元格所在的行。
- "合并单元"按钮 ：单击该按钮右侧的下三角按钮，在弹出的"合并单元方式"下拉菜单中选择合并方式，可以选择以"全部"、"按行"和"按列"的方式合并选中的多个单元格。
- "取消合并单元"按钮 ：单击该按钮，取消选中的单元格中的合并过的单元格。
- "单元边框"按钮 ：单击该按钮，弹出"单元边框特性"对话框，可以设置所选单元格边框的线型、线宽、颜色等特性以及设置的边框特性的应用范围。
- "对齐方式"按钮 ：单击该按钮右侧的下三角按钮，弹出"对齐方式"菜单，可以在菜单中选择单元格中文字的对齐方式。
- "锁定"按钮 ：单击该按钮右侧的下三角按钮，在弹出的"锁定内容"菜单中选择要锁定的内容，若选择"解锁"命令，所选单元格的锁定被解除；若选择"内容已锁定"命令，所选单元格的内容不能被编辑；若选择"格式已锁定"命令，所选单元格的格式不能被编辑；若选择"内容和格式已锁定"命令，所选单元格的内容和格式都不能被编辑。
- "数据格式"按钮 ：单击该按钮右侧的下三角按钮，在弹出的菜单中选择数据的格式。
- "插入块"按钮 ：单击该按钮，弹出"在表格单元中插入块"对话框，在其中选择合适的块后单击"确定"按钮，块被插入到单元格中。
- "插入字段"按钮 ：单击该按钮，弹出"字段"对话框，选择需要的字段类别和名称，创建需要的字段后单击"确定"按钮将字段插入单元格。
- "插入公式"按钮 ：单击该按钮，在弹出的下拉菜单中选择公式的类型，在弹出的"文本"编辑框中编辑公式内容。
- "匹配单元"按钮 ：单击该按钮，然后在其他需要匹配已选单元格格式的单元格中单击，即可完成单元格内容格式的匹配。
- "按行/列"下拉列表框 按行/列 ：在此下拉列表框中可以选择单元格的样式。
- "链接单元"按钮 ：单击该按钮，弹出"选择数据链接"对话框，在其中选择已有的 Excel 表格或者创建新的表格后单击"确定"按钮，可以插入完成的表格。
- "从源文件下载更改"按钮 ：单击该按钮，则将 Excel 表格中数据的更改下载到表格中，完成数据的更新。

7.6.2　夹点编辑方式

单击网格的边框线选中该表格，将显示如图 7-31 所示的夹点模式，各个夹点的功能都不相同。

图 7-31　表格的夹点编辑模式

- 左上夹点：移动表格。
- 右上夹点：修改表宽并按比例修改所有列。
- 左下夹点：修改表高并按比例修改所有行。
- 右下夹点：修改表高和表宽并按比例修改行和列。
- 列夹点：在列标题行的顶部，将列的宽度修改到夹点的左侧，并加宽或缩小表格以适应此修改。
- CTRL＋列夹点：加宽或缩小相邻列而不改变表宽。

单击某个单元格或者按住 Shift 键并在另一个单元内单击，便可以同时选中这两个单元以及它们之间的所有单元，如图 7-32 所示。要修改选定单元的行高，可拖动顶部或底部的夹点。如果选中多个单元，每行的行高将做同样的修改；要修改选定单元的列宽，可拖动左侧或右侧的夹点。如果选中多个单元，每列的列宽将做同样的修改。

图 7-32　单元格的夹点编辑模式

7.6.3　选项板编辑方式

单击"标准"工具栏上的"特性"按钮，然后选择要编辑的单元格，如图 7-33 所示。在"特性"选项板可以更改单元宽度、单元高度、对齐方式、文字内容、文字样式、文字高度、文字颜色等内容。

图 7-33　特性选项板编辑方式

7.6.4　快捷菜单编辑方式

选择要编辑的单元格，然后右击，将会弹出快捷菜单，如图 7-34 所示。如果选择了多个行或列中的单元，选择"合并"命令可以按行或按列合并；要插入行或列，右击，在弹出的快捷菜单中选择"行"或者"列"命令，再选择在上或下插入行，或者选择在左或右插入列。若选择了多行或多列，则插入的将是相同数目的行或者列。类似的还可以删除用户选择的行或者列。还可以在单元格中插入公式，其操作与 Excel 类似。另外，插入图块和字段，修改单元内容、编辑单元文字、单元对齐和单元边框的修改都能够通过快捷菜单的方式进行，在此就不详细列举。

图 7-34　快捷菜单编辑方式

7.7 建筑制图规范对文字的要求

《房屋建筑制图统一标准》GB-T 50001-2001 中要求图纸上所需书写的文字、数字或符号等，均应笔画清晰、字体端正、排列整齐，标点符号应清楚正确。文字的字高，应从如下系列中选用：3.5、5、7、10、14、20mm。如需书写更大的字，其高度应按 $\sqrt{2}$ 的比值递增。图样及说明中的汉字，宜采用长仿宋体，宽度与高度的关系应符合表 7-1 中的规定。大标题、图册封面、地形图等汉字，也可书写成其他字体，但应易于辨认。

表 7-1 长仿宋体字高宽关系(mm)

字高	20	14	10	7	5	3.5
字宽	14	10	7	5	3.5	2.5

拉丁字母、阿拉伯数字与罗马数字的书写与排列，应符合表 7-2 所示的规定。

表 7-2 拉丁字母、阿拉伯数字与罗马数字的书写规则(mm)

书 写 格 式	一 般 字 体	窄 字 体
大写字母高度	h	h
小写字母高度(上下均无延伸)	7/10h	10/14h
小写字母伸出头和尾部	3/10h	4/14h
笔画宽度	1/10h	1/14h
字母间距	2/10h	2/14h
上下行基准线最小间距	15/10h	21/14h
词间距	6/10h	6/14h

拉丁字母、阿拉伯数字与罗马数字，如需写成斜体字，其斜度应是从字的底线逆时针向上倾斜 75°。斜体字的高度与宽度应与相应的直体字相等。

拉丁字母、阿拉伯数字与罗马数字的字高，应不小于 2.5mm。数量的数值注写，应采用正体阿拉伯数字。各种计量单位凡前面有量值的，均应采用国家颁布的单位符号注写。单位符号应采用正体字母。

分数、百分数和比例数的注写，应采用阿拉伯数字和数学符号，例如，四分之三、百分之二十五和一比二十应分别写成 3/4、25%和 1:20。

当注写的数字小于 1 时，必须写出个位的"0"，小数点应采用圆点，齐基准线书写，例如 0.01。

7.8　操 作 实 践

【例 7-5】创建一个如图 7-35 所示的表格。

门窗表				
门窗编号	断面等级	洞口尺寸	樘数	备注
C0915	铝合金窗90系列	900X1500	1	
C1515	铝合金窗90系列	1500X1500	3	
合计			4	
M0821	夹板门	800X2100	1	
M0921A	夹板门	900X2100	1	
M0921	镶板门	900X2100	1	
合计			3	

图 7-35　门窗表

(1) 选择"格式"|"文字样式"命令，在弹出的"文字样式"对话框中单击"新建"按钮，将弹出"新建文字样式"对话框，在"样式名"文本框中输入"表格汉字"字样，设置"字体名"为"仿宋 GB_2312"。在宽度比例中输入 0.7，单击"应用"按钮。

(2) 再单击"新建"按钮，在"新建文字样式"对话框的"样式名"文本框中输入"表格数据"字样。在"字体名"文本框中选择为 simplex.shx，单击"应用"按钮，然后再单击"关闭"按钮，完成字体样式的设置。

(3) 单击"绘图"工具上的"表格"按钮 ，弹出"插入表格"对话框，单击"表格样式"对话框中的 按钮，弹出"表格样式"对话框。单击"新建"按钮，弹出"创建新的表格样式"对话框，在"新样式名"文本框中输入字符"门窗表"。

(4) 设置"数据"对齐方式均为"中上"，"表头"和"标题"的对齐方式均为"正中"，水平页边距为 200，垂直页边距为 200，文字样式为"表格数据"，"数据"文字高度为 350，"表头"文字高度为 500，"标题"文字高度为 700。

(5) 单击"确定"按钮完成新建表格样式，在"表格样式"对话框中的"样式"列表中选择"门窗表"选项，再单击"置为当前"按钮，然后单击"关闭"按钮，回到"插入表格"对话框。

(6) 在"列和行设置"选项组的"列"文本框中输入 4，在"列宽"文本框中输入 3000，在"行"文本框中输入 7，"行高"文本框取默认值 1。

(7) 单击"确定"按钮，插入表格，如图 7-36 所示。

图 7-36 插入"门窗表"

(8) 按照图 7-35 所示表格输入相应的文字，注意若输入的是汉字，在"文字格式"工具栏选择前面设置的"表格汉字"文字样式。若输入的是数字或英文字符，则在"文字格式"工具栏选择前面设置的"表格数据"文字样式。

(9) 单击"文字格式"工具栏上的"确定"按钮，或直接单击，完成单元内容的输入。

(10) 单击选择"门窗表"，采用夹点模式进行编辑调整，如图 7-37 所示。

(11) 选择第 4 个列夹点将其激活，按住 Ctrl 键，向右拖动鼠标至合适位置，按 Enter 键完成列宽度调整，效果如图 7-38 所示。

图 7-37 采用夹点编辑方式编辑门窗表　　　图 7-38 列调整后的效果

(12) 再单击单元格，并按住 Shift 键选择多个单元格，如图 7-39 所示。右击弹出快捷菜单，选择"合并"|"按行"命令。合并后的效果如图 7-40 所示。

图 7-39 选择要合并的单元格　　　　　图 7-40 合并单元格的效果

(13) 选择所有数据行，用鼠标先单击表格数据栏的左上第一个单元格，然后按住 Shift 键单击右下最后一个单元格，选择两者之间的所有单元格，如图 7-41 所示，然后右击，在弹出的快捷菜单中选择"特性"命令,将弹出如图 7-42 所示的"特性"工具选项板,在工具选项板的"单元高度"文本框中输入 1000,将数据行的行高统一设为 1000。在"对齐"选项框中选择"正中"方式对齐,调整后效果如图 7-43 所示。

图 7-41　选择要进行行调整的单元格

图 7-42　通过"特性"选项板编辑表格

图 7-43　进行行调整后的效果

(14) 在步骤(12)中合并的单元格内输入"合计"字符,字体格式采用"表格汉字",如图 7-44 所示。

(15) 选择要插入公式的单元格,如图 7-45 所示,右击,在弹出快捷菜单中选择"插入"|"公式"|"求和"命令,系统提示选择求和单元的范围,如图 7-45 所示单元中的方框为选择单元范围,命令行提示如下。

图 7-44　在合并后的单元格输入单元内容　　图 7-45　选择要插入公式的单元格

```
命令:
选择表单元范围的第一个角点:                    //选择求和单元格的起点
选择表单元范围的第二个角点:                    //选择求和单元格的终点
```

(16) 选择单元范围后,AutoCAD 2010 在单元格处显示该公式,如图 7-46 所示,单击

"文字格式"工具栏上的"确定"按钮，系统将公式计算的值以字段的形式插入，如果需要还可以对该字段进行编辑，在此不再赘述关于字段编辑的内容。用同样的方法完成另一个公式插入，效果如图 7-47 所示。

图 7-46　选择单元范围后

图 7-47　完成插入公式后的效果

提示：

AutoCAD 2010 提供的表格工具非常强大，在其中插入的公式除了求和外，还有均值、计数、单元、以及方程式。其中，计数是指统计选择范围内的单元格数目；单元是指插入公式的单元引用选择单元格的内容；方程式是在等号后面，以单元的编号为参数，如 D3、D4 等编辑所需计算公式。

7.9　习　　题

7.9.1　填空题

(1) 常见的文字输入包括_____和_____。

(2) 除了能在"文字样式"对话框中将需要运用的文字样式置为当前外，还可以在工具栏的_____下拉列表框中选择当前需要使用的文字样式。

(3) 在文字输入时，输入代码_____表示正负号，输入代码_____表示直径，输入代码_____表示度数。

(4) 编辑表格的方式有 4 种，分别是_____、_____、_____ 和_____。

7.9.2　选择题

(1) 插入表格的命令为_____。

  A. TABLE　　　　　　B. TEXT　　　　　　C. DTEXT　　　　　　D. DDEDIT

(2) 在建筑图纸中汉字字体一般用_____。

  A. 楷体　　　　　　B. 宋体　　　　　　C. 长仿宋　　　　　　D. 黑体

(3) 当字高为 7mm 时字宽应该是_____。

  A. 3.5mm　　　　　　B. 4mm　　　　　　C. 4.5mm　　　　　　D. 5mm

(4) 制图规范规定拉丁字母、阿拉伯数字与罗马数字的字高，应不小于_____。

A. 2.5mm　　　　B. 3mm　　　　　　C. 3.5mm　　　　　　D. 4mm

7.9.3　上机操作

(1) 创建多行文字，其中要求文字采用仿宋_GB2312，"说明:"的字高为 700 并加粗。其余文字字高为 500，效果如图 7-48 所示。

(2) 创建一个表格，表格标题的字高为 700，列标题字高为 500，数据字高 300。并对表格的数据求和，效果如图 7-49 所示。

说明:

1. 砖墙厚度: 外墙和楼梯间墙为240mm, 其余隔墙均为120mm。
2. 卫生间、厨房和阳台地面比该楼层室内地面低30mm。
3. 未注明标高的楼面与该楼层标高相同。

图 7-48　标注多行文

面积统计表		
户型	面积 (m²)	数量
A	95	20
B	105	20
C	140	10
D	160	10
总面积		7000

图 7-49　面积统计表

第8章 尺寸标注与编辑

尺寸标注作为一种图形信息，对于设计工作来说十分重要。在建筑工程图纸中，尺寸标注反映了构件的尺寸和相互间的位置关系，尺寸标注值能够帮助用户检查规范的符合情况。没有尺寸标注的图纸只能作为示意图，而不能作为真正的图纸用来施工。

AutoCAD 的尺寸标注命令，可以方便快速地标注图纸中各种方向和各种形式的尺寸。AutoCAD 提供了 3 种基本的标注：线性、半径和角度，这些标注能够显示对象的测量值、对象之间的距离或角度等几何关系。

本章主要介绍依据建筑制图规范要求创建、修改标注样式的方法，以及使用已经创建的标注样式和各种尺寸标注方式，按照规范要求对图形进行标注。

知识要点

- 建筑制图中尺寸标注的要求
- 创建尺寸标注样式
- 创建长度型尺寸标注
- 创建径向尺寸标注
- 创建角度尺寸标注
- 编辑尺寸标注

8.1 尺寸标注概述

建筑图样上标注的尺寸具有以下独特的元素：延伸线、尺寸线、尺寸起止符号和标注文字(尺寸数字)，对于圆标注还有圆心标记和中心线，如图 8-1 所示。

图 8-1 尺寸标注元素组成示意图

- 标注文字(尺寸数字)：用于指示测量值的字符串或者汉字。
- 尺寸线：用于指示标注的方向和范围。对于角度标注，尺寸线是一段圆弧。
- 尺寸起止符号：显示在尺寸线的两端。系统默认为箭头，但建筑制图中一般为粗斜线表示。在角度、半径、直径和弧长等标注时采用箭头作为起止符。

- 尺寸界线：也称为投影线或者延伸线，从部件延伸到尺寸线。
- 中心标记：是标记圆或圆弧中心的小十字。
- 中心线：是标记圆或圆弧中心的虚线。

AutoCAD 将标注置于当前图层，每一个标注都采用当前标注样式进行标注。可以在"标注"菜单中选择合适的命令，或单击如图 8-2 所示的"标注"工具栏中的相应按钮进行相应的尺寸标注。

图 8-2　"标注"工具栏

8.2　建筑制图规范要求

《房屋建筑制图统一标准》GB-T 50001-2001 中对建筑制图中的尺寸标注有着详细的规定。下面分别介绍规范对延伸线、尺寸线、尺寸起止符号和标注文字(尺寸数字)的一些要求。

8.2.1　延伸线、尺寸线及尺寸起止符号

延伸线应用细实线绘制，一般应与被注长度垂直，其一端应离开图样轮廓线不小于 2mm，另一端宜超出尺寸线 2～3mm。图样轮廓线可用作延伸线，如图 8-3 所示。

尺寸线应用细实线绘制，应与被注长度平行。图样本身的任何图线均不得用作尺寸线，因此，尺寸线应调整好位置避免与图线重合。

尺寸起止符号一般用中粗斜短线绘制，其倾斜方向应与延伸线呈顺时针 45°角，长度宜为 2～3mm。半径、直径、角度与弧长的尺寸起止符号宜用箭头表示，如图 8-4 所示。

图 8-3　延伸线　　　　　　　　　　　图 8-4　箭头尺寸起止符

8.2.2　尺寸数字

图样上的尺寸，应以尺寸数字为准，不得从图上直接量取。但建议按比例绘图，这样可以减少绘图错误。图样上的尺寸单位，除标高及总平面以米为单位外，其他必须以毫米为单位。

尺寸数字的方向，应按图 8-5 所示的规定注写。若尺寸数字在 30°斜线区内，宜按图

8-6 所示的形式注写。

图 8-5　尺寸数字的方向

图 8-6　30°斜线区内尺寸数字的方向

尺寸数字一般应依据其方向注写在靠近尺寸线的上方中部。如没有足够的注写位置，最外边的尺寸数字可注写在延伸线的外侧，中间相邻的尺寸数字可错开注写，如图 8-7 所示。

图 8-7　尺寸数字的注写位置

8.2.3　尺寸的排列与布置

尺寸宜标注在图样轮廓以外，不宜与图线、文字及符号等相交，如图 8-8 所示。

互相平行的尺寸线，应从被注写的图样轮廓线由近向远整齐排列，较小尺寸应离轮廓线较近，较大尺寸应离轮廓线较远，如图 8-9 所示。

图 8-8　尺寸数字的注写

图 8-9　尺寸的排列

图样轮廓线以外的尺寸线，距图样最外轮廓之间的距离，不宜小于 10mm。平行排列的尺寸线的间距，宜为 7～10mm，并应保持一致，如图 8-9 所示。

总尺寸的延伸线应靠近所指部位，中间的分尺寸的延伸线可稍短，但其长度应相等，如图 8-9 所示。

8.2.4　半径、直径、球的尺寸标注

半径的尺寸线应一端从圆心开始，另一端画箭头指向圆弧。半径数字前应加注半径符号 R，如图 8-10 所示。较小圆弧的半径，可按图 8-11 所示形式标注；较大圆弧的半径，可按图 8-12 所示形式标注。

图 8-10　径标注方法　　　　　　图 8-11　小圆弧半径标注方法

图 8-12　大圆弧半径的标注方法

标注圆的直径尺寸时，直径数字前应加直径符号 Φ。在圆内标注的尺寸线应通过圆心，两端画箭头指至圆弧，如图 8-13 所示，对于小圆直径，可按图 8-14 所示标注。

图 8-13　圆直径的标注方法　　　　　图 8-14　小圆直径的标注方法

标注球的半径尺寸时，应在尺寸前加注符号 SR。标注球的直径尺寸时，应在尺寸数字前加注符号 SΦ。注写方法与圆弧半径和圆直径的尺寸标注方法相同。

8.2.5　角度、弧度、弧长的标注

角度的尺寸线应以圆弧表示。该圆弧的圆心应是该角的顶点，角的两条边为延伸线。起止符号应以箭头表示，如果没有足够位置画箭头，可用圆点代替，角度数字应按水平方向注写，如图 8-15 所示。

标注圆弧的弧长时，尺寸线应用与该圆弧同心的圆弧线表示，延伸线应垂直于该圆弧的弦，起止符号用箭头表示，弧长数字上方应加注圆弧符号⌒，如图 8-16 所示。

图 8-15　角度标注方法　　　　　　图 8-16　弧长标注方法

标注圆弧的弦长时，尺寸线应以平行于该弦的直线表示，延伸线应垂直于该弦，起止符号用中粗斜短线表示，如图 8-17 所示。

图 8-17 弦长标注方法

8.2.6 薄板厚度、正方形、坡度、非圆曲线等尺寸标注

在薄板板面标注板厚尺寸时，应在厚度数字前加厚度符号 t，如图 8-18 所示。

标注正方形的尺寸，可用"边长×边长"的形式，也可在边长数字前加正方形符号□，如图 8-19 所示。

图 8-18 薄板厚度标注方法   图 8-19 正方形标注方法

标注坡度时，应加注坡度符号" ◄— "，该符号为单面箭头，箭头应指向下坡方向。坡度也可用直角三角形形式标注，如图 8-20 所示。

图 8-20 坡度标注方法

外形为非圆曲线的构件，可用坐标形式标注尺寸，如图 8-21 所示。复杂的图形可用网格形式标注尺寸，如图 8-22 所示。

图 8-21 坐标法标注曲线尺寸   图 8-22 网格法标注曲线尺寸

8.2.7　尺寸的简化标注

连续排列的等长尺寸,可用"个数×等长尺寸=总长"的形式标注,如图 8-23 所示。构配件内的构造因素(如孔、槽等)如相同,可仅标注其中一个要素的尺寸,如图 8-24 所示。

图 8-23　等长尺寸简化标注方法　　　图 8-24　相同要素尺寸标注方法

对称构配件采用对称省略画法时,该对称构配件的尺寸线应略超过对称符号,仅在尺寸线的一端画尺寸起止符号,尺寸数字应按整体全尺寸注写,其注写位置宜与对称符号对齐,如图 8-25 所示。

两个构配件,如个别尺寸数字不同,可在同一图样中将其中一个构配件的不同尺寸数字注写在括号内,该构配件的名称也应注写在相应的括号内,如图 8-26 所示。

图 8-25　对称构配件尺寸标注方法　　　图 8-26　相似构配件尺寸标注方法

数个构配件,如仅某些尺寸不同,这些有变化的尺寸数字,可用拉丁字母注写在同一图样中,另列表格写明其具体尺寸,如图 8-27 所示。

构件编号	a	b	c
Z-1	200	200	200
Z-2	250	450	200
Z-3	200	450	250

图 8-27　相似构配件尺寸标注方法

8.2.8　标高

标高符号应以等腰直角三角形表示,按图 8-28(a)所示形式用细实线绘制,如标注位置不够,也可按图 8-28(b)所示形式绘制。标高符号的具体画法如图 8-28(c)、(d)所示。L 取适当长度标注标高数字,h 根据需要取适当高度。

总平面图室外地坪标高符号,宜用涂黑的三角形表示,如图 8-29(a)所示,具体画法如

图 8-29(b)所示。

图 8-28 标高符号

图 8-29 总平面室外地坪标高符号

标高符号的尖端应指至被注高度的位置。尖端一般应向下，也可向上。标高数字应注写在标高符号的左侧或右侧，如图 8-30 所示。

标高数字应以米为单位，注写到小数点以后第三位。在总平面图中，可注写到小数点以后第二位。零点标高应注写成±0.000，正数标高不注"+"，负数标高应注"-"，例如 3.000、‐0.600。

在图样的同一位置需表示几个不同标高时，标高数字可按图 8-31 所示的形式注写。

图 8-30 标高的指向 图 8-31 同一位置注写多个标高

8.3 创建尺寸标注样式

在 AutoCAD 中进行尺寸标注时，尺寸的外观及功能取决于当前尺寸样式的设定。尺寸标注样式控制的尺寸变量有尺寸线、标注文字、尺寸文本相对于尺寸线的位置、延伸线、箭头的外观及方式。

选择"格式"|"标注样式"命令，或者单击"标注"工具栏上的"标注样式"按钮，打开如图 8-32 所示的"标注样式管理器"对话框，可以创建新的尺寸标注样式和管理已有的尺寸标注样式。

图 8-32 　 "标注样式管理器" 对话框

尺寸标注样式管理器的主要功能包括预览尺寸标注样式，创建新的尺寸标注样式，修改已有的尺寸标注样式，设置一个尺寸标注样式的替代，设置当前的尺寸标注样式，比较尺寸标注样式，重命名尺寸标注样式，删除尺寸标注样式。

在 "标注样式管理器" 对话框中，"当前标注样式" 区域显示当前的尺寸标注样式。"样式" 列表框显示了图形中所有的尺寸标注样式、或者正在使用的样式。在列表框中选择了合适的标注样式，单击 "置为当前" 按钮，则可将选择的样式置为当前。

单击 "新建" 按钮，弹出 "创建新标注样式" 对话框。单击 "修改" 按钮，弹出 "修改标注样式" 对话框，此对话框用于修改当前尺寸标注样式的设置。单击 "替代" 按钮，弹出 "替代当前样式" 对话框，在该对话框中，可以设置临时的尺寸标注样式，用来替代当前尺寸标注样式的相应设置。

8.3.1　创建新尺寸标注样式

单击 "标注样式管理器" 对话框中的 "新建" 按钮，弹出如图 8-33 所示的 "创建新标注样式" 对话框。在 "新样式名" 文本框中设置新创建的尺寸标注样式的名称；在 "基础样式" 下拉列表框中可以选择新创建的尺寸标注样式以哪个已有的样式为模板；在 "用于" 下拉列表框中指定新创建的尺寸标注样式用于哪些类型的尺寸标注。

图 8-33 　 "创建新标注样式" 对话框

单击 "继续" 按钮将关闭 "创建新标注样式" 对话框，并弹出如图 8-34 所示的 "新建标注样式" 对话框，在该对话框的各选项卡中设置相应的参数，设置完成后单击 "确定" 按钮，返回 "标注样式管理器" 对话框，在 "样式" 列表框中可以看到新建的标注样式。

图 8-34　"新建标注样式"对话框

在"新建标注样式"对话框中共有"线"、"符号和箭头"、"文字"、"调整"、"主单位"、"换算单位"和"公差"等 7 个选项卡。

1. "线"选项卡

"线"选项卡如图 8-34 所示，由"尺寸线"和"延伸线"两个选项组组成，该选项卡用于设置尺寸线和延伸线的特性等，以控制尺寸标注的几何外观。

在"尺寸线"选项组中，主要参数项含义如下。

- "超出标记"微调框：用于设置使用倾斜延伸线时，尺寸线超过延伸线的距离。
- "基线间距"微调框：用于设置使用基线标注时各尺寸线间的距离。
- "隐藏"及其复选框：用于控制尺寸线的显示，"尺寸线 1"复选框用于控制第 1 条尺寸线的显示，"尺寸线 2"复选框用于控制第 2 条尺寸线的显示。

在"延伸线"选项组中，主要参数项含义如下。

- "超出尺寸线"微调框：用于设置延伸线超过尺寸线的距离。
- "起点偏移量"微调框：用于设置延伸线相对于延伸线起点的偏移距离。
- "隐藏"及其复选框：用于设置延伸线的显示，"延伸线 1"复选框用于控制第 1 条延伸线的显示，"延伸线 2"复选框用于控制第 2 条延伸线的显示。

2. "符号和箭头"选项卡

"符号和箭头"选项卡如图 8-35 所示，用于设置箭头、中心标记、折断标注、弧长符号以及折弯标注的特性，以控制尺寸标注的几何外观。

图 8-35 "符号和箭头"选项卡

"箭头"选项组用于设置表示尺寸线端点的箭头的外观形式。"第一个"、"第二个"下拉列表框列出常见的箭头形式，常用的为"实心闭合"和"建筑标记"两种。"引线"下拉列表框中列出对尺寸线引线部分的形式。"箭头大小"文本框用于设定箭头相对其他尺寸标注元素的大小。

"圆心标记"选项组用于控制当标注半径和直径尺寸时，中心线和中心标记的外观。"标记"单选按钮将在圆心处放置一个与"大小"文本框 `2.5` 中的值相同的圆心标记，"直线"单选按钮将在圆心处放置一个与"大小"文本框 `2.5` 中的值相同的中心线标记；"无"单选按钮将在圆心处不放置中心线和圆心标记。"大小"文本框 `2.5` 用于设置圆心标记或中心线的大小。

"折断标注"选项组用于控制折断标注的间距宽度，在"打断大小"文本框中可以显示和设置折断标注的间距大小。

"弧长符号"选项组用于控制弧长标注中圆弧符号的显示。"标注文字的前缀"单选按钮设置将弧长符号"⌒"放在标注文字的前面。"标注文字的上方"单选按钮设置将弧长符号"⌒"放在标注文字的上面。"无"将不显示弧长符号。一般建筑制图选择"标注文字的上方"单选按钮。

"半径折弯标注"主要控制折弯(Z 字型)半径标注的显示。折弯半径标注通常在中心点位于页面外部时创建，即半径十分大时。用户可以在"折弯角度"文本框中输入弯折角度。

"线性折弯标注"选项组用于控制线性标注折弯的显示。通过形成折弯的角度的两个顶点之间的距离确定折弯高度，线性折弯大小由线性折弯因子×文字高度确定。

3. "文字"选项卡

"文字"选项卡如图 8-36 所示，由"文字外观"、"文字位置"和"文字对齐"3 个选项组组成，用于设置标注文字的格式、位置及对齐方式等特性。

图 8-36　"文字"选项卡

　　"文字外观"选项组用于设置标注文字的格式和大小。"文字样式"下拉列表框用于设置标注文字所用的样式，单击后面的按钮[图]，弹出"文字样式"对话框，该对话框的用法在前面已经讲解过，这里不再赘述。

　　"文字位置"选项组用于设置标注文字的位置。"垂直"下拉列表框设置标注文字沿尺寸线在垂直方向上的对齐方式，建筑制图一般选择"上方"。"水平"下拉列表框设置标注文字沿尺寸线和尺寸界线在水平方向上的对齐方式，建筑制图中一般选择"置中"。"从尺寸线偏移"文本框设置文字与尺寸线的间距。

　　"文字对齐"选项组可设置标注文字的方向。"水平"单选按钮表示标注文字沿水平线放置。"与尺寸线对齐"单选按钮表示标注文字沿尺寸线方向放置。"ISO 标准"单选按钮表示当标注文字在尺寸界线之间时，沿尺寸线的方向放置；当标注文字在尺寸界线外侧时，则水平放置标注文字。建筑制图中可以采用"与尺寸线对齐"或者"ISO 标准"对齐方式。

4.　"调整"选项卡

　　"调整"选项卡如图 8-37 所示，由"调整选项"、"文字位置"、"标注特征比例"和"优化" 4 个选项组组成，用于控制标注文字、箭头、引线和尺寸线的放置。

图 8-37　"调整"选项卡

"调整选项"选项组用于控制基于延伸线之间可用空间的文字和箭头的位置。如果有足够大的空间，文字和箭头都将放在延伸线内。否则，将按照"调整"选项放置文字和箭头。

"文字位置"选项组用于设置标注文字从默认位置(由标注样式定义的位置)移动时标注文字的位置。

"标注特征比例"选项组用于设置全局标注比例值或图纸空间比例。

"优化"选项组用于设置标注文字的其他选项，"手动放置文字"复选框表示忽略所有水平对正设置并把文字放在"尺寸线位置"提示下指定的位置；"在延伸线之间绘制尺寸线"复选框表示即使箭头放在测量点之外，也在测量点之间绘制尺寸线。

5. "主单位"选项卡

"主单位"选项卡如图 8-38 所示，用于设置主单位的格式及精度，同时还可以设置标注文字的前缀和后缀。

图 8-38　"主单位"选项卡

在"线性标注"选项组用于设置线性标注单位的格式及精度。

"测量单位比例"选项组用于确定测量时的缩放系数，"比例因子"文本框设置线性标注测量值的比例因子，例如，如果输入 2，则 1mm 直线的尺寸将显示为 2mm，经常用到建筑制图中，绘制 1：100 的图形，比例因子为 1，绘制 1：50 的图形比例因子为 0.5。该值不应用到角度标注，也不应用到舍入值或者正负公差值。

"清零"选项组控制是否显示前导 0 或尾数 0。"角度标注"选项组用于设置角度标注的角度格式。

提示：

AutoCAD 2010 还可以让用户分别设置一种样式下有不同种类型的尺寸标注，例如同样是"标注 1-100"样式，标注长度采用一种设置，标注角度为另一种设置。详细操作步骤在后续例题中介绍。"换算单位"和"公差"选项卡在建筑制图中不常用，在此就不做介绍了。

8.3.2　修改和替代标注样式

在"标注样式管理器"对话框的"样式"列表框中选择需要修改的标注样式，单击"修改"按钮，弹出"修改标注样式"对话框，可以对该样式的参数进行修改。

在"标注样式管理器"对话框的"样式"列表框中选择需要替代的标注样式，单击"替代"按钮，弹出"替代当前样式"对话框，可以设置临时的尺寸标注样式，用来替代当前尺寸标注样式的相应设置。

其实，"新建标注样式"、"修改标注样式"以及"替代当前样式"是一致的，用户学会了"新建标注样式"对话框的设置，其他两个对话框的设置也就会了，这里不再赘述。

提示：

如果想删除某个标注样式，直接在"标注样式管理器"对话框的"样式"列表框中选择相应的标注样式，按 Delete 键，或右击，在弹出的快捷菜单中选择"删除"命令即可。

8.3.3　比较标注样式

在"标注样式管理器"对话框的"样式"列表中选择需要比较的标注样式，单击"比较"按钮，将会弹出"比较标注样式"对话框，如图 8-39 所示。可以在"与(W)："下拉列表框中选择要进行比较的标注样式，在说明列表中将会显现二者之间的差异。

图 8-39　"比较标注样式"对话框

【例 8-1】按建筑制图规范设置两款标注样式，图纸的比例是 1：100，其中还有 1：25 的详图，样式的名称分别为"标注 1-100"和"标注 1-25"。

(1) 单击"标注"工具栏上的"标注样式"按钮，弹出如图 8-32 所示的"标注样式管理器"对话框。单击"新建"按钮，弹出"创建新标注样式"对话框，如图 8-33 所示。在"新样式名"文本框中输入"标注 1-100"字样。

(2) 单击"继续"按钮，在弹出的"新建标注样式"对话框中进行参数设置。

(3) 在"线"选项卡的"尺寸线"选项组中，"超出标记"文本框中输入 0，"基线间距"文本框中输入 10，在"延伸线"选项组中，"超出尺寸"文本框中输入 2，"起点偏移量"文本框中输入 2，其他参数使用默认值。

(4) 选择"符号和箭头"选项卡，在"箭头"选项组的"第一项"和"第二项"下拉列表框中选择"建筑标记"作为尺寸起止符号。在"弧长符号"选项组中选择"标注文字的上方"单选按钮。在"半径标注折弯"选项组的"弯折角度"文本框中输入 45。

(5) 选择"文字"选项卡，在"文字外观"选项组中，单击"文字样式"后面的□按钮，弹出"文字样式"对话框，设置一个"标注文字"的文字样式，"字体名"选择 simplex.shx.，创建方法前面章节已经介绍，在此不再赘述。选择该样式的文字作为标注的文字样式。在"文字高度"文本框中输入 2.5。在"文字位置"选项组的"垂直"文本框中选择"上方"，"水平"文本框中选择"置中"，"从尺寸偏移"文本框中输入 1。在"文字对齐"选项组中选择"与尺寸线对齐"单选按钮。

(6) 选择"调整"选项卡，在"标注特征比例"选项组中选择"使用全局比例"单选按钮，然后输入 100，这样就会把标注的一些特征放大 100 倍(例如原来的字高为 2.5，放大后为 250)，按 1∶100 输出后，字体高度仍然为 2.5mm。另外，在"调整选项"选项组中选择"文字"单选按钮，在"文字位置"选项组中选择"尺寸线上方，不带引线"单选按钮，在"优化"选项组中选择"在延伸线之间绘制尺寸线"复选框。

(7) 选择"主单位"选项卡，在"线性标注"选项组的"单位格式"下拉列表框中选择"小数"选项。"精度"下拉列表框选择 0 选项，"小数分隔符"下拉列表框中选择"句点"来分隔小数。"测量单位比例"选项组的"比例因子"为 1。"消零"选项组控制是否显示前导 0 或尾数 0。在"角度标注"选项组角度标注的单位格式采用"度/分/秒"，分秒的都按两位数设置精度 00'00"。单击"确定"按钮回到"标注样式管理器"对话框。

(8) 在"样式"列表框中单击选择"样式 1-100"选项，然后单击"新建"按钮，在弹出的"创建新标注样式"对话框的"用于"下拉列表框中选择"线性标注"选项，如图 8-40 所示，单击"继续"按钮，弹出"新建标注样式"对话框，然后直接单击"确定"按钮，回到"标注样式管理器"对话框。

图 8-40　分别设置不同标注特性

(9) 再选择"标注 1-100"选项，然后单击"新建"按钮，在弹出的"创建新标注样式"对话框的"用于"下拉列表框中选择"角度标注"选项，单击"继续"按钮，然后在"符号和箭头"选项卡的"箭头"选项组中，将"第一项"和"第二项"设置为"实心闭合"箭头作为尺寸起止符号。同理将"半径标注"、"直径标注"的尺寸标注起止符号也设为"实心闭合"箭头，如图 8-41 所示，完成"标注 1-100"的设置。

图 8-41　"标注 1-100"的设置

(10) 选择"标注 1-100"，然后单击"新建"按钮在弹出的"创建新标注样式"对话框的"用于"下拉列表框中选择"全部标注"选项，在"新样式名"文本框中输入"标注1-25"，单击"继续"按钮，然后在"主单位"选项卡的"测量单位比例"选项组的"比例因子"文本框中输入 0.25，单击"确定"按钮完成"标注 1-25"样式的设置，同理要将"角度标注"、"半径标注"和"直径标注"的标注起止符号也设为"实心闭合"箭头。

(11) 在同一图纸中包含两种不同比例的图形，可以在"样式"工具栏分别选择不同的标注样式给予标注，其效果分别如图 8-42 和 8-43 所示。

图 8-42　"标注 1-100"的标注效果

图 8-43　"标注 1-25"的标注效果

提示：

设置标注样式是尺寸标注的关键，尤其是在同一图纸中要绘制多个不同比例的图形时。

8.4　标注长度型尺寸

长度型尺寸是工程制图中最常见的尺寸，包括线性标注、对齐标注、基线标注和连续标注。下面将分别介绍这几种尺寸的标注方法。

1. 线性标注

线性标注，能够标注水平尺寸、垂直尺寸和旋转尺寸，这些尺寸都归结为长度类尺寸。可以选择"标注"|"线性"命令，或单击"线性标注"按钮，或在命令行中输入 Dimlinear

命令来标注水平尺寸、垂直尺寸和旋转尺寸。单击"线性标注"按钮⊢⊣，命令行提示如下。

```
命令: _dimlinear                    //单击按钮执行命令
指定第一条延伸线原点或 <选择对象>://拾取第一条尺寸界限的原点
指定第二条延伸线原点:                //拾取第二条尺寸界限的原点
指定尺寸线位置或                     //系统提示信息，可以指定尺寸线位置，也可设置其他选项
[多行文字(M)/文字(T)/角度(A)/水平(H)/垂直(V)/旋转(R)]://一般移动光标指定尺寸线位置
标注文字 = 5000                     //系统提示信息
```

2. 对齐尺寸

对齐尺寸标注，标注某一条倾斜线段的实际长度时，尺寸线与对象平行。可以选择"标注" | "对齐"命令，或单击"对齐标注"按钮↖，或在命令行中输入 Dimligned 命令来完成对齐标注。命令行提示与"线性标注"类似，不再赘述。

3. 基线标注

在工程制图中，往往以某一面(或线)作为基准，其他尺寸都以该基准进行定位或画线，这就是基线标注。在建筑制图中的分级尺寸可以通过基线标注来实现。基线标注需要以事先完成的线性标注为基础。可以选择"标注" | "基线"命令，或单击"基线标注"按钮⊢┦，或在命令行输入 Dimbaseline 命令来完成基线标注。

```
命令: _dimbaseline                       //单击按钮执行命令
指定第二条延伸线原点或 [放弃(U)/选择(S)] <选择>: //拾取第二条延伸线原点
标注文字 = 82.57                         //系统提示信息
…                                       //继续提示拾取第二条延伸线原点
```

4. 连续标注

连续标注是首尾相连的多个标注，前一尺寸的第二延伸线就是后一尺寸的第一延伸线。可以选择"标注" | "连续"命令，或单击"连续标注"按钮⊢┼┤，或在命令行输入 Dimcontinue 命令来完成连续标注。单击"连续标注"按钮⊢┼┤，命令行提示与"基线标注"类似，不再赘述。

【例 8-2】为图 8-44 创建长度型尺寸标注，效果如图 8-45 所示。

图 8-44　源图

图 8-45　长度型尺寸标注效果

(1) 单击"线性标注"按钮⊢⊣，命令行提示如下。

```
命令: _dimlinear                        //单击按钮执行命令
指定第一条延伸线原点或 <选择对象>:        //拾取如图 8-46 所示的中点
```

指定第二条延伸线原点:　　　　　　　　　　　　//拾取如图 8-47 所示的角点

指定尺寸线位置或　　　　　　　　　　　　　　//系统提示信息

[多行文字(M)/文字(T)/角度(A)/水平(H)/垂直(V)/旋转(R)]: //移动光标到图 8-48 所示位置单击鼠

　　　　　　　　　　　　　　　　　　　　　　　标左键

标注文字 =240　　　　　　　　　　　　　　　//系统提示信息

图 8-46　指定第一条延伸线原点

图 8-47　指定第二条延伸线原点

图 8-48　指定尺寸线位置

(2) 水平尺寸的标注效果如图 8-49 所示。单击"连续标注"按钮 ，命令行提示如下。

命令: _dimcontinue　　　　　　　　　　　　　//单击按钮执行命令

指定第二条延伸线原点或 [放弃(U)/选择(S)] <选择>: //拾取如图 8-49 所示门右下角的点

标注文字 = 900　　　　　　　　　　　　　　//系统提示信息

指定第二条延伸线原点或 [放弃(U)/选择(S)] <选择>: //拾取如图 8-49 所示窗左下角的点

标注文字 = 780　　　　　　　　　　　　　　//系统提示信息

指定第二条延伸线原点或 [放弃(U)/选择(S)] <选择>: //拾取如图 8-49 所示窗右下角的点

标注文字 =1500　　　　　　　　　　　　　　//系统提示信息

指定第二条延伸线原点或 [放弃(U)/选择(S)] <选择>: //拾取如图 8-49 所示柱中的点

标注文字 =480　　　　　　　　　　　　　　//系统提示信息

指定第二条延伸线原点或 [放弃(U)/选择(S)] <选择>: //连续按两次 Enter 键，效果如图 8-45

　　　　　　　　　　　　　　　　　　　　　　　所示

图 8-49　标注完成的水平尺寸

8.5　标注径向尺寸

径向尺寸是建筑制图中另一种比较常见的尺寸，常用于车道、旋转楼梯等尺寸的标注，包括标注半径尺寸和标注直径尺寸。下面将分别介绍这两种尺寸的标注方法。

选择"标注"|"半径"命令，或单击"标注"工具栏上的"半径标注"按钮 ，或在命令行中输入 Dimradius 命令来完成半径标注。命令行提示如下。

命令: _dimradius	//单击按钮执行命令
选择圆弧或圆:	//选择要标注半径的圆或圆弧对象
标注文字 = 25	//系统提示信息
指定尺寸线位置或 [多行文字(M)/文字(T)/角度(A)]:	//移动光标至合适位置单击鼠标

选择"标注"|"直径"命令，或单击"直径标注"按钮，或在命令行中输入 Dimdiameter 命令来完成直径标注。命令行提示与半径标注类似，不再赘述。

【例 8-3】标注图 8-50 所示径向尺寸。采用例 8-1 中"标注 1-100"标注样式。

(1) 单击"半径标注"按钮，命令行提示如下。

命令: _dimradius	//单击按钮执行命令
选择圆弧或圆:	//选择小圆弧
标注文字 = 882	//系统提示信息
指定尺寸线位置或 [多行文字(M)/文字(T)/角度(A)]:	//指定尺寸线位置，如图 8-51 所示

图 8-50　径向标注效果　　　　图 8-51　半径标注

(2) 单击"直径标注"按钮，命令行提示如下。

命令: _dimdiameter	//单击按钮执行命令
选择圆弧或圆:	//选择大圆弧
标注文字 =4000	//系统提示信息
指定尺寸线位置或 [多行文字(M)/文字(T)/角度(A)]:	//指定尺寸线位置，如图 8-50 所示

提示：

如果遇到要标注半径较大的圆弧时，可以采用"折弯"标注圆弧半径，可以通过单击"标注"工具栏上的"折弯"按钮 来标注，这样方便用户标注圆心在图纸之外的圆弧半径。

8.6　角度和弧长尺寸标注

角度标注测量两条直线或三个点之间的角度。要测量圆的两条半径之间的角度，可以选择此圆，然后指定角度端点。对于其他对象，需要选择对象然后指定标注位置。

选择"标注"|"角度"命令，或单击"标注"工具栏上的"角度标注"按钮 ◿，或在命令行输入命令 Dimangular 来完成角度标注。单击"角度标注"按钮 ◿，命令行提示如下。

```
命令: _dimangular                        //单击按钮执行命令
选择圆弧、圆、直线或 <指定顶点>:         //选择标注角度尺寸对象
选择第二条直线:                          //选择标注角度尺寸另一对象
指定标注弧线位置或 [多行文字(M)/文字(T)/角度(A)]: //移动光标至合适位置单击
标注文字 = 90d0'0"                       //系统提示信息，如图 8-52 所示
```

选择"标注"|"弧长"命令，或单击"标注"工具栏上的"弧长标注"按钮 ⌒，或在命令行输入命令 Dimarc 来完成弧长标注。单击"弧长标注"按钮 ⌒，命令行提示如下。

```
命令: _dimarc
选择弧线段或多段线弧线段:                              //选择要标注的弧
指定弧长标注位置或 [多行文字(M)/文字(T)/角度(A)/部分(P)/引线(L)]://制定尺寸线的位置
标注文字 = 4826                          //系统提示信息，如图 8-53 所示
```

图 8-52　角度标注

图 8-53　弧长标注

提示：

对于角度标注也可以创建基线和连续角度标注，但基线和连续角度标注将小于或等于180°。要获得大于 180° 的基线和连续角度标注，可使用夹点编辑拉伸现有基线或连续标注的延伸线的位置。

8.7　引　线　标　注

在建筑制图中通常有很多说明文字需要进行引出说明，AutoCAD 提供了两种创建这种引出说明的方法。

8.7.1　快速引线

　　快速引线标注在建筑工程制图中也是一种常用的标注类型，引线标注由引线和文字两部分标注对象组成。引线是连接注释和图形对象的直线或曲线，文字是最普通的文本或者数字注释。引线标注使用起来很方便，可以从图形的任意点或对象上创建引线，引线可以由直线段或平滑的样条曲线构成。

　　在命令行输入命令 Qleader 来完成快速引线标注。

```
命令: _qleader                              //单击按钮执行命令
指定第一个引线点或 [设置(S)] <设置>://拾取引线第一个点
指定下一点:                                  //指定下一个点，这里利用极轴追踪捕捉下一个点
指定下一点:                                  //指定下一个点，继续利用极轴追踪捕捉
指定文字宽度 <0>: 1000                        //设置文字宽度为 1000
输入注释文字的第一行 <多行文字(M)>: t20        //输入注释文字
输入注释文字的下一行:                          //按 Enter 键，完成输入，标注效果如图 8-54 所示
```

图 8-54　引线标注

　　若输入 s，选择"设置"选项，将弹出如图 8-55 所示的对话框，可以分别对"注释"、"引线和箭头"以及"附着"等选项卡进行设置。在"引线和箭头"选项卡中选择样条曲线，进行引线标注后的效果如图 8-56 所示。

图 8-55　引线设置

图 8-56　样条曲线引线标注

8.7.2　多重引线

　　多重引线对象是一条线或样条曲线，其一端带有箭头，另一端带有多行文字对象或块。在某些情况下，有一条短水平线(又称为基线)将文字或块和特征控制框连接到引线上。基线和引线与多行文字对象或块关联，因此当重定位基线时，内容和引线将随其移动。在 AutoCAD 2010 中提供如图 8-57 所示的"多重引线"工具栏供用户对多重引线进行创建和

编辑，以及进行其他操作。

图 8-57 "多重引线"工具栏

1. 创建引线样式

选择"格式"|"多重引线样式"命令，或者单击"多重引线"工具栏上的"多重引线样式管理器"按钮，弹出如图 8-58 所示的"多重引线样式管理器"对话框，可以设置当前多重引线样式，以及创建、修改和删除多重引线样式。单击"新建"按钮，弹出如图 8-59 所示的"创建新多重引线样式"对话框，可以定义新多重引线样式。

单击"继续"按钮，弹出如图 8-60 所示的"修改多重引线样式"对话框，可以设置基线、引线、箭头和内容的格式。

图 8-58 "多重引线样式管理器"对话框

图 8-59 "创建新多重引线样式"对话框

图 8-60 "修改多重引线样式"对话框

"修改多重引线样式"对话框有"引线格式"、"引线结构"和"内容"三个选项卡，下面介绍各选项卡的含义。

(1) "引线格式"选项卡用于控制多重引线的引线类型、颜色、线型和线宽，箭头的外观，引线的折断大小。

(2) "引线结构"选项卡用于控制多重引线的最大点数和引线角度，基线的距离以及多重引线的缩放。

　　(3) "内容"选项卡用于确定多重引线是包含文字还是包含块，并设置相应内容的外观。

2. 创建引线

　　选择"标注"|"多重引线"命令，或者单击"多重引线"工具栏上的"多重引线"按钮，执行"多重引线"命令。

　　创建多重引线时可以选择箭头优先、引线基线优先或内容优先三种方法，如果已使用多重引线样式，则可以从该指定样式创建多重引线。在命令行中，如果以箭头优先，则按照命令行提示在绘图区指定箭头的位置，命令行提示如下：

```
命令: _mleader
　　指定引线箭头的位置或 [引线基线优先(L)/内容优先(C)/选项(O)] <选项>://在绘图区指定箭头的
位置指定引线基线的位置://在绘图区指定基线的位置，弹出在位文字编辑器，可输入多行文字或块
```

　　如果引线基线优先，则需要命令行中输入 L，命令行提示如下：

```
命令: _mleader
　　指定引线箭头的位置或 [引线基线优先(L)/内容优先(C)/选项(O)] <选项>: 1
                                //输入 1，表示引线基线优先
　　指定引线基线的位置或 [引线箭头优先(H)/内容优先(C)/选项(O)] <选项>:
                                //在绘图区指定基线的位置
　　指定引线箭头的位置://在绘图区指定箭头的位置，弹出在位文字编辑器，可输入多行文字或块
```

　　如果内容优先，则需要命令行中输入 C，命令行提示如下：

```
命令: _mleader
　　指定引线基线的位置或 [引线箭头优先(H)/内容优先(C)/选项(O)] <选项>: c
                                //输入 c，表示内容优先
　　指定文字的第一个角点或 [引线箭头优先(H)/引线基线优先(L)/选项(O)] <选项>:
                                //指定多行文字的第一个角点
　　指定对角点://指定多行文字的对角点，弹出在位文字编辑器，输入多行文字
　　指定引线箭头的位置://在绘图区指定箭头的位置
```

　　在命令行中，另外提供了选项 O，输入后，命令行提示如下：

```
命令: _mleader
　　指定引线箭头的位置或 [引线基线优先(L)/内容优先(C)/选项(O)] <引线基线优先>: o
　　输入选项 [引线类型(L)/引线基线(A)/内容类型(C)/最大节点数(M)/第一个角度(F)/第二个角度
(S)/退出选项(X)] <内容类型>:
```

　　在后续的命令行中，可以设置引线类型、引线基线、内容类型等参数。

3. 编辑引线

　　在多重引线创建完成后，可以通过夹点的方式对多重引线进行拉伸和移动位置，对多重引线添加和删除，对多重引线进行排列和对齐，下面分别讲述这些方法。

(1) 夹点编辑

可以使用夹点修改多重引线的外观，当选中多重引线后，夹点效果如图 8-61 所示。使用夹点，可以拉长或缩短基线、引线，重新指定引线头点，调整文字位置和基线间距或移动整个引线对象。

图 8-61　多重引线夹点

(2) 添加和删除引线

多重引线对象可包含多条引线，因此一个注解可以指向图形中的多个对象。单击"多重引线"面板中的"添加引线"按钮，可以将引线添加至选定的多重引线对象。

如果需要删除添加的引线，则可以单击"删除引线"按钮，从选定的多重引线对象中删除引线。

(3) 多重引线合并

单击"多重引线合并"按钮，可以将选定的包含块的多重引线作为内容组织为一组并附着到单引线。

(4) 对齐多重引线

单击"多重引线对齐"按钮，可以将多重引线对象沿指定的直线均匀排序。

8.8　编辑尺寸标注

在绘图过程中创建标注后，经常要对标注后的文字进行旋转或用新文字替换，可以将文字移动到新位置或返回等，也可以将标注文字沿尺寸线移动到左、右、中心或延伸线之内或之外的任意位置。用户可以通过命令方式和夹点编辑方式进行编辑。

8.8.1　命令编辑方式

AutoCAD 提供多种方法满足用户对尺寸标注进行编辑，Dimedit 和 Dimtedit 是两种最常用的对尺寸标注进行编辑的命令。

1. Dimedit

单击"编辑标注"按钮 ，或在命令行输入命令 Dimedit 都可以执行该命令。命令行提示如下。

> 命令: _dimedit //单击按钮执行命令
> 输入标注编辑类型 [默认(H)/新建(N)/旋转(R)/倾斜(O)] <默认>:

此提示中有 4 个选项，分别为"默认(H)"、"新建(N)"、"旋转(R)"、"倾斜(O)"，含义如下。

- "默认"选项：用于将尺寸文本按 DDIM 所定义的默认位置、方向重新置放。
- "新建"选项：用于更新所选择的尺寸标注的尺寸文本。
- "旋转"选项：用于旋转所选择的尺寸文本。
- "倾斜"选项：用于实行倾斜标注，即编辑线性型尺寸标注，使其延伸线倾斜一个角度，不再与尺寸线相垂直，常用于标注锥形图形。

2. Dimtedit

单击"编辑标注文字"按钮 ，或在命令行输入 DIMTEDIT 都可以执行该命令。命令行提示如下。

> 命令: _dimtedit //单击按钮执行命令
> 选择标注:　　　　//选择需要编辑的尺寸标注
> 指定标注文字的新位置或 [左(L)/右(R)/中心(C)/默认(H)/角度(A)]:　//拖动文字到需要的位置

此提示有左(L)、右(R)、中心(C)、默认(H)、角度(A)等 5 个选项，各项含义如下。

- "左"选项：用于更改尺寸文本沿尺寸线左对齐。
- "右"选项：用于更改尺寸文本沿尺寸线右对齐。
- "中心"选项：用于更改尺寸文本沿尺寸线中间对齐。
- "默认"选项：用于将尺寸文本按 DDIM 所定义的默认位置、方向、重新置放。
- "角度"选项：用于旋转所选择的尺寸文本。

8.8.2　夹点编辑方式

夹点方式编辑标注是一种非常有效的编辑方式。可以先选择要编辑的尺寸标注，如图 8-62 所示。激活文字中间夹点，拖动鼠标将移动文字的位置，如图 8-63 所示，移动后的效果如图 8-64 所示。若需要对文字进行更改，可以右击，选择"特性"命令，通过"特性"选项板来进行更改；或激活标注原点的夹点，如图 8-65 所示，拖动鼠标，选择需要重新标注的点，尺寸标注数将随标注点的变化而变化，拉伸后的效果如图 8-66 所示；当激活尺寸起止符处的夹点(如图 8-67 所示)，拖动鼠标，可以调整尺寸线的位置，调整后的效果如图 8-68 所示。

图 8-62　选择要编辑的尺寸标注　　　图 8-63　移动文字　　　图 8-64　移动后的效果

图 8-65　拉伸尺寸　　　　　　　　　　　　　图 8-66　拉伸后的效果

图 8-67　调整尺寸线的位置　　　　　　　　　图 8-68　调整后的效果

提示:

尺寸标注统一可以使用复制、旋转、移动、延伸等一些基本的编辑操作。

8.9　操 作 实 践

【例 8-4】利用例 8-1 设置的标注样式"标注 1-100"标注"Ex04-1 传达室.dwg"(如图 8-69 所示)的图形，标注效果如图 8-70 所示。

图 8-69　未标注图形　　　　　　　图 8-70　标注完成图形

(1) 打开"Ex04-1 传达室.dwg"，在"图层"工具栏下拉列表中选择"建筑-尺寸标注"为当前图层。

(2) 按照例 8-1 的步骤设置"标注 1-100"标注样式。

(3) 在任意一个工具栏上右击，选择"样式"命令，将弹出"样式"工具栏，然后在"标注样式"下拉列表框中选择"标注 1-100"为当前标注样式。

(4) 单击"线性标注"按钮 ⊞，命令行提示如下。

```
命令: _dimlinear                                    //单击按钮执行命令
指定第一条延伸线原点或 <选择对象>:                   //捕捉轴线与墙线的交点 1
指定第二条延伸线原点:                                //捕捉门窗洞口的角点
指定尺寸线位置或                                     //系统提示信息
[多行文字(M)/文字(T)/角度(A)/水平(H)/垂直(V)/旋转(R)]://移动尺寸线至合适位置单击
标注文字 = 750                                      //标注完成，标注如图 8-71 所示
```

(5) 打开"对象捕捉"开关，并确保"端点"、"交点"和"垂足"捕捉是打开的，(若无法捕捉，请在"工具" | "草图设置"中重新设置)，单击"连续标注"按钮 ⊞⊞，命令行提示如下。

```
命令: _dimcontinue                                  //单击按钮执行命令
指定第二条延伸线原点或 [放弃(U)/选择(S)] <选择>:   // 选择窗户的另一端点
标注文字 = 1500                                     //系统提示信息
指定第二条延伸线原点或 [放弃(U)/选择(S)] <选择>:   //选择轴线与墙线的交点
标注文字 = 750                                      //系统提示信息
指定第二条延伸线原点或 [放弃(U)/选择(S)] <选择>:   //按 Enter 键，完成标注如图 8-72 所示。
```

图 8-71　线型标注

图 8-72　连续标注

(6) 对离尺寸线较远的图形对象进行标注时可以通过作辅助线的方式来完成。单击"绘图"工具栏上的"构造线"按钮 ✎，选择远离尺寸线的窗户角点，绘制垂直的构造线，如图 8-73 所示。命令行提示如下。

```
命令:_xline 指定点或 [水平(H)/垂直(V)/角度(A)/二等分(B)/偏移(O)]://指点构造线通过点
指定通过点:    //指定第二个通过点
指定通过点:    //按 Enter 键，完成构造线的绘制
```

(7) 单击"连续标注"按钮 ⊞⊞，选择与构造线和轴线的垂足为标注源点进行标注，效果如图 8-74 所示。

图 8-73　绘制辅助线

图 8-74　标注远距离对象

(8) 当需要标注第二排尺寸时，同样可以通过绘制辅助线来确定第二排尺寸线的位置，单击"绘图"工具栏上的"构造线"按钮，输入 H，选择第一排尺寸线上的任意一点绘制水平构造线。然后单击"修改"工具栏上的"偏移"按钮，设置第二条尺寸线偏移的距离为 800，然后再偏移 1000，如图 8-75 所示。

(9) 单击"线性标注"按钮，标注轴线之间的尺寸，尺寸线的位置落在辅助线上，效果如图 8-76 所示。

(10) 删除辅助线，选择要移动标注文字的尺寸，如图 8-77 所示。采用夹点编辑方式移动标注文字的位置，移动后的效果如图 8-78 所示。

(11) 按照相似的步骤标注其他位置的尺寸，最终效果如图 8-70 所示。

图 8-75　绘制尺寸线辅助线

图 8-77　移动标注文字

图 8-76　标注其他层次的尺寸线

图 8-78　移动后的效果

8.10　习　　题

8.10.1　填空题

(1) 线性标注尺寸一般由＿＿＿＿＿、＿＿＿＿＿、＿＿＿＿＿和＿＿＿＿＿组成。

(2) 要标注倾斜直线的实际长度，要使用＿＿＿＿＿命令。

(3) 使其延伸线倾斜一个角度，要使用＿＿＿＿＿命令。

(4) 尺寸起止符号一般用＿＿＿＿＿绘制。半径、直径、角度与弧长的尺寸起止符号，宜用＿＿＿＿＿表示。

8.10.2　选择题

(1) 建筑制图中平行排列的尺寸线的间距一般为＿＿＿＿＿。

　　A. 3～6mm　　　　B. 4～7mm　　　　　C. 5～10mm　　　　D. 7～10mm

(2) 薄板厚度的标注可以通过 AutoCAD 的＿＿＿＿＿标注形式实现。

　　A. 引线标注　　　B. 线性标注　　　　C. 半径标注　　　　D. 弧长标注

(3) 在 1∶100 标注样式的基础上，在设置标注样式的过程中，在"主单位"选项卡"测量单位比例"选项区中的"比例因子"文本框中输入＿＿＿＿＿，完成 1∶10 的标注样式的设置。

　　A. 1.0　　　　　　B. 0.1　　　　　　C. 0.25　　　　　　D. 0.5

8.10.3　上机操作

(1) 按规范要求在 1∶100 的图纸绘制中创建一个标注弧长的标注样式，将其命名为"标注 1-100(弧长)"。

(2) 绘制并标注如图 8-79 所示的图形。

图 8-79　标注屋顶平面尺寸

第9章 块 操 作

在 AutoCAD 中使用图块是提高绘图效率的有效方法，而且能够增加绘图的准确性，提高绘图速度和减小文件大小等。图块是组成复杂对象的一组实体的总称。在图块中，各图形实体都有各自的图层、线形及颜色等特性，只是 AutoCAD 将图块作为一个单独、完整的对象来操作。可以根据实际需要将图块按给定的缩放系数和旋转角度插入到指定的位置，也可以对整个图块进行复制、移动、旋转、缩放、镜像和阵列等基本操作。AutoCAD 2010 中文版还提供了动态块的功能。块定义可以包含用于向块中添加动态行为的元素，可以在块编辑器中将这些元素添加到块中。如果向块中添加了动态行为，也就为几何图形增添了灵活性和智能性。如果在图形中插入带有动态行为的块参照，就可以通过自定义夹点或自定义特性(这取决于块的定义方式)来操作该块参照中的几何图形。

本章主要介绍如何创建图块，如何创建带属性的图块，插入图块的方法，以及动态块的创建和编辑。在熟练掌握图块的基本操作前，可以先跳过动态块部分的内容。

知识要点
- 创建图块
- 插入图块
- 创建带属性的图块
- 插入带属性的图块
- 动态块

9.1 创 建 图 块

在实际使用中，可以使用下面的两种方法创建块：一是合并对象以在当前图形中创建块；一是创建一个图形文件，通过写块操作将它作为块插入到其他图形中。块可以是绘制在几个图层上的不同颜色、线型和线宽特性的对象的组合。尽管块总是在当前图层上，但块参照保存了有关包含在该块中的对象的原图层、颜色和线型特性的信息。还可以控制块中的对象是保留其原特性还是继承当前的图层、颜色、线型或线宽设置。

9.1.1 创建内部图块

选择"绘图"|"块"|"创建"命令，或者单击"绘图"工具栏上的"创建块"按钮，或者在命令行里输入命令 Block，将弹出如图 9-1 所示的"块定义"对话框，在各选项组中可以设置相应的参数，从而创建一个内部图块。

图 9-1　"块定义"对话框

(1) "名称"下拉列表框

该下拉列表框用于输入或选择当前要创建的块的名称。

(2) "基点"选项组

该选项组用于指定块的插入基点，默认值是(0,0,0)，即将来该块的插入基准点，也是块在插入过程中旋转或缩放的基点。可以分别在 X、Y、Z 文本框中输入坐标值确定基点，也可以单击"拾取点"按钮，暂时关闭对话框以使用户能在当前图形中拾取插入基点。

(3) "对象"选项组

该选项组用于指定新块中要包含的对象，以及创建块之后如何处理这些对象，是保留还是删除选定的对象或者是将它们转换成块实例。各参数的含义如下：

- 单击"选择对象"按钮，暂时关闭"块定义"对话框，允许用户到绘图区选择块对象，完成选择对象后，按 Enter 键重新显示"块定义"对话框。
- 单击"快速选择"按钮，显示"快速选择"对话框，该对话框定义选择集。
- "保留"单选按钮用于设定创建块以后，是否将选定对象保留在图形中作为区别对象。
- "转换为块"单选按钮用于设定创建块以后，是否将选定对象转换成图形中的块实例。
- "删除"单选按钮用于设定创建块以后，是否从图形中删除选定的对象。
- "选定的对象"选项显示选定对象的数目，未选择对象时，显示"未选定对象"。

(4) "设置"选项组

该选项组主要指定块的设置，其中"块单位"下拉列表框可以提供选择块参照插入的单位；单击"超链接"按钮打开"插入超链接"对话框，可以将某个超链接与块定义相关联。

(5) "在块编辑器中打开"复选框

当选择了该复选框，单击"确定"后，将在块编辑器中打开当前的块定义，一般用于动态块的创建和编辑。

(6) "方式"选项组

该选项组用于指定块的行为。"注释性"复选框用于设置指定块为注释性的，"按统一比例缩放"复选框指定块参照按统一比例缩放，即各方向按指定的相同比例缩放；"允许分解"复选框指定块参照是否可以被分解。

(7)"说明"文本框

"说明"文本框用于指定块的文字说明。

【例 9-1】打开第 3 章中【例 3-5】所绘制的双扇门,文件名为 Ex3-05,如图 9-2 所示,将该门创建为一个图块,命名为"双扇门",基准点选择门左下角点。

(1)单击"绘图"工具栏上的"创建块"按钮,在弹出的"块定义"对话框的"名称"下拉列表框中输入"双扇门"。

(2)单击"拾取点"按钮 ,切换到绘图区,命令行提示如下。

> 命令:_block   //单击按钮执行"创建块"命令
> 指定插入基点: //指定如图 9-3 所示的左下角点为插入基点

图 9-2 源图

图 9-3 选择基点图

(3)指定完基点后,返回到"块定义"对话框,单击"选择对象"按钮 ,切换到绘图区,命令行提示如下。

> 选择对象: 指定对角点: 找到 11 个//选择如图 9-2 所示的整个双扇门为创建图块的图形实体
> 选择对象: //按 Enter 键,选择对象完毕

(4)回到"块定义"对话框后,可以预览到"双扇门"图块图标,如图 9-2 所示。单击"确定"按钮,完成图块创建。

9.1.2 创建外部图块

在命令行里输入 WBLOCK 命令,可以弹出如图 9-4 所示的"写块"对话框,在各选项组中可以设置相应的参数,从而创建一个外部图块,方便绘制其他图纸时调用。

"写块"对话框中的"基点"和"对象"选项组的设置与"块定义"对话框是一致的,这里不再赘述。"写块"与"块定义"对话框的区别在于"源"选项区和"目标"选项区。

"源"是指对象来源,当选择"块"时,指定要保存为文件的现有块,可以从下拉列表框中选择。当选择"整个图形"时,选择当前图形作为一个块保存为文件。当选择"对象"时,类似于"写块"操作,选择基点和对象创建块。

"目标"选项组用于设置图块保存的位置和名称。可以在"文件名和路径"下拉列表框中直接输入图块保存路径和文件名,或者单击 按钮,打开"浏览图形文件"对话框,在"保存于"下拉列表框中选择保存路径,在"文件名"文本框中设置名称。

【例 9-2】以【例 9-1】中的双扇门为例,通过写块操作,在文件"Ex3-05.Dwg"相同目录下生成一个文件名为"双扇门"的图形,以供在不同的建筑图中使用。

　　执行 WBLOCK 命令，选择如图 9-3 所示基点，选择如图 9-3 所示图形，在"文件名和路径"下拉列表框中输入"Ex3-05"所在的路径名为"工作盘符 D:\AutoCAD2010 学习\双扇门.dwg"，单击"确定"按钮，完成外部图块创建。

图 9-4　　"写块"对话框

提示：
　　图块若创建时选择了"允许分解"复选框，那么是可以分解的，单击"修改"工具栏上的"分解"按钮，可以将选择的图块进行分解。图块分解完成后，可以对组成图块的各个元素进行单独的编辑。

9.2　插　入　图　块

　　定义完块之后，就要将图块插入到图形中。插入块或图形文件时，一般需要确定块的 4 组特征参数：插入的块名、插入点位置、插入比例系数和旋转角度。

　　选择"插入"|"块"命令，或者单击"绘图"工具栏上的"插入块"按钮，或者在命令行中输入命令 Insert，可以弹出如图 9-5 所示的"插入"对话框，设置相应的参数，单击"确定"按钮，就可以插入内部或者外部图块。

　　可以在"名称"下拉列表框中选择已定义的需要插入到图形中的内部图块，或者单击"浏览"按钮，弹出"选择图形文件"对话框，找到要插入的外部图块，单击"打开"按钮，返回"插入"对话框进行其他参数设置。可以在预览区域查看图块。

图 9-5　"插入"对话框

- "插入点"选项组：用于指定图块的插入位置，通常选择"在屏幕上指定"复选框，在绘图区以"对象捕捉"功能配合拾取点方式指定，也可以直接输入坐标。
- "比例"选项组：用于设置图块插入后的比例。选择"在屏幕上指定"复选框，则可以在命令行里指定缩放比例，否则就可以直接在"X"、"Y"、"Z"文本框中输入数值指定各个方向上的缩放比例。"统一比例"复选框用于设定图块在 XYZ 方向缩放是否一致，选择该复选框，X、Y、Z 三个方向将按相同比例缩放。需要将图块作镜像变化时，可以考虑通过设置比例因子为负值来完成。
- "旋转"选项组：用于设定图块插入后的角度。选择"在屏幕上指定"复选框，则可以在命令行里指定旋转角度，否则就可以直接在"角度"文本框中输入数值来指定旋转角度。
- "分解"复选框：用于控制插入后图块是否自动分解为基本的图元。

【例 9-3】在如图 9-6 所示图形的门洞中插入已经定义好的"双扇门"图块，插入效果如图 9-7 和 9-8 所示。

图 9-6　需插入图块的墙体　　　图 9-7　在 1 点插入图块　　　图 9-8　插入图块后的效果

(1) 单击"绘图"工具栏上的"插入块"按钮 ，弹出"插入"对话框，在"名称"下拉列表框中选择已经定义好的图块"双扇门"。

(2) 在"插入点"选项组中选择"在屏幕上指定"复选框，在"比例"选项组中取消选择"统一比例"复选框，X、Z 方向的比例为 1，Y 方向的比例为‑1，旋转角度为 0。

(3) 单击"确定"按钮，回到绘图区，命令行提示如下。

```
命令: _insert    //单击按钮执行"插入块"命令
指定插入点或 [比例(S)/X/Y/Z/旋转(R)/预览比例(PS)/PX/PY/PZ/预览旋转(PR)]:
//打开"对象捕捉"的"中点"捕捉功能，捕捉图 9-6 所示的 1 点为插入点
```

(4) 指定完插入点后，按 Enter 键，完成点 1 处图块的插入，如图 9-7 所示。

(5) 重复执行"插入块"命令，完成点 2 处的图块插入，此时对"插入"对话框进行设置，在"旋转"选项组的"角度"文本框中输入 270，在"比例"选项组中选择"统一比例"复选框，比例值为 1，插入后效果如图 9-8 所示。

9.3　创建带属性的图块

图块的属性是图块的一个组成部分，它是块的非图形的附加信息，是包含于块中的文字对象，就像给一件商品贴上标签。图块的属性可以增加图块的功能，文字信息又可以说明图块的类型、数目等。当插入一个块时，其属性也一起插入到图中；当对块进行操作时，其属性也将改变。块的属性由属性标签和属性值两部分组成，属性标签就是指一个项目名称，属性值就是指具体的项目情况。可以对块的属性进行定义、修改以及显示等操作。

9.3.1　定义带属性的图块

选择"绘图"|"块"|"定义属性"命令或者在命令行中输入命令 Attdef，可以弹出如图 9-9 所示的"属性定义"对话框。在"属性定义"对话框中，包含"模式"、"属性"、"插入点"和"文字设置" 4 个选项组以及"在上一个属性定义对齐"复选框。下面分别介绍各个参数的含义。

图 9-9　"属性定义"对话框

- "模式"选项组：用于设置属性模式。"不可见"复选框表示插入图块，输入属性值后，属性值不在图中显示；"固定"复选框表示属性值是一个固定值；"验证"复选框表示会提示输入两次属性值，以便验证属性值是否正确；"预置"复选框表示插入包含预置属性值的块时，将属性设置为默认值；"锁定位置"复选框表示锁定块参照中属性的位置,若解锁,属性可以相对于使用夹点编辑的块的其他部分移动,并且可以调整多行属性的大小；"多行"复选框用于指定属性值可以包含多行文字，选定此选项后，可以指定属性的边界宽度。

- "属性"选项组：用于设置属性的一些参数。"标记"文本框用于输入显示标记；"提示"文本框用于输入提示信息，提醒用户指定属性值；"默认"文本框用于输入默认的属性值。还可以单击"插入字段"按钮，打开"字段"对话框插入一个字段作为属性的全部或部分值。
- "插入点"选项组：用于指定图块属性的位置。选择"在屏幕上指定"复选框，则在绘图区中指定插入点，也可以直接在"X"、"Y"、"Z"文本框中输入坐标值确定插入点，一般采用"在屏幕上指定"方式。
- "文字设置"选项组：用于设定属性值的一些基本参数。"对正"下拉列表框用于设定属性值的对齐方式，"文字样式"下拉列表框用于设定属性值的文字样式，"文字高度"文本框用于设定属性值的高度，"旋转"文本框用于设定属性值的旋转角度。
- "在上一个属性定义对齐"复选框：用于将属性标记直接置于定义的上一个属性下面。如果之前没有创建属性定义，则此选项不可用。

通过"属性定义"对话框，只能定义一个属性，但是并不能指定该属性属于哪个图块，因此必须通过"块定义"对话框将图块和定义的属性重新定义为一个新的图块。

提示：

"文字设置"选项组中，还可以通过单击"高度"按钮和"旋转"按钮，切换到绘图区，通过拾取两点方式分别指定属性值高度和旋转角度。

【例 9-4】定义绘制好的轴线圆，直径为 800mm，如图 9-10 所示，给其定义一个属性，标记为"竖向轴线编号"，属性提示为"请输入竖向轴线编号"，默认值为 1，设置对齐样式为"中间"，文字高度 500，旋转角度 0。插入点选择圆顶部的象限点。预先设置好文字样式采用 Standard，Standard 文字样式字体采用"仿宋_GB2312"。并且将"对象捕捉"打开，选取"圆心"捕捉模式。文字样式设置和捕捉设置在此不再赘述。

图 9-10　"轴线圆"图块

(1) 选择"绘图"|"块"|"定义属性"命令，弹出"属性定义"对话框，在"标记"文本框中输入"竖向轴线编号"，在"提示"文本框中输入"请输入竖向轴线编号"，在"值"文本框中输入 1。在"对正"下拉列表框中选择"正中"选项，在"文字样式"下拉列表框中选择 Standard，在"高度"文本框中输入 500，"旋转"文本框默认设置，如图 9-11 所示。

(2) 单击"确定"按钮，回到绘图区，命令行提示"指定起点:"，捕捉圆心，单击，效果如图 9-12 所示。

图 9-11　设置"属性定义"对话框　　　　图 9-12　"轴线编号"图块

(3) 选择"绘图"|"块"|"创建"命令，弹出"块定义"对话框，在"名称"文本框中输入块名"竖向轴线编号"，如图 9-13 所示。单击"拾取点"按钮，打开"对象捕捉"的"象限点"功能捕捉圆顶部的象限点，单击"选择对象"按钮，选择圆和属性。

(4) 单击"确定"按钮，带属性的"竖向轴线编号"图块如图 9-14 所示。

竖向轴线编号

图 9-13　设置"块定义"对话框　　　　图 9-14　原始属性效果

(5) 单击"绘图"工具栏上的"插入块"按钮，可以弹出如图 9-5 所示的"插入"对话框，在"名称"下拉列表框中选择已经定义好的图块"竖向轴线编号"，插入到图中，命令行提示如下。

```
命令: _insert        //启动插入命令
指定插入点或 [基点(B)/比例(S)/旋转(R)/预览比例(PS)/预览旋转(PR)]: //指定图块的插入点
输入属性值
请输入竖向轴线编号 <1>: 2              //提示输入属性值
```

提示:

若属性标记以问号的形式显示，说明 AutoCAD 的字体库中没有当前所采用的字体。可以通过设定字体样式，采用其他字体来解决这个问题。

9.3.2 编辑图块属性

在命令行中输入命令 Attedit，命令行提示如下。

命令: ATTEDIT　　　//执行 ATTEDIT 命令
选择块参照:　　　　//要求指定需要编辑属性值的图块

在绘图区选择需要编辑属性值的图块后，弹出"编辑属性"对话框，如图 9-15 所示，可以在定义的提示信息文本框中输入新的属性值，单击"确定"按钮完成修改。

图 9-15 "编辑属性"对话框

选择"修改"|"对象"|"属性"|"单个"命令，再选择相应的图块后，弹出如图 9-16 所示的"增强属性编辑器"对话框。在"属性"选项卡中，可以在"值"文本框中修改属性的值。在"文字选项"选项卡中(如图 9-17 所示)可以修改文字属性，包括文字样式、对正、高度等属性，其中"反向"和"颠倒"主要用于镜像后进行的修改。在如图 9-18 所示的"特性"选项卡中，可以对属性所在图层、线型、颜色和线宽等进行设置。

图 9-16 "增强属性编辑器"对话框

图 9-17 "文字选项"选项卡

图 9-18 "特性"选项卡

还可以通过"特性"选项卡来编辑图块的属性，先选择要编辑的图块，右击，选择"特性"命令，弹出"特性"选项板，在选项板内对参数进行设置。

9.4 动 态 块

动态块具有灵活性和智能性。在操作时可以轻松地更改图形中的动态块参照，可以通过自定义夹点或自定义特性来操作几何图形。

例如，如果在图形中插入一个门块参照，编辑图形时可能需要更改门的大小和开启角度。如果该块是动态的，并且定义为可调整大小和角度，那么只需拖动自定义夹点或在"特性"选项板中指定不同的尺寸就可以修改门的大小和开启角度。若该门块还包含对齐夹点，那么可以使用对齐夹点轻松地将门与图形中的其他几何图形对齐，如表 9-1 所示。

动态块可以具有自定义夹点和自定义特性。有可能通过这些自定义夹点和自定义特性来操作块。

默认情况下，动态块的自定义夹点的颜色与标准夹点的颜色和样式不同。表 9-2 显示了可以包含在动态块中的不同类型的自定义夹点。如果分解或按非统一缩放某个动态块参照，它就会丢失其动态特性。但可以将该块重置为默认值，从而使其重新成为动态的。

表 9-1　动态块效果示意

图 块 操 作	效 果 示 意
拉伸图块长度	
控制门开启角度	
控制门对其齐	

表 9-2　夹点操作方式表

夹 点 类 型	图 样	夹点在图形中的操作方式
标准	■	平面内的任意方向
线性	▶	按规定方向或沿某一条轴往返移动
旋转	●	围绕某一条轴
翻转	◀	单击以翻转动态块参照
对齐	▶	平面内的任意方向；如果在某个对象上移动，则使块参照与该对象对齐
查寻	▼	单击以显示项目列表

要成为动态块的块至少必须包含一个参数以及一个与该参数关联的动作。可以通过单击"标准"工具栏上的"块编辑器"按钮，或者选择"工具"|"块编辑器"命令，或者在命令行输入命令 Bedit 来定义动态块。

单击"标准"工具栏上的"块编辑器"按钮，将弹出如图 9-19 所示的"编辑块定义"对话框。在"要创建或编辑的块"文本框中可以选择已经定义的块，也可以选择当前图形创建新动态块，如果选择"<当前图形>"，当前图形将在块编辑器中打开。在图形中添加动态元素后，可以保存图形并将其作为动态块参照插入到另一个图形中。同时可以在"预览"窗口查看选择的块，在"说明"栏将显示关于该块的一些信息。

图 9-19   "编辑块定义"对话框

单击"编辑块定义"对话框的"确定"按钮，即可进入"块编辑器"，如图 9-20 所示。"块编辑器"由 3 部分组成，块编辑工具栏、块编写选项板和编写区域。

图 9-20   "块编辑器"

1．"块编辑器"工具栏

"块编辑器"工具栏位于整个编辑区的正上方，如图 9-20 所示，提供了用于创建动态块以及设置可见性状态的工具。其中包括如下一些功能选项。

● "编辑或创建块定义"按钮：单击该按钮，将会弹出"编辑块定义"对话框，可以重新选择需要创建的动态块。

● "保存块定义"按钮：单击该按钮，保存当前块定义。

● "将块另存为"按钮：单击该按钮，将弹出"将块另存为"对话框，可以重新输入块名另存。

- "名称"文本框：显示当前块的名称。
- "测试块"按钮 ：单击该按钮，可以从块编辑器打开一个外部窗口来测试动态块。
- "自动约束对象"按钮 ：单击该按钮，可根据对象相互的方向将几何约束自动应用于对象。
- "应用几何约束"按钮 ：单击该按钮，可在对象或对象上的点之间应用几何约束。
- "显示\隐藏约束栏"按钮 ：单击该按钮，可以控制对象上的可用几何约束的显示或隐藏。
- "参数约束"按钮 ：单击该按钮，可将约束参数应用于选定对象，或将标注约束转换为参数约束。
- "块表"按钮 ：单击该按钮，可显示对话框以定义块的变量。
- "编写选项板"按钮 ：单击该按钮，可以控制"块编写选项板"的开关。
- "参数"按钮 ：单击该按钮，将向动态块定义中添加参数。
- "动作"按钮 ：单击该按钮，将向动态块定义中添加动作。
- "定义属性"按钮 ：单击该按钮，将弹出"属性定义"对话框，从中可以定义模式、属性标记、提示、值、插入点和属性的文字选项。
- "了解动态块"按钮 ：单击该按钮，显示"新功能专题研习"创建动态块的演示。
- "关闭块编辑器"按钮：单击该按钮，将关闭块编辑器回到绘图区域。

2. 块编写选项板

块编写选项板中包含用于创建动态块的工具，它包含"参数"、"动作"、"参数集"和"约束"4 个选项卡，"参数"选项卡用于向块编辑器中的动态块添加参数，动态块的参数包括点参数、线性参数、极轴参数、XY 参数、旋转参数、对齐参数、翻转参数、可见性参数、查询参数和基点参数；"动作"选项卡用于向块编辑器中的动态块添加动作，包括移动动作、缩放动作、拉伸动作、极轴拉伸动作、旋转动作、翻转动作、阵列动作和查询动作；"参数集"选项卡用于在块编辑器中向动态块定义中添加一个参数和至少一个动作的工具，是创建动态块的一种快捷方式；"约束"选项卡，用于在块编辑器中向动态块定义中添加几何约束或者标注约束。

3. 在编写区域编写动态块

编写区域类似于绘图区域。可以进行缩放操作，同时，在编写区域还可以给要编写的块添加参数和动作。先在"块编写选项板"的"参数"选项卡上选择添加给块的参数，出现感叹号图标 时，表示该参数还没有相关联的动作。然后在"动作"选项卡上选择相应的动作，命令行会提示用户选择参数，选择参数后，选择动作对象，最后设置动作位置，以"动作"选项卡里相应动作的图标表示。不同的动作，操作均不相同。下面通过创建一个窗户平面的动态块，来介绍动态块的具体操作步骤。

9.5 操 作 实 践

【例 9-5】设置建筑标高图块，效果如图 9-21 所示。标高文字高 250，预先设置字体样式 Standard 的采用"仿宋_GB2312"字体。要求设置成动态块能够快速镜像。

(1) 利用"直线"命令，按第 8 章的要求绘制如图 9-22 所示的标高线，具体过程不赘述。

图 9-21 标高标注效果　　　　　　　　　　　　图 9-22 标高符号

(2) 选择"绘图"|"块"|"定义属性"命令，弹出"属性定义"对话框，设置如图 9-23 所示。在"标记"文本框中输入"标高"，在"提示"文本框中输入"请输入标高值"，"值"文本框中输入 0.000，在"对正"下拉列表框中选择"左下"，在"文字样式"下拉列表框中选择 Standard，在"高度"文本框中输入 250。在单击"确定"按钮，选择标高图形的左端点创建完成属性，如图 9-24 所示。

图 9-23 设置属性定义　　　　　　　　　　图 9-24 完成后的标高属性

(3) 单击"绘图"工具栏上的"创建块"按钮，弹出"块定义"对话框，设置如图 9-25 所示，并选择"在块编辑器中打开"复选框(若不需生成动态块，可以不选择)，拾取基点的时候打开"对象捕捉"的"端点"和"交点"捕捉功能，捕捉如图 9-26 所示的顶点为基点，单击"确定"按钮，将进入编辑属性，然后再单击"确定"按钮进入块编辑器。

图 9-25 创建"标高"块　　　　　　　　　图 9-26 选择顶点为基点

(4) 在块编辑器中，选择"参数"选项卡上的"翻转"命令，选择三角形的下顶点并拉出一条水平线为投影线，如图 9-27 所示，然后指定命令行提示如下。

命令: _BParameter 翻转	//添加翻转参数
指定投影线的基点或 [名称(N)/标签(L)/说明(D)/选项板(P)]:	//设置投影线的基点
指定投影线的端点:	//设置远处另一端点
指定标签位置:	//设置标签位置

(5) 选择"参数"选项卡上的"翻转参数"命令，打开"对象追踪"和"正交"开关，先将鼠标移至下三角点，等出现临时捕捉标记后，移至需要捕捉的水平线附近，将可以捕捉交点。其他操作同(4)，如图 9-28 所示。

图 9-27　添加"翻转"参数 1

图 9-28　添加"翻转"参数 2

(6) 选择"动作"选项卡上的"翻转动作"命令，先选择"翻转参数"的"翻转状态 1"，然后选择全部对象和翻转夹点，再确定标签位置。同理，重复前面的操作，完成另一"翻转"参数 "翻转状态 2"的翻转动作，如图 9-29 所示。命令行提示如下。

命令: _BActionTool 翻转	//添加翻转动作
选择参数:	//选择翻转参数
指定动作的选择集	
选择对象: 指定对角点: 找到 7 个	//选择翻转对象
选择对象:	//按 Enter 键，完成对象选择
指定动作位置:	//指定标签放置位置

(7) 单击 按钮，保存当前块定义。然后单击"关闭块编辑器"按钮，关闭块编辑器回到绘图区域。

(8) 单击"插入块"按钮 ，弹出"插入"对话框，在"名称"下拉列表框中选择"标高"选项，单击"确定"按钮，命令行提示如下。

命令:_insert	//单击按钮执行"插入块"命令
指定插入点或 [比例(S)/X/Y/Z/旋转(R)/预览比例(PS)/PX/PY/PZ/预览旋转(PR)]:	
	//打开"对象捕捉"，捕捉需要插入标高的点
输入属性值	//系统提示信息
请输入标高值 <0.000>: 5.250	//根据属性提示，输入标高值 5.250，如图 9-30 所示

图 9-29 添加"翻转"动作　　　　　　　　　图 9-30 插入"标高"图块

(9) 按 Enter 键，重复执行"插入块"命令，在点 2 插入标高图块值仍然取 5.250，效果如图 9-31 所示。单击标高尖点处的翻转夹点，得到图 9-32 所示的效果和单击水平线处的翻转夹点，得到图 9-33 所示的效果。

图 9-31 激活动态块　　　　图 9-32 上下翻转动作　　　　图 9-33 左右翻转动作

提示：

对于初学者可以跳过动态块部分。

9.6 习 题

9.6.1 填空题

(1) 在 AutoCAD 2010 中，创建内部图块，需要在命令行中输入＿＿＿＿命令，创建外部图块，需要在命令行中输入＿＿＿＿命令。

(2) "插入"对话框中，＿＿＿＿复选框控制图块在 X、Y、Z 方向是否缩放一致。

(3) 在"属性"定义前，应该理解块的属性由＿＿＿＿和＿＿＿＿组成。

(4) 创建动态块要在块编辑器中添加＿＿＿＿和＿＿＿＿。

9.6.2 选择题

(1) AutoCAD 2010 中文版中插入图块的命令是＿＿＿＿。

  A. BLOCK　　　　　B. WBLOCK　　　　　C. INSERT　　　　　D. FIND

(2) AutoCAD 2010 中文版中定义图块属性的命令是＿＿＿＿。

  A. BLOCK　　　　　B. WBLOCK　　　　　C. ATTEDIT　　　　　D. ATTDEF

(3) 在 AutoCAD 2010 中文版中要定义动态块，需要在块编辑器中进行，打开块编辑器的命令是＿＿＿＿。

  A. BLOCK　　　　　B. WBLOCK　　　　　C. ATTEDIT　　　　　D. BEDIT

9.6.3　上机操作

(1) 将单扇门定义成图块，命名为"单扇门"，并给"单扇门"图块附加"编号"属性，如 M900，效果如图 9-34 所示。

(2) 将"单扇门"图块创建成动态块，可以控制门的位置、大小和可翻转状态，如图 9-35 所示。

图 9-34　带属性的"单扇门"图块　　　　　图 9-35　"单扇门"动态块

第10章　建筑单体图纸绘制

　　建筑设计通常分为初步设计和施工图设计两个阶段，规模较大形式复杂或者非常重要的建筑也可能分为初步设计、技术设计和施工图设计 3 个阶段，其中以施工图设计阶段的图纸最为详细。通常需要绘制总平面图，平、立、剖面图以及建筑详图等大量的图纸，来确保施工队伍能够实现设计者的设计意图。

　　建筑施工图通常情况下主要指的是建筑各层的平面图、各个立面图纸、一些主要和重要位置的剖面图纸，以及一些比较复杂的部位局部放大的建筑详图。

　　《房屋建筑制图统一标准》GB/T5001-2001 和《建筑制图标准》GB/T50104-2001 是目前我国建筑制图主要标准，也是每一个工程技术人员必须遵守的法规，只有熟悉现行的制图标准，才能在设计时绘制出符合要求的施工图纸。

　　如何充分发挥 AutoCAD 2010 中文版的强大的功能，结合规范的要求绘制出标准的建筑图纸，将是本章乃至本书最主要的内容。下面将主要介绍建筑图纸中一些基本的规范要求和绘制方法，以及标准中的各种基本规定如何在 AutoCAD 中实现。

知识要点
- 图框与图幅
- 常用建筑制图的符号
- 建筑平面图的绘制方法
- 建筑立面图的绘制方法
- 建筑剖面图的绘制方法
- 建筑详图的绘制方法

10.1　图幅图框与绘图比例

10.1.1　图幅图框

　　图幅是指图纸幅面的大小，包括横式幅面和立式幅面，分为 A0、A1、A2、A3 和 A4，图幅与图框的大小规范有严格的规定。图纸以短边作为垂直边称为横式，以短边作为水平边称为立式。一般 A0～A3 图纸宜横式使用，必要时，也可立式使用。具体尺寸如表 10-1 所示及图 10-1、图 10-2 和图 10-3 所示。

表 10-1　图幅及图框尺寸(mm)

尺寸代号 　幅面代号	A0	A1	A2	A3	A4
B	841x1189	594x841	420x594	297x420	210x297
C	10			5	
A	25				

图 10-1　横式使用的图纸

图 10-2　A0～A3 立式幅面

图 10-3　A4 立式幅面

　　如果需要微缩复制的图纸,其一个边上应附有一段准确米制尺度,四个边上均附有对中标志,米制尺度的总长应为 100mm,分格应为 10mm。对中标志应画在图纸各边长的中点处,线宽应为 0.35mm,伸入框内应为 5mm,如图 10-1、图 10-2 和图 10-3 所示。

　　图纸的短边一般不应加长,长边可加长,但应符合表 10-2 所示的规定。一个工程设计中所使用的图纸,一般不宜多于两种幅面,不含目录及表格所采用的 A4 幅面。

表 10-2　图纸长边加长尺寸(mm)

幅 面 尺 寸	长 边 尺 寸	长边加长后的尺寸
A0	1189	1486、1635、1783、1932、2080、2230、2378
A1	841	1051、1261、1471、1682、1892、2102

（续表）

幅面尺寸	长边尺寸	长边加长后的尺寸
A2	594	743、891、1041、1189、1338、1486、1635
A2	594	1783、1932、2080
A3	420	630、841、1051、1261、1471、1682、1892

注：有特殊需要的图纸，可采用 b×l 为 841mm×891mm 与 1189mm×1261mm 的幅面

10.1.2　标题栏、会签栏及装订边

纸的标题栏、会签栏及装订边的位置，如图 10-1、图 10-2 和图 10-3 所示。其格式和具体尺寸还应符合下列规定。

(1) 标题栏应按图 10-4 所示，根据工程需要选择确定其尺寸、格式及分区。签字区应包含实名列和签名列。涉外工程的标题栏内，各项主要内容的中文下方应附有译文，设计单位的上方或左方，应加"中华人民共和国"字样。

图 10-4　标题栏

(2) 会签栏应按图 10-5 所示的格式绘制，其尺寸应为 100mm×20mm，栏内应填写会签人员所代表的专业、姓名、日期(年、月、日)；一个会签栏不够时，可另加一个，两个会签栏应并列；不需会签的图纸可不设会签栏。

图 10-5　会签栏

(3) 图框线、标题栏线和会签栏线的宽度要求如下。

- A0 和 A1 图幅的图纸的图框线线宽采用 1.4mm，标题栏的外框线线宽采用 0.7mm，标题栏的分格线和会签栏线线宽采用 0.35mm。
- A2、A3 和 A4 图幅的图纸的图框线线宽采用 1.0mm，标题栏的外框线线宽采用 0.7mm，标题栏的分格线和会签栏线线宽采用 0.35mm。

10.1.3　绘图比例

比例是图形与实物相对应的线性尺寸之比。比例的大小是指比值的大小，如比例 1:50

就大于比例 1:100。比例的符号为 "∶"，比例应以阿拉伯数字表示，例如 1:1、1:2、1:100 等。同一张图纸中若只有一个比例，则在标题栏中统一注明图纸的比例大小。若在同一张图纸中有有多个比例，则比例大小应该注明在图名的右侧，且字的基准线应取平；比例的字高宜比图名的字高小一号或二号，如图 10-6 所示。

底层平面图_{1:100}

图 10-6　比例的注写

绘图所用的比例，应根据图样的用途与被绘对象的复杂程度，从表 10-3 中选用，并优先用表中常用比例。一般情况下，一个图样应选用一种比例。根据专业制图需要，同一图样可选用两种比例。

表 10-3　绘图所用的比例

常用比例	1:1，1:2，1:5，1:10，1:20，1:50，1:100，1:150，1:200，1:500，1:1000，1:2000，1:5000，1:10000，1:20000，1:50000，1:100000，1:200000
可用比例	1:3，1:4，1:6，1:15，1:25，1:30，1:40，1:60，1:80，1:250，1:300，1:400，1:600

【例 10-1】绘制 1:100 比例图纸中的一个标准 A2 图框，如图 10-7 所示。

图 10-7　A2 图框

(1) 单击 "绘图" 工具栏上的 "矩形" 按钮 ▭，命令行提示如下。

```
命令: _rectang                          //启动绘制矩形命令
指定第一个角点或 [倒角(C)/标高(E)/圆角(F)/厚度(T)/宽度(W)]:   //指定第一角点
指定另一个角点或 [面积(A)/尺寸(D)/旋转(R)]: d   //选择通过尺寸方式来绘制
指定矩形的长度 <42000.0000>: 59400      //输入 A2 图幅长度
指定矩形的宽度 <29700.0000>: 42000      //输入 A2 图幅宽度
指定另一个角点或 [面积(A)/尺寸(D)/旋转(R)]:   //指定一点确定矩形位置
```

(2) 单击 "修改" 工具栏上的 "分解" 按钮 🗗，选择绘制的矩形将其分解。

(3) 单击 "修改" 工具栏上的 "偏移" 按钮 🗗，偏移矩形的边线，按规范要求输入偏移距离，1000 和 2500，得到如图 10-8 所示的效果。

(4) 单击 "修改" 工具栏上的 "圆角" 按钮 ⌐，将圆角半径设为 0，选择 4 个角线，圆角后的效果如图 10-9 所示。

图 10-8　偏移图幅边线

图 10-9　圆角图框边线

(5) 单击"绘图"工具栏上的"矩形"按钮□，绘制标题栏，命令行提示如下。

```
命令: _rectang                        //启动绘制矩形命令
指定第一个角点或 [倒角(C)/标高(E)/圆角(F)/厚度(T)/宽度(W)]: 指定第一角点
指定另一个角点或 [面积(A)/尺寸(D)/旋转(R)]: d   //选择通过尺寸方式来绘制
指定矩形的长度 <2400.0000>: 24000        //输入标题栏的长度
指定矩形的宽度 <4000.0000>: 4000         //输入标题栏的宽度
指定另一个角点或 [面积(A)/尺寸(D)/旋转(R)]: //确定矩形的位置
```

(6) 单击"修改"工具栏上的"分解"按钮，选择绘制的矩形将其分解。

(7) 选择"绘图"|"点"|"定数等分"命令，将标题栏长方形的边分成 12 份，将竖线分成 4 份，打开"对象捕捉"，并确保"节点"、"端点"和"垂足"捕捉方式被选择，若没有选中可选择"工具"|"草图设置"命令，在"草图设置"对话框的"对象捕捉"选项卡中进行设置。

(8) 单击状态栏上的"正交"按钮，打开正交开关，单击"绘图"工具栏上的"直线"按钮，按照如图 10-10 所示的图形连接节点和垂足。

(9) 单击"修改"工具栏上的"修剪"按钮，按图 10-11 所示对标题栏线进行修剪。

图 10-10　绘制标题栏线

图 10-11　修剪标题栏线

(10) 在标题栏相应位置注写文字如图 10-12 所示，关于文字样式设置在此不再赘述。

某某设计公司	工程名称	设 计		类 别	
公司图标	图名	校 对		专 业	
		审 核		图 号	
		审 定		日 期	

图 10-12　注写标题栏文字

(11) 单击"绘图"工具栏上的"矩形"按钮□，绘制会签栏，操作同第(5)步，只是将长边设为 20000，宽边设为 2000。

(12) 单击"修改"工具栏上的"偏移"按钮，将水平框线按间距 500 进行偏移，将竖直边线按 2500 进行偏移，绘制效果如图 10-13 所示。

(13) 在会签栏相应位置注写文字，如图 10-14 所示，关于文字样式设置在此不再赘述。

图 10-13   绘制会签栏   图 10-14   注写会签栏的文字

(14) 若会签栏不够用，可以单击"修改"工具栏上的"复制"按钮，再复制一个拼接在一起。

(15) 单击"修改"工具栏上的"移动"按钮，选择会签栏，捕捉右下角点为移动的基点，然后捕捉图框的左上角点，然后旋转 90°，得到如图 10-15 所示效果。

图 10-15   绘制好的标题栏和会签栏

(16) 选择所有图框线，在"对象特性"工具栏的"线宽设置"下拉列表框中选择 1.0mm 的线宽。

(17) 选择标题栏的外框线，在"对象特性"工具栏的"线宽设置"下拉列表框中选择 0.7mm 的线宽。

(18) 选择会签栏线和标题栏的分格线，在"对象特性"工具栏的"线宽设置"下拉列表框中选择 0.35mm 的线宽，即可得到如图 10-7 所示效果。

10.2   常用建筑制图符号

绘制建筑施工图时，将会遇到许多要绘制的符号，如轴线编号、标高等。本节主要介绍各种符号的规范要求和 AutoCAD 绘制方法。

10.2.1   定位轴线编号和标高

定位轴线编号和标高的绘制方法在前面的章节中已经介绍，在此主要介绍规范对定位轴线编号的一些要求。

轴线应用细点划线绘制，定位轴线一般应编号，编号应注写在轴线端部的圆内。圆应用细实线绘制，直径为 8～10mm。定位轴线圆的圆心，应在定位轴线的延长线上或延长线的折线上。

平面图上定位轴线的编号，宜标注在图样的下方与左侧。横向编号应用阿拉伯数字，从左至右顺序编写，竖向编号应用大写拉丁字母，从下至上顺序编写，如图 10-16 所示。

为了防止与数字 1、0、2 混淆，拉丁字母的 I、O、Z 不得用做轴线编号。如字母数量不够使用，可增用双字母或单字母加数字注脚，如 AA、BA…YA 或 A1、B1…Y1。

组合较复杂的平面图中定位轴线也可采用分区编号，编号的注写形式应为"分区号—该分区编号"。分区号采用阿拉伯数字或大写拉丁字母表示，如图 10-17 所示。

图 10-16　轴线编号　　　　　　　　　图 10-17　分区轴线编号

附加定位轴线的编号，应以分数形式表示，并应按下列规定编写：两根轴线间的附加轴线，应以分母表示前一轴线的编号，分子表示附加轴线的编号，编号宜用阿拉伯数字顺序编写；1 号轴线或 A 号轴线之前的附加轴线的分母应以 01 或 0A 表示，如图 10-18 所示。

图 10-18　附加定位轴线编号

一个详图适用于几根轴线时，应同时注明各有关轴线的编号；通用详图中的定位轴线，应只画圆，不注写轴线编号，如图 10-19 所示。

用于两根轴线时　　　用于三根或三根以上　　用于三根以上连续　　通用详图轴线编号

图 10-19　详图的轴线编号

圆形平面图中定位轴线的编号，其径向轴线宜用阿拉伯数字表示，从左下角开始，按逆时针顺序编写；其圆周轴线宜用大写拉丁字母表示，从外向内顺序编写，如图 10-20 所示。折线形平面定位图中定位轴线的编号可按图 10-21 所示的形式绘制。

图 10-20　圆形平面定位轴线

图 10-21　折线型平面定位轴线

10.2.2　索引符号、零件符号与详图符号

1. 索引符号

工程图样中的某一局部或构件，如需另见详图，应通过索引符号索引。索引符号是由直径为 10mm 的圆和水平直径组成，索引圆中的数字宜采用 2.5 号字或者 3.5 号字书写，圆及水平直径均应以细实线绘制。索引符号应按下列规定编写：

(1) 索引出的详图，如与被索引的详图同在一张图纸内，应在索引符号的上半圆中用阿拉伯数字注明该详图的编号，并在下半圆中间画一段水平细实线，如图 10-22 所示。

(2) 索引出的详图，如与被索引的详图不在同一张图纸内，应在索引符号的上半圆中用阿拉伯数字注明该详图的编号，在索引符号的下半圆中用阿拉伯数字注明该详图所在图纸的编号，如图 10-23 所示。数字较多时，可加文字标注。

(3) 索引出的详图，如采用标准图，应在索引符号水平直径的延长线上加注该标准图册的编号，如图 10-24 所示。

图 10-22　同图索引　　　　　　图 10-23　异图索引　　　　　　图 10-24　标准图索引

(4) 索引符号如用于索引剖视详图，应在被剖切的部位绘制剖切位置线，并以引出线引出索引符号，引出线所在的一侧应为投射方向。剖切位置线用 6～10mm 长的粗实线绘制，与引出线的间隙约为 1mm，如图 10-25 所示。

图 10-25　用于索引剖面详图的索引符号

2. 零件编号

零件、杆件、钢筋、设备等的编号，一般以直径为 4～6mm(同一图样应保持一致)的细实线圆表示，其编号应用阿拉伯数字按顺序编写。

3. 详图符号

详图的位置和编号，应以详图符号表示。详图符号的圆应以直径为 14mm 粗实线绘制。详图应按下列规定编号。

(1) 详图与被索引的图样同在一张图纸内时，应在详图符号内用阿拉伯数字注明详图的编号，如图 10-26 所示

(2) 详图与被索引的图样不在同一张图纸内，应用细实线在详图符号内画一水平直径，在上半圆中注明详图编号，在下半圆中注明被索引的图纸的编号，如图 10-27 所示。

图 10-26　与被索引图样同在一张图纸内

图 10-27　与被索引图样不在一张图纸内

10.2.3　指北针

指北针的形状宜如图 10-28 所示，其圆的直径宜为 24mm，用细实线绘制；指针尾部的宽度宜为 3mm，指针头部应注"北"或 N 字。需用较大直径绘制指北针时，指针尾部宽度宜为直径的 1/8。

10.2.4　连接符号

连接符号应以折断线表示需连接的部位。两部位相距过远时，折断线两端靠图样一侧应标注大写拉丁字母表示连接编号。两个被连接的图样必须用相同的字母编号，如图 10-29 所示。

图 10-28　指北针

A-连接编号
图 10-29　连接符号

10.2.5　对称符号

对称符号由对称线和两端的两对平行线组成。对称线用细点画线绘制；平行线用细实线绘制，其长度宜为 6～10mm，每对的间距宜为 2～3mm；对称线垂直平分于两对平行线，两端超出平行线宜为 2～3mm，如图 10-30 所示。

图 10-30　对称符号

10.2.6　图名

图名宜用 7 号长仿宋字书写，图名的下方绘制水平的粗实线，长度约与图名长度相当，当注明比例时，比例以 5 号字或 3.5 号字注在图名的右侧。

10.2.7　剖面和断面的剖切符号

1．剖面剖切符号

剖视的剖切符号应符合下列规定。

(1) 剖视的剖切符号应由剖切位置线及投射方向线组成，均应以粗实线绘制。剖切位置线的长度宜为 6～10mm；投射方向线应垂直于剖切位置线，长度应短于剖切位置线，宜为 4～6mm。绘制时，剖视的剖切符号不应与其他图线相接触，如图 10-31 所示。

(2) 剖视的剖切符号的编号宜采用阿拉伯数字，按顺序由左至右、由下至上连续编排，并应注写在剖视方向线的端部。

(3) 需要转折的剖切位置线，应在转角的外侧加注与该符号相同的编号。

(4) 建(构)筑物剖面图的剖切符号宜注在±0.00 标高的平面图上。

2．断面剖切符号

断面的剖切符号应符合下列规定。

(1) 断面的剖切符号应只用剖切位置线表示，并应以粗实线绘制，长度宜为 6～10mm。

(2) 断面剖切符号的编号宜采用阿拉伯数字，按顺序连续编排，并应注写在剖切位置线的一侧；编号所在的一侧应为该断面的剖视方向，如图 10-32 所示。

图 10-31　剖面剖切符号　　　　　　　　　　图 10-32　断面剖切符号

剖面图或断面图，如与被剖切图样不在同一张图内，可在剖切位置线的另一侧注明其所在图纸的编号，也可以在图上集中说明，如图 10-31 和 10-32 所示。

10.2.8　建筑施工图中的文字级配

建筑施工图中的文字注写，一定要按照制图标准的规定注写。建议选用 10 号字注写标题栏中的设计单位名称，7 号字注写图名。5 号字书写设计说明，3.5 或 2.5 号字注写尺寸，轴线编号可以用 5 号字或 3.5 号字书写。零件编号可以用 3.5 号字或 2.5 号字注写。剖切标注可以用 7 号字或 5 号字书写。同一张图纸内的字号配置要一致。

10.3 建筑平、立、剖面图的线型

在前面的章节中已经介绍了建筑行业的线型的通用标示方法，在此再详细介绍一下各种线型在平面、立面、剖面和详图中的应用和含义，主要内容如表 10-4 所示。线型图样如图 10-33、图 10-34 和图 10-35 所示。

表 10-4 建筑平立剖面图的线型

名　称		线　型	线　宽	用　途
实线	粗	——————	b	1. 平、剖面图中被剖切的主要建筑构造(包括构配件)的轮廓线 2. 建筑立面图或室内立面轮廓线 3. 建筑构造详图中被剖切的主要部分的轮廓线 4. 建筑构配件详图中的外轮廓线 5. 平、立、剖面图的剖切符号
	中	——————	0.5b	1. 平、剖面中被剖切的次要建筑构造(包括构配件)的轮廓线 2. 建筑平、立、剖面中的建筑构配件的轮廓线 3. 建筑构造详图及建筑构配件详图中的一般轮廓线
	细	——————	0.25b	小于 0.5b 的图形线、尺寸线、尺寸界线、图例线、索引符号、标高符号、详图材料作法引出线等
虚线	中	- - - - - -	0.5b	1. 建筑构造详图及建筑构配件不可见轮廓线 2. 平面图中的起重机(吊车)轮廓线 3. 拟扩建的建筑物轮廓线
	细	– – – – –	0.25b	图例线、小于 0.5b 的不可见轮廓线、图例线
单点长画线	粗	—·—·—·—	b	起重机(吊车)轨道线
	细	—·—·—·—	0.25b	中心线、对称线、定位轴线
折断线		———⌇———	0.25b	不需要画全的断开界限
波浪线		～～～～～	0.25b	不需要画全的断开界限、构造层次的断开界线

注：地平线的线宽可用 1.4b。

提示:

绘制较简单的图样时，可采用两种线宽的线宽组，其线宽比宜为 b:0.25b。b 的选择参见表 6-1。

图 10-33　平面图图线宽度选用示例

图 10-34　剖面图图线宽度选用示例

图 10-35　详图图线宽度选用示例

10.4　建筑平面图的绘制方法

建筑平面图是通过使用假想一水平剖切面，将建筑物在某层门窗洞口范围内剖开，移去剖切平面以上的部分，对剩下的部分作水平面的正投影图形成的。建筑平面图又简称平面图，一般通过它来表示建筑物的平面形状，房间的布局、形状、大小、用途，墙、柱的位置及墙厚和柱子的尺寸，门窗的类型、位置、尺寸大小、各部分的联系。

建筑平面图是建筑施工图中最重要也是最基本的图样之一，是施工放线、墙体砌筑和安装门窗的依据。建筑平面图应与建筑层数对应，一般建筑物有几层就应有几个建筑平面图分别与之对应，例如，"首层平面图"、"第一层平面图"、"第二层平面图"、"第三层平面图"、"顶层平面图"等。很多情况下，建筑物层数较多而中间层(除去首层和顶层的中间楼层)又完全相同，可以共用一个建筑平面图，称其为"标准层平面图"，也称为中间层平面图。因此，一般情况下，三层或者三层以上的建筑物，至少应绘制 3 个楼层平面图，即一层平面图、中间层平面图和顶层平面图。

屋顶平面图也是一种建筑平面图，它是在空中对建筑物的直接水平正投影图。

10.4.1　建筑平面图的内容及相关规定

1. 平面图内容

建筑平面图应该表达的内容如下：

(1) 表示墙、柱、墩，内外门窗位置及编号，房间的名称或编号，轴线编号。

(2) 标注出室内外的有关尺寸及室内楼、地面的标高(底层地面为±0.000)。

(3) 表示电梯、楼梯的位置及楼梯的上下行方向。

(4) 表示阳台、雨篷、踏步、斜坡、通气竖道、管线竖井、烟囱、消防梯、雨水管、散水、排水沟、花池等位置及尺寸。

(5) 画出卫生器具、水池、工作台、橱、柜、隔断及重要设备位置。

(6) 表示地下室、地坑、地沟、各种平台、楼阁(板)、检查孔、墙上留洞、高窗等位置尺寸与标高。如果是隐蔽的或者在剖切面以上部位的内容，应以虚线表示。

(7) 画出剖面图的剖切符号及编号(一般只标注在底层平面图上)。

(8) 标注有关部位上节点详图的索引符号。

(9) 在底层平面图附近绘制出指北针，一般取上北下南。

(10) 屋面平面图一般内容有女儿墙、檐沟、屋面坡度、分水线与落水口、变形缝、楼梯间、水箱间、天窗、上人孔、消防梯及其他构筑物、索引符号等。

这些内容根据具体取舍。当比例大于 1:50 时平面图上的断面应画出其材料图例和抹灰层的面层线，当比例为 1:100~1:200 时，抹灰面层线可以不画出，而断面材料图例可用简化画法。

2. 绘制要求

绘制平面图时应当注意以下 3 方面原则性内容。

(1) 图示方法正确。

(2) 线型分明。

(3) 尺寸齐全。

绘制平面图时的具体要求如下。

(1) 平面图上的线型一般有 3 种，粗实线、中粗实线和细实线。只有墙体、柱子等断面轮廓线、剖切符号以及图名底线用粗实线绘制，门扇的开启线用中粗实线绘制，其余部分均用细实线绘制。若有在剖切位置以上的构件，可以用细虚线或中粗虚线绘制。

(2) 底层平面图中，图样周围要标注 3 道尺寸。第一道是反映建筑物总长或总宽的总体尺寸；第二道是反映轴线间距的轴线尺寸；第三道是反映门窗洞口的大小和位置细部尺寸。其他细部尺寸可以直接标注在图样内部或就近标注。底层平面图上应有反映房屋朝向的指北针。反映剖面图剖切位置的剖切符号必须画在底层平面图上。

(3) 中间层或标准层，除了没有指北针和剖切符号外，其余绘制的内容与底层平面图类似。这些平面图只标注两道尺寸，轴间尺寸和总体尺寸，与底层平面图相同的细部尺寸可以不标注。

(4) 屋顶平面是反映屋顶组织排水状况的平面图，对于一些简单的房屋可以省略不画。

(5) 在同一张图纸上绘制多于一层的平面图时，各层平面图宜按层数由低向高的顺序从左至右或从下至上布置。

(6) 除顶棚平面图外，各种平面图应按正投影法绘制。顶棚平面图宜用镜像投影法绘制。

(7) 建筑物平面图应注写房间的名称或编号。编号注写在直径为 6mm 细实线绘制的圆圈内，并在同一张图纸上列出房间名称表。

(8) 对于平面较大的建筑物，可分区绘制平面图，但每张平面图均应绘制组合示意图。各区应分别用大写拉丁字母编号。在组合示意图中要提示的分区，应采用阴影线或填充的方式表示。

(9) 为表示室内立面在平面图上的位置，应在平面图上用内视符号注明视点位置、方向及立面编号。符号中的圆圈应用细实线绘制，根据图面比例圆圈直径可选择 8～12mm。立面编号宜用拉丁字母或阿拉伯数字。内视符号如图 10-36 和 10-37 所示。

图 10-36　内视符号示例　　　　　　　图 10-37　平面图上内视符号示例

10.4.2　建筑平面图的绘制

在前面章节中已经绘制过平面图相关的一些内容，其实整个过程是类似的。在本小节中将介绍建筑平面图绘制的具体步骤和 AutoCAD 的实现方法。

建筑平面图的绘制步骤如下。

(1) 绘制定位轴线、墙身和柱子。

绘制定位轴线前，先新建好轴线图层并将该图层设为当前图层。同时加载好点划线线型，并且设置好线型的全局比例。主要用到的 AutoCAD 命令有"直线"命令、"偏移"命令、"拉伸"命令，以及关于视图的"缩放"与"平移"命令。

在绘制墙体之前，先设置墙体的图层，选择好相应的颜色，并将该图层置为当前图层，同时设置好墙线的线宽，用粗线绘制，建议采用 0.7mm 的线宽。可以采用多线方式绘制墙体，也可以采用普通的直线命令绘制墙线，主要用到的命令有"直线"命令、"多线"命令、"偏移"命令、"拉伸"命令、"修剪"命令、"圆角"或"倒角"命令等。

在绘制柱子之前，先设置柱子的图层，选择好相应的颜色，并将该图层置为当前图层，同时设置好柱子图层的线宽，用粗线绘制。绘制柱子主要使用"矩形"命令绘制，然后用"复制"命令、"阵列"命令、"比例"命令等完成对其他位置柱子的绘制。

(2) 绘制门窗洞口，以及其他图形。

切换目标层为当前图层，采用偏移命令对轴线偏移定位绘制门窗洞口，完成所有墙线的绘制。在对应的图层绘制楼梯、台阶、卫生间、散水等。

(3) 编辑修改图形，进行图层的整理。

运用图形编辑命令，例如"复制"命令、"修剪"命令、"圆角"或"倒角"命令、"移动"命令、"删除"命令等对图层进行编辑。在相应的图层插入门窗图块和其他图块，然后通过"特性匹配"命令 Matchprop，或单击"标准"工具栏上的"特性匹配"按钮，整理图线的图层，并检查图形对象和图层是否匹配。

(4) 标注尺寸和文字，绘制其他建筑符号。

经检查无误后，可以标注尺寸、门窗编号、剖切符号、图名、比例和其他说明文字，在底层平面图附近绘制指北针。填写图框的标题栏和会签栏，完成平面图纸的绘制。

下面以传达室的建筑平面图为例来介绍建筑平面图的绘制。

【例 10-2】打开原来绘制的底层平面图"Ex04-1 传达室.dwg"，如图 10-38 所示(其中建筑平面图绘制的第一步和第二步已经基本完成，第三步的内容有些也已经完成，为了配合本教程的讲解，没有严格按照常规的建筑制图的步骤进行，但基本思路是一致的)。现完成其他还未完成的内容，最后效果如图 10-39 所示。

(1) 打开图形文件"Ex04-1 传达室.dwg"。

(2) 按照第 9 章【例 9-4】中介绍的方法创建"竖向轴线编号"图块，属性提示为"请输入竖向轴线编号"，默认值为 1，设置对齐样式为"中间"，文字高度为 500，旋转角度为 0。

图 10-38　前面章节绘制的图形

图 10-39　最后效果图

(3) 同步骤(2)创建"水平轴线编号"图块，块的插入点选择右象限点。默认值为 A，其他设置与"竖向轴线编号"图块相同。

(4) 绘制辅助线，再使用"延伸"命令 Extend 将较短的轴延伸。然后单击"绘图"工具栏上的"插入块"按钮，分别在相应的位置插入"竖向轴线编号"图块或"水平轴线编号"图块，效果如图 10-40 所示。

(5) 将"建筑-门窗"层设为当前图层，再将事先绘制好的门窗图块插入到图形当中，如图 10-41 所示。

图 10-40　插入轴线编号

图 10-41　插入门窗图块

(6) 将"建筑-卫生洁具"层设为当前图层，将事先绘制好的卫生洁具图块插入到图形中，效果如图 10-42 所示。

(7) 按照第 9 章操作实践中介绍的方法创建"标高"图块，然后再插入到图形中，如图 10-43 所示，命令行提示如下。

```
命令: _insert                                   //插入标高图块
指定插入点或 [基点(B)/比例(S)/旋转(R)/预览比例(PS)/预览旋转(PR)]: //选取插入点
输入属性值
请输入标高值 <0.000>: %%p0.000         //输入±0.000
```

图 10-42　插入卫生洁具图块　　　　　　　　图 10-43　注写标高

(8) 切换到相应的图层或重新创建"建筑-符号"图层，绘制剖面的剖切符号、索引符号，以及指北针，效果如图 10-44 所示。

(9) 注写房间名称和图名，得到最后效果，如图 10-39 所示。

提示:

由于章节介绍的内容限制，是先绘制然后再调整图层，实际绘图中建议读者在绘图前先建立常用的一些图层，或者通过标准图创建新图，关于标准图的内容将在后续章节中介绍。

【例 10-3】依据底层平面图绘制传达室的屋顶平面图,如图 10-45 所示。

图 10-44　完成底层平面图绘制　　　　　图 10-45　屋顶平面图的效果

(1) 单击"修改"工具栏上的"复制"按钮 ,选择轴线和尺寸标注(总体尺寸和定位尺寸,细部尺寸省略),打开状态栏的"正交"开关,将其复制到底层平面图的正上方。复制后的效果如图 10-46 所示。

(2) 删除不需要的尺寸,添加一些定位尺寸,如图 10-47 所示。

图 10-46　复制轴网　　　　　　　　　图 10-47　修改轴网标注

(3) 创建"建筑-屋顶边线",线型为细实线,置为当前图层,绘制屋顶层的边线。先单击"修改"工具栏上的"偏移"按钮 ,将外圈轴线偏移 120,命令行提示如下。

```
命令: _offset                      //单击按钮启动命令
当前设置: 删除源=否　图层=源　OFFSETGAPTYPE=0  //系统提示信息
指定偏移距离或 [通过(T)/删除(E)/图层(L)] <通过>: l   //设置偏移后变换图层
输入偏移对象的图层选项 [当前(C)/源(S)] <源>: c    //变换为当前图层
指定偏移距离或 [通过(T)/删除(E)/图层(L)] <通过>: 120  //输入偏移距离
选择要偏移的对象,或 [退出(E)/放弃(U)] <退出>:     //选择偏移对象
指定要偏移的那一侧上的点,或 [退出(E)/多个(M)/放弃(U)] <退出>: //选择偏移方向
```

(4) 单击"绘图"工具栏上的"直线"按钮 ,单击"修改"工具栏上的"修剪"按

钮 ⚊⚋ ，可以将边线修剪成如图 10-48 所示效果。

 (5) 单击"修改"工具栏上的"偏移"按钮⚎，将外圈轴线偏移 600，绘制天沟外边线，然后将外边线向内再偏移 60。

 (6) 单击"修改"工具栏上的"圆角"按钮⚏，半径设为 0，对图形进行编辑。

 (7) 绘制建筑装饰墙线和泄水孔，效果如图 10-49 所示。

图 10-48　绘制屋顶边线　　　　　　　　　图 10-49　绘制天沟及装饰墙平面

 (8) 绘制屋顶分水线及排水组织，如图 10-50 所示。

 (9) 注写标高和绘制完全细部尺寸和定位尺寸，如图 10-51 所示

图 10-50　绘制屋顶分水线及排水组织　　　　图 10-51　注写标高

 (10) 绘制其他索引符号、图名等，得到最终效果如图 10-45 所示。

10.5　建筑立面图的绘制方法

 建筑立面图是建筑物在与建筑物立面平行的投影面上投影所得的正投影图，它展示了建筑物外貌和外墙面装饰材料，是建筑施工中控制高度和外墙装饰效果等内容的技术依据。建筑物东西南北每一个立面都要画出它的立面图，通常建筑立面图应根据建筑物的朝向命名，例如南立面图、北立面图、东立面图、西立面图等。也可以根据建筑物的主要入口来

命名，例如正立面图、背立面图、侧立面图等。此外还可以按轴线编号来命名，如①～⑨立面图。

10.5.1 建筑立面图的内容及相关规定

建筑立面图应该表达的内容和要求如下。

(1) 建筑立面图应包括投影方向可见的建筑外轮廓线和墙面线脚、构配件、墙面做法及必要的尺寸和标高等。

(2) 室内立面图应包括投影方向可见的室内轮廓线和装修构造、门窗、构配件、墙面做法、固定家具、灯具、必要的尺寸和标高及需要表达的非固定家具、灯具、装饰物件等(室内立面图的顶棚轮廓线，可根据具体情况只表达吊平顶或同时表达吊平顶及结构顶棚)。

(3) 一般情况下，建筑物的每一面都应该绘制立面图，但有时侧立面图比较简单或者与其他立面图相同，则此时可以略去不画。当建筑物有曲线侧面时，可以将曲线侧面展开绘制展开立面图，从而反映建筑物实际情况。平面形状曲折的建筑物，可绘制展开立面图、展开室内立面图。圆形或多边形平面的建筑物，可分段展开绘制立面图、室内立面图，但均应在图名后加注"展开"二字。

(4) 较简单的对称式建筑物或对称的构配件等，在不影响构造处理和施工的情况下，立面图可绘制一半，并在对称轴线处画对称符号。在建筑物立面图上，相同的门窗、阳台、外檐装修、构造做法等可在局部重点表示，绘出其完整图形，其余部分只画轮廓线。

(5) 在建筑物立面图上，外墙表面分格线应表示清楚。应用文字说明各部位所用面材及色彩。

(6) 有定位轴线的建筑物，宜根据两端定位轴线号编注立面图名称(如①～⑩立面图、A～F 立面图)。无定位轴线的建筑物可按平面图各面的朝向确定名称。

(7) 建筑物室内立面图的名称，应根据平面图中内视符号的编号或字母确定(如①立面图、A 立面图)。

10.5.2 建筑立面图的绘制

结合建筑立面图的要求，绘制建筑立面图的步骤如下。

(1) 确定轴线、室外地坪线、外墙轮廓线和屋面线。该步骤主要使用"直线"命令、"偏移"命令和"修剪"命令来完成。

(2) 确定门窗位置，画细部，例如檐口、门窗洞口、窗台、雨篷、阳台、花池、雨水管等。该步骤也主要使用"直线"命令、"偏移"命令和"修剪"命令来完成。

(3) 绘制门窗扇、装饰线条、墙面分格线，标高、图名、文字说明等。

绘制立面图时采用 4 种线宽，即特粗、粗、中粗和细实线。

【例 10-4】绘制房屋的①～③立面图，如图 10-52 所示。

图 10-52　①～③轴立面图

(1) 单击"修改"工具栏上的"复制"按钮❤️，在底层平面图中选择轴线①和轴线③，复制后的效果如图 10-53 所示。

(2) 单击"绘图"工具栏上的"直线"按钮✎，绘制一条辅助线作为标高±0.000 的室内地坪线。

(3) 单击"修改"工具栏上的"偏移"按钮▱，将辅助线向下偏移 200，形成室内外高差。

(4) 创建"建筑-地坪线"图层，线宽采用 2.0mm，并将该层置为当前层，绘制室外地坪线，如图 10-54 所示。

图 10-53　复制轴线　　　　　　　　图 10-54　绘制室外地坪线

(5) 创建"建筑-立面轮廓线"图层，线宽采用 1.0mm，并将该层置为当前层，根据平面图和图 10-52 所示的尺寸，利用±0.000 处的直线为水平基线，轴线为竖直基线，使用"绘图"工具栏上的"直线"按钮✎、"修改"工具栏上的"偏移"按钮▱和"修剪"按钮┼，绘制立面轮廓，如图 10-55 所示。

(6) 创建"建筑-立面细部线"图层，线宽采用 0.35mm，按照图 10-52 所示的尺寸，利用±0.000 处的直线为水平基线，轴线为竖直基线，使用"绘图"工具栏上的"直线"按钮✎、"修改"工具栏上的"偏移"按钮▱和"修剪"按钮┼绘制门窗洞口和墙分格线，如图 10-56 所示。

图 10-55　绘制立面轮廓线

图 10-56　绘制门窗洞口和墙分格线

(7) 进一步使用"修改"工具栏上的"偏移"按钮和"修剪"按钮绘制窗扇，将窗框线向内偏移 60，单击"直线"按钮，连接窗框线上下中点，并向两侧偏移 30，绘制窗扇中框，再使用修剪命令修剪，添加小斜线，完成后效果如图 10-57 所示。

(8) 采用第 5 章实践操作中的填充方法，在"其他预定义"选项卡中选择填充图案为 AR-SAND，填充比例为 100 填充水刷石部分；再选择填充图案 break，填充比例为 50 填充清水红砖墙，对立面图进行填充，填充效果如图 10-58 所示。

图 10-57　绘制立面细部

图 10-58　填充立面图

(9) 在立面图上标注墙面颜色和材料，如图 10-59 所示。

图 10-59　标注墙面材料

(10) 标注标高、尺寸和图名，得到如图 10-52 所示效果。

10.6　建筑剖面图的绘制方法

假想用一个或多个垂直于外墙轴线的铅垂剖切面，将房屋剖开所得的投影图，称为建筑剖面图，简称剖面图。剖面图用以表示房屋内部的结构或构造方式、屋面形状、分层情况和各部位的联系、材料及其高度等。剖面图与平面图、立面图互相配合，是不可缺少的重要图样之一。采用的比例一般也与平面图、立面图一致。

为了清楚地反映建筑物实际情况，建筑剖面图的剖切位置一般选择在建筑物内部构造复杂或者具有代表性的位置。一般来说，剖切平面应该平行于建筑物长度或者宽度方向，最好能通过门、窗洞。一般投影方向是向左或者向上的。剖视图宜采用平行剖切面进行剖切，从而表达出建筑物不同位置的构造异同。

不同图形之间，剖切面数量也是不同的。结构简单的建筑物，可能绘制一两个剖切面就行了，但有的建筑物构造复杂，其内部功能又没有什么规律性，此时，需要绘制从多个角度剖切的剖切面才能满足要求。有的对称的建筑物，剖面图可以只绘制一半，有的建筑物在某一条轴线之间具有不同布置，也可以在同一个剖面图上绘出不同位置的剖面图，但是要给出说明。

10.6.1　建筑剖面图的内容及相关规定

建筑剖面图主要反映了建筑内部的空间形式及标高，因此，剖面图应能反映出剖切后所能表现到的墙、柱及其与定位轴线之间的关系，表现出各细部构造的标高和构造形式，表示出楼梯的踢段尺寸及踏步尺寸，位于墙体内的门窗高度和梁、板、柱的图面示意。

建筑剖面图的图示内容主要概括为以下部分。

(1) 外墙(或柱)的定位轴线。

(2) 建筑物室内地层地面、地坑、地沟、各层楼面、顶棚、屋顶、门窗、楼梯、阳台、雨篷、留洞、墙裙、踢脚板、室外地面、散水、排水沟等能见内容。

(3) 标注各部位完成面的标高和高度方向的尺寸。

(4) 表示楼面、地面各层的构造做法。一般用引出线按照构造的层次顺序分层加以文字说明。

(5) 表示需要画详图之处的索引符号。

10.6.2　建筑剖面图的绘制

结合建筑剖面图的要求，绘制建筑剖面图的步骤如下：

(1) 绘制轴线、室内外地坪线、楼面线和顶棚线，并绘制墙线，主要使用的命令有"直线"命令、"偏移"命令和"修剪"命令。

(2) 定门窗位置和楼梯位置，以及绘制其他细部，例如门洞、楼梯、楼板、雨篷、檐口、屋面、台阶等，主要通过"直线"命令和"修改"工具栏上的一些修改命令完成。

(3) 填充材料图案、注写标高、尺寸、图名、比例和相关的文字说明，调整图层。

【例 10-5】绘制如图 10-60 所示的 1-1 剖面图。

图 10-60　1-1 剖面图

　　(1) 单击"修改"工具栏上的"复制"按钮，在底层平面图中选择轴线①和轴线③。可以复制到底层平面图的正上方或正下方，这样可以利用底层平面图上的尺寸，通过"构造线"命令绘制竖向辅助线，帮助定位，有利于提高绘图效率。

　　(2) 绘制室内地坪线和室外地坪线，将室外地坪线绘制在"建筑-地坪线"图层上。创建"建筑-剖面粗线"图层，线宽采用 0.7mm，设为当前层后绘制室内地坪线。绘制效果如图 10-61 所示。

　　(3) 创建"建筑-剖面细线"图层，线宽采用 0.35mm，设为当前层。然后通过"绘图"工具栏上的"直线"按钮、"修改"工具栏上的"偏移"按钮和"修剪"按钮，绘制门窗线和墙线，如图 10-62 所示。

图 10-61　绘制室内外地坪线

图 10-62　绘制墙线

　　(4) 按照立面和平面图相应位置的尺寸和标高，绘制可见的窗线。

　　(5) 切换到"建筑-剖面粗线"图层，绘制剖切到的墙体、楼板、梁等，效果如图 10-63 所示。

　　(6) 创建"建筑-门窗剖面线"图层，采用细线，设为当前层，绘制门窗剖面线后效果如图 10-64 所示。

图 10-63　绘制剖切到的墙和楼地面

图 10-64　绘制门窗剖面线

(7) 创建"建筑-填充材料"图层，置为当前图层，填充图案类型选择"用户自定义"，角度为 45°，间距为 100，对剖面砖墙部分进行填充，钢筋混凝土部分选择 Solid 进行填充，效果如图 10-65 所示。

(8) 标注标高和尺寸，效果如图 10-66 所示。

图 10-65　填充剖面图

图 10-66　标注标高和尺寸

(9) 切换到"建筑-文字标注"图层，对剖面图进行文字标注，最终标注效果如图 10-60 所示。

10.7　建筑详图的绘制方法

建筑详图一般有两种，分别是节点大样图和楼梯详图，在本节主要介绍这两种详图的要求和绘制方法。

10.7.1　建筑详图的内容及相关规定

1. 节点大样图

节点大样图，又称为节点详图，通常是用来反映房屋的细部构造、配件形式、大小、材料做法，一般采用较大的绘制比例，如 1:20、1:10、1:5、1:2 、1:1 等。节点详图图示详尽，表达清楚，尺寸标注齐全。详图的图示方法视细部的构造复杂程度而定。有时只需要一个剖面详图就能够表达清楚，有时还需要附加另外的平面详图或立面详图。详图的数量选择与房屋的复杂程度和平、立、剖面图的内容和比例有关。

2. 楼梯详图

楼梯详图的绘制是建筑详图绘制的重点。楼梯由楼梯段(包括踏步和斜梁)、平台和栏杆扶手等组成。楼梯详图主要表达楼梯的类型、结构形式、各部位的尺寸及装修尺寸，是楼梯放样施工的主要依据。

楼梯详图一般包括平面图、剖面图及踏步、栏杆详图等，通常都绘制在同一张图纸中单独出图。平面和剖面的比例要一致，以便对照阅读。踏步和栏杆扶手的详图的比例应该大一些，以便详细表达该部分的构造情况。楼梯详图包含建筑详图和结构详图，分别绘制在建筑施工图和结构施工图中。对一些比较简单的楼梯，可以考虑将楼梯的建筑详图和结构详图绘制在同一张图纸上。

楼梯平面图和房屋平面图一样，要绘制出底层平面图、中间层平面图(标准层平面图)和顶层平面图。楼梯平面图的剖切位置在该层往上走的第一梯段的休息平台下的任意位置。各层被剖切的梯段按照制图标准要求，用一条 45° 的折断线表示。并用上行线下行线表示楼梯的行走方向。

楼梯平面图中，要注明楼梯间的开间和进深尺寸、楼地面的标高、休息平台的标高和尺寸以及各细部的详细尺寸。通常将梯段长度和踏面数、踏面宽度尺寸合并写在一起。例如采用 11×260=2860，表示该梯段有 11 个踏步面，踏步面宽度为 260mm，梯段总长为 2860mm。

楼梯平面图的图层也可以使用"建筑-墙体"、"建筑-轴线"、"建筑-尺寸标注"、"建筑-其他"4 个图层。一般情况下，"建筑-墙体"采用粗实线，建议线宽 0.7mm。"建筑-其他"采用细实线，线宽 0.35mm，其他和建筑平面图绘制中的设置类似。具体绘制中，可以选择"绘图"|"点"|"定数等分"命令来划分踏面，然后用"直线"命令和"偏移"命令来实现。

楼梯剖面图是用假想的铅垂面将各层通过某一梯段和门窗洞切开向未被切到的梯段投影。剖面图能够完整清晰地表达各梯段、平台、栏板的构造及相互间的空间关系。一般说来，楼梯间的屋面无特别之处，就无需绘制出来。在多层或高层房屋中，若中间各层楼梯的构造相同，则楼梯剖面图只需要绘制出底层、中间层和顶层剖面图，中间用 45° 折断线分开。楼梯剖面图还应表达出房屋的层数、楼梯梯段数、踏步级数以及楼梯类型和结构形式。剖面图中应注明地面、平台面、楼面等的标高和梯段、栏板的高度尺寸。

楼梯剖面图的图层设置与建筑剖面图的设置类似。但值得注意的是，当绘图比例大于等于 1:50 时规范规定要绘制出材料图例。楼梯剖面图中除了断面轮廓线用粗实线外，其余的图形绘制均用细实线。

10.7.2　建筑详图的绘制

结合建筑详图绘制的内容和要求，下面介绍绘制建筑详图的步骤。

1. 节点大样图

节点大样图的绘制步骤如下：

(1) 确定绘制比例，定出该节点与轴线的定位关系。

(2) 用细线绘制出大样的轮廓线和一些细部的线条。

(3) 用粗线绘制断面轮廓线，填充材料图例。

(4) 标注尺寸、标高。

(5) 注写说明文字、详图符号、比例。

2. 楼梯详图

楼梯详图的绘制步骤如下：

(1) 确定绘制比例，绘制楼梯平面图的轴线。

(2) 用细线绘制出墙体、踏步面、平台板、门窗洞口、折断线和上下行线等。

(3) 用粗线绘制被剖墙体和柱子断面的轮廓线。

(4) 标注尺寸、标高。

(5) 注写说明文字、图名、比例，在底层平面图上绘制剖切符号。完成楼梯平面图的绘制。

(6) 复制楼梯平面图的轴线，于平面图的正上方或正下方，用细线绘制墙体，门窗、平台、梯段、屋面等。

(7) 用粗线绘制剖到的墙断面、梯段断面和平台断面等断面轮廓线。

(8) 填充材料图例。

(9) 标注尺寸、标高。

(10) 注写说明文字、图名、比例。完成楼梯剖面图的绘制。

(11) 绘制踏步和栏杆详图，绘制步骤与节点大样图相同。

10.8　操　作　实　践

【例 10-6】绘制如图 10-67、图 10-68、图 10-69、图 10-70 和图 10-71 所示的楼梯详图。

图 10-67　楼梯底层平面图

图 10-68　楼梯二层平面图

图 10-69　楼梯顶层平面图

图 10-70　1-1 楼梯剖面图

图 10-71　节点大样图

　　(1) 类似绘制建筑平面图，创建"建筑-墙体"、"建筑-轴线"、"建筑-尺寸标注"、"建筑-其他"、"建筑-符号"4 个图层。"建筑-墙体"采用粗实线，建议线宽 0.7mm。其他采用细实线，线宽 0.35mm。"建筑-轴线"图层采用点划线。

　　(2) 切换到"建筑-轴线"图层，通过"绘图"工具栏上的"直线"按钮，、"修改"工具栏上的"偏移"按钮，按照如图 10-67 所示尺寸，绘制楼梯平面图的定位轴线和轴线编号，效果如图 10-72 所示。

　　(3) 切换到"建筑-其他"图层，运用"修改"工具栏上的"偏移"按钮和"修剪"按钮，绘制墙线、门窗洞口、踏步面线、折断线和上下行线等，如图 10-73 所示。

　　(4) 切换到"建筑-墙线"图层，单击"绘图"工具栏上的"直线"按钮，绘制墙体轮廓线，如图 10-74 所示。

　　(5) 切换到"建筑-尺寸标注"图层，标注尺寸、标高，效果如图 10-75 所示。

图 10-72　绘制楼梯平面图的轴线

图 10-73　绘制楼梯平面图

图 10-74　绘制墙体轮廓线

图 10-75　注写尺寸和标高

(6) 切换到"建筑-符号"图层，注写文字说明、图名、比例和剖切符号，效果如图 10-67 所示。

(7) 复制整个底层平面图，然后使用"绘图"工具栏上的命令和"修改"工具栏上的命令，修改编辑底层平面图的副本，注意梯段的踏步数的变化和起始位置，并重新标注尺寸和标高使之成为二层平面图，如图 10-67 所示。

(8) 同样，按第(7)步可以绘制得到顶层平面图，如图 10-69 所示。同样要注意各楼层梯段的踏步数的变化和起始位置，顶层平台板处的绘制。

(9) 复制平面图的水平轴线，绘制楼梯剖面图的轴线，如图 10-76 所示。

(10) 切换到"建筑-其他"图层，结合楼梯已经绘制的 3 个平面图，用细线勾画出楼梯踏步的雏形如图 10-77 所示。主要运用的命令有"绘图"|"点"|"等数分点"命令、"构造线"命令、"直线"命令、"偏移"命令以及"修剪"命令。先根据标高定出各层楼面线和休息平台位置的水平线，然后根据各层平面图上梯段的起步和终点确定梯段踏步的起点和终点，最后根据踏步面宽绘制踏步。

图 10-76　绘制楼梯剖面图轴线

图 10-77　勾画楼梯雏形

(11) 运用"直线"命令、"偏移"命令以及"修剪"命令，进一步细化，效果如图 10-78 所示。

(12) 切换到"建筑-墙体"图层，绘制剖切到的墙体、梯段板、平台板和楼板，用"多段线"命令绘制。

(13) 分别填充钢筋混凝土和砖墙图例，其中钢筋混凝土的填充参照第 5 章的例 5-1，填充分两步进行，第一步选用"预定义"选项卡上的 AR-CONC，按比例 2.5 填充，再选择"用户自定义"图案，以角度为 45°、间距为 500 进行填充；砖墙部分选择"用户自定义"图案，按照角度为 45°、间距为 250 进行填充，如图 10-79 所示。

图 10-78　细化剖面图

图 10-79　填充材料

(14) 切换到"建筑-尺寸标注"图层，标注尺寸、标高。注写说明文字、图名、比例和索引符号。完成楼梯剖面图的绘制，如图 10-70 所示。

(15) 绘制楼梯中的节点大样图，切换到"建筑-其他"图层，用细线勾画出大样的轮廓，如图 10-80 所示。

(16) 切换到"建筑-墙体"图层，用粗线绘制轮廓。然后切换到"建筑-材料填充"图层，用"预定义"选项卡上的 AR-CONC 图案，按比例 5 填充，再选择"用户自定义"图案，按照角度为 45°、间距为 250 填充相应的图形，如图 10-81 所示。

图 10-80　勾画节点大样草图

图 10-81　填充材料

(17) 切换到"建筑-尺寸标注"图层，对大样进行标注。

(18) 切换到"建筑-其他"图层，绘制详图符号，注写文字说明和图名比例。完成节点大样的绘制，如图 10-71 所示。

提示：

在标注前应按照不同比例设置好标注样式，如"标注 1-50"、"标注 1-10"等。具体的设置办法在前面章节中已经介绍，在此不再赘述。

10.9　习　　题

10.9.1　填空题

(1) 建筑制图中，A0 的图幅尺寸长为_____mm，宽为_____mm。A2 的图幅尺寸长为_____mm，宽为_____mm。

(2) 轴线应用_____绘制，定位轴线一般应编号，编号应注写在轴线端部的圆内。圆应用细实线绘制，直径为_____mm。

(3) 建(构)筑物剖面图的剖切符号宜注在标高为_____的平面图上。

10.9.2　选择题

(1) 建筑制图中比例_____使用得不规范。

  A. 1:1   B. 1:2   C. 1:35   D. 1:20

(2) 建筑图纸中能够反映建筑物的平面形状，房间的布局、形状、大小、用途，墙、柱的位置及墙厚和柱子的尺寸，门窗的类型、位置，尺寸大小，各部分的联系的图纸是_____。

  A. 平面图   B. 立面图   C. 剖面图   D. 总平面图

(3) 建筑图纸中能够表示房屋内部的结构或构造方式、屋面形状、分层情况和各部位的联系、材料及其高度的图纸是_____。

  A. 平面图   B. 立面图   C. 剖面图   D. 总平面图

10.9.3　上机操作

(1) 绘制如图 10-82 所示的平面图。

住宅一至三层平面 1:100

图 10-82　住宅平面图

(2) 绘制如图 10-83 所示的立面图。

住宅南立面 1:100

图 10-83　住宅立面图

(3) 绘制如图 10-84 所示的剖面图。

住宅1-1剖面　1:100

图 10-84　住宅剖面图

第11章　建筑总平面图绘制

在城市规划管理局或城、镇规划建设局批准的用地范围内，根据上级批准的设计任务书，结合地形、地质、气象、水文等自然因素，把建筑物、构筑物、交通运输、各种场地、绿化设施等，在平面图上进行合理、协调地规划、设计与布置，使一个工程的各个项目成为一个有机整体，这样的设计，称为建筑总平面设计，对这一设计的图纸表达就是建筑总平面图。

建筑总平面图的绘制是建筑图纸必不可少的一个重要环节。通常是通过在建设地域上空向地面一定范围投影得到总平面图。总平面图表明新建房屋所在地有关范围内的总体布置，它反映了新建房屋、建筑物等的位置和朝向，室外场地、道路、绿化的布置，地形、地貌标高以及它与原有环境的关系和临界状况。建筑总平面图是建筑物及其他设施施工的定位、土方施工以及绘制水、暖、电等管线总平面图和施工总平面图的依据。

本章主要介绍建筑总平面包括的内容，《房屋建筑制图统一标准 GB/T 50001—2001》和《总图制图标准 GB/T50103—2001》的一些相关的要求，以及如何运用 AutoCAD 高效规范地绘制建筑总平面图。

知识要点
- 总平面图表达的内容
- 制图标准的相关要求
- 总平面图的绘制方法

11.1　建筑总平面图的内容及相关规定

11.1.1　建筑总平面图表达的内容

建筑总平面图所要表达的内容如下：

(1) 建筑地域的环境状况，例如地理位置、建筑物占地界限及原有建筑物、各种管道等。

(2) 应用图例以表明新建区、扩建区和改建区的总体布置，表明各个建筑物和构筑物的位置，道路、广场、室外场地和绿化等的布置情况以及各个建筑物和层数等。在总平面图上，一般应该画出所采用的主要图例及其名称。此外，对由于《总图制图标准》中缺乏规定而需要自定的图例，必须在总平面图中绘制清楚，并注明名称。

(3) 确定新建或者扩建工程的具体位置，一般根据原有的房屋或者道路来定位。

(4) 当新建成片的建筑物和构筑物或者较大的公共建筑和厂房时，往往采用坐标来确定每一个建筑物及其道路转折点等的位置。在地形起伏较大的地区，还应画出地形等高线。

(5) 注明新建房屋底层室内和室外平整地面的绝对标高。

(6) 未来计划扩建的工程位置。

(7) 画出风向频率玫瑰图形以及指北针图形，用来表示该地区的常年风向频率和建筑物、构筑物等的方向，有时也可以只画出单独的指北针。

(8) 注写图名和比例尺。

11.1.2　制图标准的相关要求

根据《房屋建筑制图统一标准 GB/T 50001-2001》和《总图制图标准 GB/T50103-2001》的一些相关要求，绘制建筑总平面图应该注意下列内容。

1. 建筑总平面图线

图线的宽度 b，按照表 6-1 选取，总图制图应根据图纸功能按表 11-1 规定的线型选用。

表 11-1　总平面图图线

名　称		线　型	线　宽	一 般 用 途
实线	粗		b	1. 新建建筑物±0.00 高度的可见轮廓线 2. 新建铁路、管线
	中		0.5b	1. 新建构筑物、道路、桥梁、边坡、围墙、露天堆场、运输设施、挡土墙的可见轮廓线 2. 场地、区域分界线、用地红线、建筑红线、尺寸起止符、河道蓝线 3. 新建建筑物±0.00 高度以外的可见轮廓线
	细		0.25b	1. 新建道路路肩、人行道、排水沟、树丛、草地、花坛的可见轮廓线 2. 原有包括保留和拟拆除的建筑物、构筑物、铁路、道路、桥涵、围墙的可见轮廓线 3. 坐标网线、图例线、尺寸线、尺寸界线、引出线、索引符号等
虚线	粗		b	新建建筑物、构筑物的不可见轮廓线
	中		0.5b	1. 计划扩建建筑物、构筑物、预留地、铁路、道路、桥涵、围墙、运输设施、管线的轮廓线 2. 洪水淹没线
	细		0.25b	原有建筑物、构筑物、铁路、道路、桥涵、围墙的不可见轮廓线

（续表）

名　称		线　型	线　宽	一般用途
单点长画线	粗		b	露天矿开采边界线
	中		0.5b	土方填挖区的零点线
	细		0.25b	分水线、中心线、对称线、定位轴线
双点长画线	粗		b	地下开采区塌落界线
折断线			0.25b	断开界限
波浪线			0.25b	断开界限

2. 绘图比例与计量单位

建筑总平面图所包括的范围较大，因此需要采用较大的比例，通常采用 1:500，1:1000、1:5000 等比例尺，根据具体情况结合规范选择绘制比例。

总图中的坐标、标高、距离宜以米为单位，并应至少取至小数点后两位，不足时以"0"补齐。详图宜以毫米为单位，如不以毫米为单位，应另加说明。建筑物、构筑物、铁路、道路方位角(或方向角)和铁路、道路转向角的度数，宜注写到"秒"，特殊情况，应另加说明。铁路纵坡度宜以千分计，道路纵坡度、场地平整坡度、排水沟沟底纵坡度宜以百分计，并应取至小数点后一位，不足时以"0"补齐。

3. 坐标标注方法

总图应按上北下南方向绘制。根据场地形状或布局，可向左或右偏转，但不宜超过 45°。

坐标网格应以细实线表示，分为测量坐标网和建筑坐标网。测量坐标网应画成交叉十字线，坐标代号宜用"X、Y"表示；建筑坐标网应画成网格通线，坐标代号宜用"A、B"表示，如图 11-1 所示。坐标值为负数时，应注"－"号，为正数时，"＋"号可省略。当总平面图上有测量和建筑两种坐标系统时，应在附注中注明两种坐标系统的换算公式。表示建筑物、构筑物位置的坐标，宜注其三个角的坐标，如建筑物、构筑物与坐标轴线平行，可注其对角坐标。在一张图上，主要建筑物、构筑物用坐标定位时，较小的建筑物、构筑物也可用相对尺寸定位。

图 11-1　坐标网格

建筑物、构筑物、道路、管线等应标注下列部位的坐标或定位尺寸。

(1) 建筑物、构筑物的定位轴线(或外墙面)或其交点。

(2) 圆形建筑物、构筑物的中心。

(3) 皮带走廊的中线或其交点。

(4) 道路的中线或转折点。

(5) 管线(包括管沟、管架或管桥)的中线或其交点。

(6) 挡土墙墙顶外边缘线或转折点。

坐标宜直接标注在图上,如图面无足够位置,也可列表标注。在一张图上,例如坐标数字的位数太多时,可将前面相同的位数省略,其省略位数应在附注中加以说明。

4. 标高标注方法

设计人员应以含有±0.00 标高的平面作为总图平面,总图中标注的标高应为绝对标高,例如标注相对标高,应注明相对标高与绝对标高的换算关系。建筑物、构筑物、铁路、道路、管沟等应按以下规定标注有关部位的标高。

(1) 建筑物室内地坪,标注建筑图中±0.00 处的标高,对不同高度的地坪,分别标注其标高。

(2) 建筑物室外散水,标注建筑物四周转角或两对角的散水坡脚处的标高。

(3) 构筑物标注其有代表性的标高,并用文字注明标高所指的位置,如图 11-2 所示。

图 11-2　标高注法

(4) 铁路标注轨顶标高。

(5) 道路标注路面中心交点及变坡点的标高。

(6) 挡土墙标注墙顶和墙趾标高,路堤、边坡标注坡顶和坡脚标高,排水沟标注沟顶和沟底标高。

(7) 场地平整标注其控制位置标高,铺砌场地标注其铺砌面标高。

5. 名称和编号

总图上的建筑物、构筑物应注写名称,名称宜直接标注在图上。当图样比例小或图面无足够位置时,也可编号列表编注在图内。当图形过小时,可标注在图形外侧附近处。总图上的铁路线路、铁路道岔、铁路及道路曲线转折点等,均应进行编号。

其中道路编号应符合下列规定:厂矿道路用阿拉伯数字,外加圆圈(例如①、②……)顺序编号;引道用上述数字后加‐1、‐2(例如①‐1、②‐2……)编号。

一个工程中,整套总图图纸所注写的场地、建筑物、构筑物、铁路、道路等的名称应统一,各设计阶段的上述名称和编号应一致。

6. 常用图例

　　总平面图以图例来表示出新建的、原有的、拟建的建筑物，以及地形环境、道路和绿化布置，总平面图例应符合附录 B 中的规定。当标准图例不够时，必须另行设定图例，并在建筑总平面图中画出自定的图例并注明其名称。

11.2　建筑总平面图的绘制方法及步骤

　　依据前面介绍的建筑总平面图的内容和规范要求，下面介绍建筑总平面图的绘制方法及步骤。

　　建筑总平面图主要表达新建房屋所在地有关范围内的总体布置，它反映了新建房屋、建筑物等的位置和朝向，室外场地、道路、绿化等布置，地形、地貌标高等以及和原有环境的关系和临界状况。因此坐标和尺寸定位以及标高是建筑总平面图绘制的关键。

　　绘制建筑总平面图的具体步骤如下：

　　(1) 设定图形界限，按制图标准创建常用图层，例如"总图-平面"、"总图-道路"、"总图-车场"、"总图-尺寸"、"总图-文字"等。

　　(2) 设定好坐标原点，确定好图纸坐标与测量点位置的坐标关系。

　　(3) 根据坐标值和设计依据文件中规定的位置关系绘制建筑红线图。

　　(4) 绘制已建建筑或构筑物的平面图和已有道路布置图。

　　(5) 坐标定位，新建建筑的平面和新建道路布置图。

　　(6) 绘制绿化和其他设施的布置图，例如停车坪、运动场地等。

　　(7) 填充图样，规范未规定的图样，要单独绘制图例并注明。

　　(8) 标注文字、坐标及尺寸，绘制风向频率玫瑰图或指北针。

　　(9) 填写图框标题栏，打印出图。

11.3　操 作 实 践

　　按照前面所介绍的要求和步骤绘制如图 11-3 所示的小区总平面图。

图 11-3　小区总平面图

(1) 选择"格式"|"图形界限"命令，将图形界限设置为 841×594，命令行提示如下。

```
命令: '_limits                    //启动图形界限命令
重新设置模型空间界限:
指定左下角点或 [开(ON)/关(OFF)] <0.0000,0.0000>:   //接受默认值
指定右上角点 <420.0000,297.0000>: 841,594
```

(2) 设置文字样式，分别为 5 号字和 7 号字，单击"样式"工具栏上的"文字样式"按钮 ，弹出"文字样式"对话框，单击"新建"按钮，创建"总图 5 号字"样式，字体采用"仿宋-GB2312"，不使用大字体，字高为 5，高宽比为 0.7。同样设置"总图 7 号字"样式。

(3) 单击"样式"工具栏上的"标注样式"按钮 ，在弹出的"标注样式管理器"对话框中，单击"新建"按钮，打开"创建新标注样式"文本框，单击"继续"按钮设置总图标注样式。在"符号和箭头"选项卡的"箭头"选项组中设置"第一项"为"建筑标记"，在"主单位"选项卡的"单位格式"中选用"小数"，"精度"选择"0.00"，小数分隔符采用"."句点。

(4) 设置常用图层，单击"图层"工具栏的"图层特性管理器"按钮 ，在弹出的"图层特性管理器"选项板中创建下列图层："总图-辅助线"、"总图-平面-红线"、"总图-平面-已建"、"总图-平面-新建"、"总图-平面-球场"、"总图-平面-水池"、"总图-平面-绿化"、"总图-道路-已建"、"总图-道路-新建"、"总图-车场"、"总图-尺寸"和"总图-文字"。图层的颜色根据用户的习惯选择，线型和线宽根据前面介绍的要求，如图 11-4 所示。

(5) 在"图层"工具栏的下拉列表中，选择"总图-辅助线"图层为当前图层，单击"绘图"工具栏上的"直线"按钮 ，绘坐标网格线。并利用"修改"工具栏上的"偏移"按钮，形成 20m×20m 的坐标网格，如图 11-5 所示。

(6) 确定好设计文件提供的基准点与绘制坐标网的关系，网格左下角点的坐标为测量坐标(152.30, 69.20)。移动网格至相对坐标(@152.30,69.20)，如图 11-6 所示。

图 11-4　图层设置

图 11-5　坐标网格

图 11-6　调整坐标点

(7) 锁定"总图-辅助线"图层，然后切换到"总图-平面-红线"图层，4 个角点坐标分别是(302.3000,334.7025)、(538.8513,334.7025)、(535.3304,93.6450)、(252.3000,84.7025)，先用 point 命令绘制红线角点，然后单击"绘图"工具栏上的"多段线"按钮 ，按照坐标绘制小区红线，如图 11-7 所示。

(8) 分别切换到"总图-平面-已建"和"总图-道路-已建"图层，根据测绘数据绘制已建的建筑物、构筑物和道路，如图 11-8 所示。

图 11-7　绘制红线

图 11-8　绘制已有建筑和道路

(9) 切换到"总图-平面-新建"单独绘制新建建筑单体的轮廓线，尺寸如图 11-9 和图 11-10 所示。

图 11-9　A 型住宅平面图

图 11-10　B 型住宅平面图

(10) 在红线图内，按照设计的位置布置各种建筑，按平面图上从左至右，从上至下的顺序，各新建建筑左上角点的坐标分别为(321.0409,302.5105)、(392.5711,302.5105)、(464.1013,302.5105)、(296.2189,206.0352)、(463.1456,206.0352)、(296.2189,162.3036)、(419.1456,162.3036)、(296.2189,122.2162)、(419.1456,122.2162)，如图 11-11 所示。

(11) 切换到"总图-道路-新建"图层绘制小区道路，先按坐标点绘制道路中线，然后用"偏移"命令绘制道路。中心线采用点划线，如图 11-12 所示。

图 11-11　布置各类型建筑物　　　　　　图 11-12　绘制小区道路

(12) 切换到"总图-平面-水池"图层,选择"格式"|"点的样式"命令,弹出"点样式对话框选择⊕样式的点,按照设计位置绘制水池边界上的点,如图 11-13 所示。

(13) 单击"绘图"工具栏上的"样条曲线"按钮～,连接各点,确定好起点和端点的切线方向,如图 11-14 所示。

图 11-13　绘制水池边界点　　　　　　　图 11-14　绘制水池边界

(14) 单击"修改"工具栏上的"偏移"按钮,偏移 4m,然后向内偏移两次分别为 1m,选择"绘图"|"点"|"定数等分"命令,将外面的 3 个圈分成 80 份、80 份和 40 份,如图 11-15 所示,最后打开"对象捕捉"开关,并保证"节点"捕捉方式已经打开,若没有请重新设置。单击"绘图"工具栏上的"直线"按钮相连等分点,按照附录 B 中的要求绘制水池的边坡线,如图 11-16 所示。

图 11-15　绘制边坡过程　　　　　　　　图 11-16　绘制边坡效果

(15) 切换到"总图-车场"图层,运用"直线"命令、"偏移"命令以及"修剪"命令绘制 14m×45m 停车场 8 个,位置用坐标定位,如图 11-17 所示。

图 11-17　绘制停车场

(16) 切换到"总图-平面-球场"图层，运用"绘图"工具栏上的"直线"按钮、"矩形"按钮和"圆"按钮，以及"修改"工具栏上的"修剪"按钮，绘制如图 11-18 和图 11-19 所示的球场。将球场布置在总平面图上，如图 11-20 所示。

图 11-18　绘制篮球场　　　　　　　　　　　　图 11-19　绘制网球场

图 11-20　布置球场

(17) 切换到"总图-平面-绿化"图层，使用"多段线"命令、"直线"命令、"样条曲线"命令、"偏移"命令、"圆角"命令等绘制绿化带，填充并插入植被图块，效果如图 11-21 所示。

(18) 切换到"总图-尺寸"图层，对新建建筑、场地、道路交点和转弯点标注坐标和标高，以及各自的定位尺寸，图幅的限制，以局部的标注来介绍坐标和尺寸的标注，如图 11-22 所示。

图 11-21　绘制绿化带

图 11-22　总图局部

(19) 先标注新建建筑的坐标，选择"工具"|"查询"|"点坐标"命令选择新建建筑左下和右上角点，命令行提示如下。

命令:'_id 指定点:	X = 421.1456	Y = 105.2162	Z = 0.0000
命令:'_id 指定点:	X = 507.1456	Y = 122.2162	Z = 0.0000

(20) 标注如图 11-23 所示的角点坐标。

图 11-23   标注建筑角点坐标

(21) 标注道路坐标和建筑的定位尺寸，如图 11-24 所示。

图 11-24   标注道路的坐标和定位尺寸

(22) 标注建筑和道路的标高，如图 11-25 所示。

图 11-25   标注标高

(23) 绘制其他符号和指北针，标注文字和图名，完成总图的绘制。

提示:

为避免绘图工作量过大，可按照操作实践中介绍的方法绘制图 11-25 所示的局部总图。

11.4　习　　题

11.4.1　填空题

(1) 建筑制图中总图的坐标、标高、距离宜以_____为单位，并应至少取至小数点后_____位。

(2) 坐标网格应以细实线表示。分为_____和_____。

(3) 设计人员应以含有_____标高的平面作为总图平面，总图中标注的标高为_____。

11.4.2　选择题

(1) 建筑图纸中_____图纸能够表明新建房屋所在地有关范围内的总体布置，反映新建房屋、建筑物等的位置和朝向，室外场地、道路、绿化等布置，地形、地貌标高等，以及与原有环境的关系和临界状况。

　　A. 平面图　　　　　B. 立面图　　　　C. 剖面图　　　　D. 总平面图

(2) 新建建筑物±0.00 高度的可见轮廓线，应该用_____表示。

　　A. 粗实线　　　　　B. 粗虚线　　　　C. 细实线　　　　D. 细虚线

(3) 原有包括保留和拟拆除的建筑物、构筑物、铁路、道路、桥涵、围墙的可见轮廓线，应该用_____表示。

　　A. 粗实线　　　　　B. 粗虚线　　　　C. 细实线　　　　D. 细虚线

11.4.3　上机操作

绘制如图 11-26 所示的总平面图，注意各种图例的含义。

图 11-26　总平面图

第12章　三维绘图基础

三维图形能够直观地表达建筑物的全部效果，这是二维绘图所不能达到的。建筑三维图形的绘制在设计方案阶段尤其重要，它能直观地表现建筑物自身以及与周围建筑物之间的空间关系。

AutoCAD 提供了 3 种类型的三维建模：线框模型、曲面模型和实体模型。线框模型使用直线和曲线的真实三维对象的边缘或骨架表示，对线框模型不能进行消隐和渲染等操作。曲面模型由网格组成，在二维和三维中都可以创建网格，主要在三维空间中使用。为了简化绘图工作，系统提供了一系列常用的曲面，用户可以输入所需的参数，直接完成预定义曲面的创建。三维实体模型是最方便的三维模型，AutoCAD 的实体模型包括长方体、圆锥体、圆柱体、球体、楔体和圆环体等基本的三维模型。三种模型是可以转换的，但转换必须是由高层次向低层次转换，而不能逆序转换。例如，可以把三维实体转换为三维曲面模型，把三维曲面模型转换为三维线框模型，反之则不然。创建三维模型后，通常还需要对模型进行一定的修改编辑，以及着色和渲染，让模型达到最佳的效果。

本章将介绍从不同视图角度观察三维实体的方法，并同时介绍以右手定则为基础，合理创建用户坐标系的方法以及各种三维模型的创建方法和编辑方法。

知识要点
- 三维实体的视图和用户坐标系
- 三维图形对象绘制操作
- 三维图形对象编辑操作

12.1　三维实体的观察、视图视口和用户坐标系

在三维绘图过程中，可以对三维图形进行三维动态观察、连续观察以及平移和缩放等操作。平移和缩放的方法与二维绘图中介绍的一样，在这里不再赘述。在此主要介绍三维动态观察和连续观察，三维实体观察的一些辅助工具，一些能够得到精确的视点视图的方法和视口的一些相关操作，最后重点介绍一下用户坐标系的设置和使用。

12.1.1　三维动态观察器及辅助工具

在任意一个工具栏上右击，在弹出的快捷菜单中选择"三维导航"命令，将弹出如图12-1 所示的"三维导航"工具栏。

图 12-1　"三维导航"工具栏

1. 动态观察

单击"三维导航"工具栏上的"动态观察"按钮，或者选择"视图"|"动态观察"命令，或者在命令行中输入命令 3dorbit，都可以激活三维动态观察器。

系统提供了受约束的动态观察、自由动态观察和连续观察三种动态观察方式。

(1) 受约束的动态观察：该观察方式视图目标位置不动，观察点围绕目标移动。默认情况下，观察点受约束，沿 XY 平面或 Z 轴约束移动，光标图形为。

(2) 自由动态观察：自由动态观察的观察点不参照平面，可以在任意方向上进行动态观察。沿 XY 平面和 Z 轴进行动态观察时，观察点不受约束。

(3) 连续动态观察：可以连续地进行动态观察。在要使连续动态观察移动的方向上单击并拖动鼠标，然后释放鼠标，对象将在指定的方向上沿着轨道连续旋转。旋转的速度由光标移动的速度决定。

自由动态观察比较常用，如图 12-2 所示，当光标落在转盘内变成时，可在绘图区域中单击并拖动光标围绕对象自由转动。此方法可以在水平、垂直或任意方向上转动。

如图 12-3 所示，当光标落在转盘外变成时，可使视图围绕延长线通过转盘的中心并垂直于屏幕的轴旋转。

图 12-2　内部观察状态

图 12-3　外部观察状态

如图 12-4 所示，当光标落在左右两个小圆上变成时，单击并拖动光标将使视图围绕通过转盘中心的垂直轴或 Y 轴旋转。

如图 12-5 所示，当光标落在上下两个小圆上变成时，单击并拖动光标将使视图围绕通过转盘中心的水平轴或 X 轴旋转。

图 12-4　垂直观察状态

图 12-5　水平观察状态

提示：

按 Esc 键可以终止 3dorbit 命令和 3dcorbit 命令的执行。

2．相机调整

单击"相机调整"工具栏上的"调整视距"按钮 ，或者在命令行输入命令 3ddistance，激活调整距离命令，模拟相机推近对象或远离对象的效果，单击并向屏幕顶部垂直拖动光标使相机靠近对象，从而使对象显示得更大。单击并向屏幕底部垂直拖动光标使相机远离对象，从而使对象显示得更小，如图 12-6 和图 12-7 所示。

图 12-6　调整距离前　　　　　　　　　　图 12-7　调整距离后

单击"相机调整"工具栏上的"回旋"按钮，或者在命令行输入命令3dswivel，激活三维旋转命令，光标变为圆弧形箭头，并模拟在三脚架上旋转相机的效果。此命令将改变查看的目标。例如，如果相机对准一个对象，然后向右旋转相机，那么该对象将在查看区域中向左移动。或者，如果相机向上旋转，那么对象将在查看区域中向下移动。旋转操作通过使用光标作为相机的取景器来模拟此情形。

3．消隐与着色

消隐模式用线框图在三维视图中显示对象，并隐藏后面的直线，使视图更具有立体感。选择"视图"|"消隐"命令，或者在命令行输入命令 Hide 进行消除背面的隐藏线。

在 AutoCAD 中，视觉样式是用来控制视口中边和着色的显示。选择"视图"|"视觉样式"菜单中的子菜单命令或者单击"视觉样式"工具栏中的按钮可以观察各种三维图形的视觉样式。

AutoCAD 提供了以下五种默认视觉样式：

- 二维线框：显示用直线和曲线表示边界的对象，光栅和 OLE 对象、线型和线宽均可见。
- 三维线框：显示用直线和曲线表示边界的对象。
- 三维隐藏：显示用三维线框表示的对象并隐藏表示后向面的直线。
- 真实：着色多边形平面间的对象，并使对象的边平滑化，将显示已附着到对象的材质。
- 概念：着色多边形平面间的对象，并使对象的边平滑化。着色使用古氏面样式，一种冷色和暖色之间的过渡而不是从深色到浅色的过渡。

12.1.2　三维绘图视图和视口操作

除去使用三维动态观察器，能够改变对象的查看方向，AutoCAD 系统还提供了一些改变视图的方法，通过这些方法能够得到精确的视点，辅助绘图。可以采用预置的三维视图或者自定义的三维视图来查看三维对象。视口是图形屏幕上用于显示图形的一个限定区域。

默认状态下，AutoCAD 把整个作图区域作为单一的视口，可在其中绘制和操作图形，也可以根据作图需要将屏幕设置成多个视口，方便看图和绘图。下面分别介绍预置视图、自定义视图和视口的基本操作。

1. 预置三维视图

快速设置视图的方法是选择系统预定义的三维视图，可以根据名称或说明选择预定义的标准正交视图和等轴测视图。系统提供的预置三维视图包括俯视、仰视、主视、左视、右视、后视。此外，还可以从等轴测选项设置视图，包括西南等轴测、东南等轴测、东北等轴测和西北等轴测。

选择"视图"|"三维视图"命令，在弹出的子菜单中选择合适的命令进行视图切换，或者在如图 12-8 所示的"视图"工具栏上单击所需的视图按钮来完成，图 12-9 所示是几种视图的效果。

图 12-8　"视图"工具栏

俯视图　　　　　　　　　　　　　　左视图

西南轴等测图　　　　　　　　　　东南等轴测图

图 12-9　几种视图效果

2. 自定义视图

按一定比例、位置和方向显示的图形称为视图，可以创建并以名称保存特定的视图，方便用户在布局和打印或者需要查看特定的细节时恢复它们。命名视图随图形一起保存并可以随时使用。在构造布局时，可以将命名视图恢复到布局的视口中。

选择"视图"|"三维视图"|"视点预设"命令，打开如图 12-10 所示的"视点预设"对话框，可以通过设置与 X 轴以及 XY 平面的角度设置视点。其中"绝对于 WCS"单选按钮设置相对于 WCS(世界坐标系)的查看方向，"相对于 UCS"单选按钮设置相对于当前 UCS(用户坐标系)的查看方向，"自 X 轴"文本框指定与 X 轴的角度，"自 XY 平面"文本框指定与 XY 平面的角度。将"自 X 轴"文本框指定与 X 轴的角度，"自 XY 平面"文本框指定与 XY 平面的角度，得到如图 12-11 所示的效果。

图 12-10　"视点预置"对话框

图 12-11　新视点下的图形对象

单击"视图"工具栏上的"命名视图…"按钮，将弹出"视图管理器"对话框，如图 12-12 所示。单击"新建"按钮，将弹出"新建视图"对话框，如图 12-13 所示。在"新建视图"对话框的"视图名称"文本框中可以输入新建视图的名称，在"视图类别"文本框中输入类别名称，指定命名视图的类别，例如立视图或剖视图。在"边界"选项组中，选择"当前显示"单选按钮，则将当前显示作为新视图。若选择"定义窗口"单选按钮，则需要在绘图区域指定两个对角点来定义视图。另外，"设置"选项组用于设置与命名视图一起保存的选项，"背景"选项组可以设置新视图的背景色或图像，设置完成后单击"确定"按钮，完成新视图的创建。

图 12-12　"视图管理器"对话框　　　　　图 12-13　"新建视图"对话框

3. 视口操作

AutoCAD 2010 中文版中也可以根据作图需要将屏幕设置成多个视口，方便绘图。AutoCAD 存在两种类型的视口，平铺视口和浮动视口。创建视口时，系统将根据当前所在的工作空间决定创建视口的类型，如果在模型空间工作，就创建平铺视口；如果在图纸空间工作，就创建浮动视口。

平铺视口将原来的模型空间分隔成多个区域，各个视口的边缘与相邻视口紧紧相连，不能移动。平铺视口的用途主要是便于查看创建中的模型，当前选择的平铺视口能够被进一步分割，也能够与相邻视口合并形成较大的视口。平铺视口中各视口显示的都是同一个模型，因此在任一个视口中对模型进行修改都会引起模型的变化，并在其他视口显示出来。平铺视口的这种特性，方便用户同时从不同的角度来观察模型，大大提高工作效率。

浮动视口能够存在于图纸空间的任何位置。浮动视口不一定是矩形的，可以由复杂的多边形或者曲线作为边界。浮动视口是一种 AutoCAD 图形对象，在图纸空间中能够重叠，还可以进行复制、移动、改变形状等编辑操作。

选择"视图"|"视口"|"命名视口"命令，在弹出的"视口"对话框中进行视口的设置，选择"新建视口"选项卡，输入视口名称，选择要划分的标准视口形式，在"设置"下拉列表框中选择"三维"，如图 12-14 所示，单击"确定"按钮绘图区将按照标准视口中的视图进行显示，如图 12-15 所示。

图 12-14　"视口"对话框

图 12-15　视口效果

提示：

如果不需要默认视口中的视图安排，可以在"预览"框中选中需要修改的视图，在"修改视图"下拉列表框中选择合适的视图。

12.1.3　用户坐标系

AutoCAD 系统在启动之后，默认使用的是三维笛卡儿坐标系。在三维笛卡尔坐标系中，坐标值(7,8,9)表示一个 X 坐标为 7，Y 坐标为 8，Z 坐标为 9 的点。在任何情况下，都可以通过输入一个点的 X、Y、Z 坐标值来确定该点的位置。如果在输入点时输入了(6,7)并按下 Enter 键，表示输入了一个位于当前 XY 平面上的点，系统会自动给该点加上 Z 轴坐标 0。相对坐标在三维笛卡尔坐标系中仍然有效，例如相对于点(7,8,9)，坐标值为(@1,0,0)的点绝对坐标为(8,8,9)。

由于在创建三维对象的过程中，经常需要进行调整视图的操作，导致判断三个坐标轴的方向并不是很简单。在笛卡尔坐标系中，在已知 X、Y 轴方向的情况下，一般使用右手定则确定 Z 轴的方向，示意图如图 12-16 所示。要确定 X、Y 和 Z 轴的正方向，可以将右手背对着屏幕放置，拇指指向 X 轴的正方向，伸出食指和中指，且食指指向 Y 轴的正方向，中指所指的方向就是 Z 轴的正方向。要确定某个坐标轴的正旋转方向，用右手的大拇指指向该轴的正方向并弯曲其他四个手指，右手四指所指的方向是该坐标轴的正旋转方向。

图 12-16　右手定则的图示

AutoCAD 提供了两个坐标系：一个称为世界坐标系(WCS)的固定坐标系和一个称为用户坐标系(UCS)的可移动坐标系。

用户坐标系 UCS 对于输入坐标、定义图形平面和设置视图非常有用。通过选择原点位置和 XY 平面的方向以及 Z 轴，可以重定位 UCS。用户可以在三维空间的任意位置定位和定向 UCS。在任何时候都只有一个 UCS 为当前 UCS，所有的坐标输入和坐标显示都是相对于当前的 UCS。改变 UCS 并不会改变视点，只改变坐标系的方向。

通过选择“视图”|“显示”|“UCS 图标”命令中的“开”和“原点”命令，可以使新建的用户坐标系在新原点显示。

在任意一个工具栏上右击，在弹出的快捷菜单中选择 UCS 命令，将会弹出如图 12-17 所示的 UCS 工具栏。通过 UCS 命令定义用户坐标系，可以单击 UCS 工具栏的 按钮或者直接在命令行里输入 UCS 命令，命令行提示如下。

图 12-17　UCS 工具栏

命令: ucs//执行 UCS 命令
当前 UCS 名称: *没有名称*
指定 UCS 的原点或 [面(F)/命名(NA)/对象(OB)/上一个(P)/视图(V)/世界(W)/X/Y/Z/Z 轴(ZA)] <世界>:

- 指定 UCS 的原点：允许用户使用一点、两点或三点定义一个新的 UCS。如果指定单个点，当前 UCS 的原点将会移动而不会更改 X、Y 和 Z 轴的方向。
- 面(F)：将 UCS 与三维实体的选定面对齐。在选定面的边界内或面的边上单击，被选中的面将高亮度显示，UCS 的 X 轴将与找到的第一个面上的最近的边对齐。
- 对象(O)：根据选定的三维对象定义新的坐标系。新建 UCS 的拉伸方向 Z 轴正方向与选定对象的拉伸方向相同。
- X/Y/Z：绕指定轴旋转当前 UCS，可以输入任意角度，正角度表示绕正方向旋转，负角度表示绕负方向旋转，正负方向由右手定则决定。

- Z 轴(ZA)：用指定的 Z 轴正半轴来定义 UCS。
- 视图(V)：以垂直于观察方向(平行于屏幕)的平面为 XY 平面，建立新的坐标系，UCS 原点保持不变。
- 上一个(P)：表示恢复到上一个 UCS。
- 世界(W)：将当前用户坐标系设置为世界坐标系。

【例 12-1】将如图 12-18 所示的 UCS 位置调整，分别创建如图 12-19 和 12-20 所示的新 UCS。

图 12-18　原 UCS 位置　　　　图 12-19　角点创建新 UCS　　　　图 12-20　旋转创建新 UCS

(1) 在命令行中输入 UCS，命令行提示如下。

> 命令: ucs//执行 UCS 命令
> 当前 UCS 名称: *没有名称*
> 指定 UCS 的原点或 [面(F)/命名(NA)/对象(OB)/上一个(P)/视图(V)/世界(W)/X/Y/Z/Z 轴(ZA)] <
> 世界>:　//打开"对象捕捉"功能，捕捉桌面角点，如图 12-19 所示

(2) 如图 12-19 所示的新 UCS。在这个 UCS 基础上，单击 UCS 工具栏的 X 按钮 继续执行 UCS 命令，命令行提示如下。

> 指定 UCS 的原点或 [面(F)/命名(NA)/对象(OB)/上一个(P)/视图(V)/世界(W)/X/Y/Z/Z 轴(ZA)] <
> 世界>:_x
> 指定绕 X 轴的旋转角度 <90>://采用默认值，旋转 90

(3) 按 Enter 键，UCS 效果如图 12-20 所示。

12.2　绘制三维网格面及表面

AutoCAD 2010 可以生成常见的形体表面，包括长方体表面、棱锥体表面、楔形体表面、上半球体表面、下半球体表面、球体表面、圆锥体表面和圆环体表面。输入所需的参数，可以直接完成预定义曲面的创建。也可以通过一系列的其他方式创建曲面，下面分别介绍创建曲面的各种方法。

12.2.1　创建图元表面

可以通过输入以下命令来绘制图元表面：长方体表面(ai_box)、棱锥面(ai_pyramid)、

楔体表面(ai_wedge)、圆锥面(ai_cone)、球面(ai_sphere)、上半球面(ai_dome)、下半球面(ai_dish)、圆环面(ai_tours)、网格面(ai_mesh)。

也可以执行"绘图"|"建模"|"网格"|"图元"命令，弹出如图 12-21 所示的级联菜单，选择相应的命令来绘制相应的基本图元表面。

图 11-21　基本图元表面绘制命令

图元表面的绘制与基本体的绘制类似，读者可参看基本体绘制章节。

提示：

所有三维网格面的基准平面都是 XY 平面，如果需要绘制与 XY 平面呈一定角度的三维网格面，需要执行相应的编辑操作。

12.2.2　绘制三维面

除了在 AutoCAD 预置的常见形体表面外，可以通过 AutoCAD 提供的一些其他三维面方便地构造三维空间内的平面、曲面以及其他三维形体的表面。

使用 3dface 命令，可以构造空间任意位置的平面，平面的顶点可以有不同的 X、Y、Z 坐标，但不超过 4 个顶点。选择"绘图"|"建模"|"网格"|"三维面"命令，或在命令行中输入 3dface 来绘制三维表面。

执行 3dface 命令后，命令行提示如下。

```
命令: _3dface              //单击按钮执行三维面命令
指定第一点或 [不可见(I)]:      //通过在绘图区拾取或者坐标方式指定第 1 点
指定第二点或 [不可见(I)]:      //通过在绘图区拾取或者坐标方式指定第 2 点
指定第三点或 [不可见(I)] <退出>:  //通过在绘图区拾取或者坐标方式指定第 3 点
指定第四点或 [不可见(I)] <创建三侧面>://通过在绘图区拾取或者坐标方式指定第 4 点,此时也
                             可以按 Enter 键,建立三点组成的面
指定第三点或 [不可见(I)] <退出>:  //继续绘制三维表面,上一次绘图 3,4 点变成这次的 1,
                             2 点,与后面指定的第 3 点和第 4 点组成新的三维面
指定第四点或 [不可见(I)] <创建三侧面>:
```

将重复提示输入第 3 点和第 4 点，直到按 Enter 键为止。在重复提示时指定点 5 和点 6。输入这些点后，按 Enter 键，绘制的三维面如图 12-22 所示。使用 3dface 命令绘制表面时，要注意点的指定顺序，通常按照顺时针或者逆时针方向指定点，否则绘制的表面可能会有交叉情况。

图 12-22　绘制三维面

提示：

"不可见"选项控制三维面各边的可见性，以便建立有孔对象的正确模型。不可见属性必须在使用任何对象捕捉模式、XYZ 过滤器或输入点的坐标之前定义。

12.2.3　绘制三维网格曲面

使用 3dmesh 命令可以构造三维多边形网格，它广泛应用于绘制地形等不规则表面，如图 12-23 所示。当多边形网格面数多时，一般用程序调用该命令来绘制。在命令行中输入 3dmesh，命令行提示如下。

图 12-23　三维网格曲面

```
命令: _3dmesh            //单击按钮执行三维网格命令
输入 M 方向上的网格数量://指定 M 方向的网格数
输入 N 方向上的网格数量://指定 N 方向的网格数
指定顶点 (0,0) 的位置:    //指定第一行第一列的点坐标
指定顶点 (0,1) 的位置:    //指定第一行第二列的点坐标
…
```

提示：

当输入 M 和 N 方向上的网格数之后，便形成了一个 M×N 的点阵，命令行提示(m,n)相当于 m+1 行，n+1 列的坐标，根据提示输入完成或者用程序完成 M×N 个点坐标的设置即完成三维网格曲面的绘制。

12.2.4　绘制直纹曲面

Rulesurf 命令可以在两个对象之间建立网格空间曲面，可以使用以下对象定义直纹曲面的边界：直线、点、圆弧、圆、椭圆、椭圆弧、二维多段线、三维多段线或样条曲线。作为直纹曲面网格"轨迹"的两个对象必须都开放或都闭合，而点对象可以与开放或闭合

对象成对使用。

　　选择"绘图"│"建模"│"网格"│"直纹曲面"命令,或在命令行中输入 Rulesurf 来启动 Rulesurf 命令,命令行提示如下。

> 命令: _rulesurf　　　　　　　　　//单击按钮执行直纹曲面命令
> 当前线框密度: SURFTAB1=6//系统提示信息
> 选择第一条定义曲线:　　　　　　//在绘图区选择第一条曲线
> 选择第二条定义曲线:　　　　　　//在绘图区选择第二条曲线

　　如图 12-24 所示,选择空间两条圆弧绘制直纹曲面。参数 SURFTAB1 为控制曲面近似划分为平面的数目,即线框密度。在命令行输入 SURFTAB1,便可重新设置参数值,在此设置为 20。

图 12-24　直纹曲面

12.2.5　绘制边界曲面

　　Edgesurf 命令将 4 个相连接的对象作为边界来构造新的曲面,这些边界对象可以是圆弧、直线、多段线、样条曲线和椭圆弧,并且必须形成闭合环和共享端点,如图 12-25 所示。

图 12-25　绘制边界曲面

　　选择"绘图"│"建模"│"网格"│"边界曲面"命令,或在命令行中输入 Edgesurf 来启动 Edgesurf 命令,命令行提示如下。

> 命令: _edgesurf　　　　　　　　　　　　　　//单击按钮执行边界曲面命令
> 当前线框密度: SURFTAB1=32　 SURFTAB2=32//系统提示信息
> 选择用作曲面边界的对象 1:　　　　　　　　//在绘图区选择曲面第一条边界
> 选择用作曲面边界的对象 2:　　　　　　　　//在绘图区选择曲面第二条边界
> 选择用作曲面边界的对象 3:　　　　　　　　//在绘图区选择曲面第三条边界
> 选择用作曲面边界的对象 4:　　　　　　　　//在绘图区选择曲面第四条边界

12.2.6　绘制拉伸平移曲面

　　使用 Tabsurf 命令可以将某个对象沿着方向矢量拉伸,从而形成一个新的曲面。拉伸的对象可以是直线、圆弧、圆、椭圆、二维或三维多段线等。方向矢量可以是一个线段或开放的多段线，如果是多段线，方向矢量由多段线的两个端点确定，而忽视各中间顶点，矢量的起点为靠近拾取点的端点，方向矢量指出形状的拉伸方向和长度。

选择"绘图"｜"建模"｜"网格"｜"平移曲面"命令，或在命令行中输入 Tabsurf 来启动 Tabsurf 命令。执行 Tabsurf 命令后，命令行提示如下。

```
命令: _tabsurf                    //单击按钮执行平移曲面命令
当前线框密度: SURFTAB1=32         //系统提示信息
选择用作轮廓曲线的对象:           //选择轮廓曲线对象，示例中选择圆 1
选择用作方向矢量的对象:           //选择方向矢量对象，示例中选择线段，靠近初选点为起点
```

由图 12-26 所示的沿着方向矢量线段平移形成的曲面如图 12-27 所示。

图 12-26　待平移拉伸对象和方向矢量　　　　　　　图 12-27　平移曲面

提示：

拉伸方向只决定于起点和终点的方向，与轨迹无关，起点和终点一样，同样对象拉伸平移出的曲面效果是一样的。

12.2.7　绘制旋转曲面

使用 Revsurf 命令可以构造旋转曲面，该命令可将某一个对象(称为轮廓线，如图 12-28 所示)绕轴旋转一个角度，从而建立一个新的曲面，如图 12-29 所示。轮廓线可以是直线、圆、圆弧、椭圆(弧)、多段线、样条曲线和圆环等。

图 12-28　待旋转对象和旋转轴　　　　　　　图 12-29　旋转后的效果

选择"绘图"｜"建模"｜"网格"｜"旋转曲面"命令，或者在命令行中输入 Revsurf 启动命令 Revsurf，命令行提示如下。

```
命令: _revsurf                              //单击按钮执行旋转曲面命令
当前线框密度: SURFTAB1=32  SURFTAB2=32      //系统提示信息
选择要旋转的对象:                           //指定旋转对象
选择定义旋转轴的对象:                       //指定旋转轴
指定起点角度 <0>:                           //按 Enter 键，默认旋转起始角度为 0
指定包含角 (+=逆时针, -=顺时针) <360>:      //按 Enter 键，默认旋转包含角度为 360
```

提示：

系统变量 Surftab1 和 Surftab2 的值决定了曲线沿旋转方向和轴线方向的线框密度。在其他曲面的绘制过程中，这两个系统变量的意义大同小异。

12.3　绘制三维实体

前面介绍的三维曲面其实只是一个空壳，只具备面的特征。而三维实体是三维图形中最重要的部分，它具有实体的特征，即其内部是实心的。可以对三维实体进行打孔、挖槽等布尔运算。在实际的三维绘图工作中，三维实体是非常常见的。用 AutoCAD 创建三维实体，一般有 3 种方法：

(1) 在如图 12-30 所示的"建模"工具栏上直接单击创建基本三维实体对象的按钮。例如，单击"长方体"按钮 ▣ 创建长方体、单击"圆柱体"按钮 ▣ 创建圆柱体。

(2) 将二维对象拉伸或旋转生成新的三维实体。

(3) 将基本三维实体进行交、并、差等布尔运算以及一些修改后，形成新组合实体。

图 12-30　"建模"工具栏

下面分别介绍各种创建实体的方法。

12.3.1　绘制基本体

AutoCAD 提供的基本实体模型与基本形体表面是基本一致的，使用中只要用户输入构造该标准形体所必需的参数，系统就能自动地生成该实体。

1. 长方体

选择"绘图"|"建模"|"长方体"命令，或者单击"建模"工具栏上的"长方体"按钮 ▣，或者在命令行输入命令 Box 可以绘制长方体，命令行提示如下。

```
命令: _box                                  //单击按钮执行长方体命令
指定长方体的角点或 [中心点(C)] <0,0,0>:      //选择默认方式，指定长方体的一个角点
指定角点或 [立方体(C)/长度(L)]:              //指定长方体的另一个角点
指定高度: 100                               //输入长方体高度
```

系统提供了两种绘制方式：一是通过角点和高度方式(如图 12-31 左图、中图所示)绘制长方体；一是通过中心点方式绘制长方体，在命令行输入 C，提示如下。

```
命令: _box                                  //单击按钮执行长方体命令
指定长方体的角点或 [中心点(C)] <0,0,0>:c     //采用中心点方式绘制长方体
指定长方体的中心点 <0,0,0>:                  //在绘图区拾取或通过坐标指定中心点
指定角点或 [立方体(C)/长度(L)]:              //采用默认方式，指定角点
```

指定高度: 100	//输入长方体高度

此外，使用长度方式命令行提示如下(如图 12-31 右图所示)。

命令: _box	//单击按钮执行长方体命令
指定长方体的角点或 [中心点(C)] <0,0,0>: c	//采用中心点方式绘制长方体
指定长方体的中心点 <0,0,0>:	//在绘图区拾取或通过坐标指定中心点
指定角点或 [立方体(C)/长度(L)]: l	//采用长度方式绘制长方体
指定长度: 200	//输入长方体长度
指定宽度: 150	//输入长方体宽度
指定高度: 100	//输入长方体高度

角点　　　　　　　　　　中心点　　　　　　　　　　长宽高

图 12-31　长方体各参数位置

2. 球体

选择"绘图"|"建模"|"球体"命令，或者单击"建模"工具栏上的"球体"按钮 ，或者在命令行输入命令 Sphere 可以绘制球体，命令行提示如下。

命令: _sphere	//单击按钮启动球体命令
指定中心点或 [三点(3P)/两点(2P)/切点、切点、半径(T)]:	//拾取或通过输入坐标设定球体球心
指定半径或 [直径(D)]:	//输入球体半径或者直径

提示：
在三维实体创建中，Isolines 参数决定了线框密度，线框密度决定了实体的视觉效果。

3. 圆柱体

选择"绘图"|"建模"|"圆柱体"命令，或者单击"建模"工具栏上的"圆柱体"按钮 ，或者在命令行输入命令 Cylinder 可以绘制圆柱体，命令行提示如下。

命令: _cylinder	//单击按钮执行圆柱体命令
指定底面的中心点或 [三点(3P)/两点(2P)/切点、切点、半径(T)/椭圆(E)]:	//在绘图区拾取或通过坐标设定底面中心点
指定底面半径或 [直径(D)] <111.9417>:	//设定圆柱体底面的半径或者直径
指定高度或 [两点(2P)/轴端点(A)] <155.9236>:	//设定圆柱体的高度

"圆柱体"命令可以创建圆柱体和椭圆体，绘制底面方式在二维绘制圆和椭圆命令已介绍，在此不作详述，

指定高度命令行的"轴端点(A)"选项表示可以通过指定与 UCS 坐标系的 XY 面成一定角度来绘制倾斜的圆柱体和椭圆体。

4. 圆锥体

选择"绘图"|"建模"|"圆锥体"命令，或者单击"建模"工具栏上的"圆锥体"按钮，或者在命令行输入命令 Cone 可以绘制圆锥体，命令行提示如下。

```
命令: _cone//单击按钮执行圆锥体命令
指定底面的中心点或 [三点(3P)/两点(2P)/相切、相切、半径(T)/椭圆(E)]: //拾取中心点或者输入
中心点坐标，或选择绘制底面的方式
指定底面半径或 [直径(D)]:   //输入底面半径或输入 D 在输直径
指定高度或 [两点(2P)/轴端点(A)/顶面半径(T)]:   //输入圆柱体高度或选择方式
```

另外圆锥体底面也可以为椭圆形，绘制方法与绘制椭圆柱类似。

5. 楔体

选择"绘图"|"建模"|"楔体"命令，或者单击"建模"工具栏上的"楔体"按钮，或者在命令行输入命令 Wedge 可绘制楔体，楔体的绘制步骤与长方体类似。

6. 圆环

选择"绘图"|"建模"|"圆环"命令，或者单击"建模"工具栏的"圆环"按钮，或者在命令行输入命令 Torus 可以绘制圆环，命令行提示如下。

```
命令: _torus//单击按钮执行圆环命令
指定中心点或 [三点(3P)/两点(2P)/相切、相切、半径(T)]: //在绘图区拾取或通过坐标设定中心，
也可以选择其他方式绘制
指定半径或 [直径(D)]:      //设定圆环体半径或者直径
指定圆管半径或 [两点(2P)/直径(D)]:      //设定圆管半径或者直径
```

12.3.2　绘制拉伸实体

使用 Extrude 命令可以将一些二维对象拉伸成三维实体。拉伸过程中不但可以指定高度，而且还可以使对象截面沿着拉伸方向变化。在 AutoCAD 中，可以拉伸闭合的对象包括平面三维面、封闭多段线、多边形、圆、椭圆、封闭样条曲线、圆环和面域。不能拉伸的对象有在块中的对象、有交叉或横断部分的多段线，或非闭合多段线。可以沿路径拉伸对象，也可以指定高度值和斜角。

选择"绘图"|"建模"|"拉伸"命令，或者单击"建模"工具栏上的"拉伸"按钮，或者在命令行输入 Extrude 可以拉伸对象。下面通过一个楼梯三维图形的绘制来介绍绘制拉伸实体的方法。

【例 12-2】绘制三维楼梯。通过将二维图形(如图 12-32 所示)的楼梯平面图拉伸，绘制如图 12-33 所示的楼梯，楼梯宽为 1200。

图 12-32　二维平面图　　　　　　　　　　图 12-33　绘制完成的楼梯

(1) 选择"视图"|"三维视图"|"俯视"命令，切换到俯视图模式。绘制如图 12-32 所示的楼梯二维平面图，绘制过程这里不再赘述。

(2) 选择"绘图"|"面域"命令，命令行提示如下。

```
命令: _region              //通过菜单执行面域命令
选择对象: 指定对角点: 找到 28 个//选择图形
选择对象:                   //按 Enter 键，完成选择
已提取 1 个环。             //系统提示信息
已创建 1 个面域。           //系统提示信息，表示面域已经创建
```

(3) 单击"拉伸"按钮 ⬆，命令行提示如下。

```
命令: _extrude//单击按钮执行拉伸命令
当前线框密度: ISOLINES=12
选择要拉伸的对象: 找到 1 个//选择如图 12-32 所示的对象
选择要拉伸的对象:          //按 Enter 键，完成选择
指定拉伸的高度或 [方向(D)/路径(P)/倾斜角(T)] <6.6481>:1200 //输入拉伸高度值 1200
```

(4) 按 Enter 键，单击"自由动态观察"按钮 ⬭，将图形旋转到合适位置，选择"视图"|"消隐"命令，效果如图 12-33 所示。

12.3.3　绘制旋转实体

旋转实体是指使用 Revolve 命令将一些二维图形绕指定的轴旋转而形成的三维实体。可以将一个闭合对象围绕当前 UCS 的 X 轴或 Y 轴旋转一定角度来创建实体，也可以围绕直线、多段线或两个指定的点旋转对象。用于旋转生成实体的二维对象可以是闭合多段线、多边形、圆、椭圆、闭合样条曲线、圆环和面域，用于旋转的二维多段线必须是封闭的。

选择"绘图"|"建模"|"旋转"命令，或者单击"建模"工具栏上的"旋转"按钮 ⬭，或者在命令行输入 Revolve 启动旋转命令。下面通过创建一柱子介绍旋转实体的绘制方法。

【例 12-3】绘制装饰柱。在图 12-34 的基础上，使用旋转命令，生成如图 12-35 所示的装饰柱，消隐后的效果如图 12-36 所示。

图 12-34　二维旋转对象　　　　12-35　旋转后效果图　　　　图 12-36　消隐后的效果

(1) 选择"视图"|"三维视图"|"俯视"命令，切换到俯视图模式。单击状态栏的"栅格"按钮和"捕捉"按钮，打开栅格捕捉功能。单击"多段线"按钮，绘制如图 12-34 所示的二维平面图，并将多段线闭合。

(2) 在命令行输入 ISOLINES，命令行提示如下。

命令: isolines	//设置线框密度参数
输入 ISOLINES 的新值 <32>: 16	//设定为 16

(3) 单击"旋转"按钮，命令行提示如下。

命令: _revolve	//单击按钮执行旋转命令
当前线框密度:　ISOLINES=16	//系统提示信息
选择要旋转的对象:找到 1 个	//选择如图 12-34 所示的图形
选择要旋转的对象:	//按 Enter 键，完成对象选择
指定轴起点或根据以下选项之一定义轴　[对象(O)/X/Y/Z] <对象>:	//选择点 1
指定轴端点:	//选择点 2
指定旋转角度或　[起点角度(ST)] <360>:	//按 Enter 键，采用默认设置

(4) 按 Enter 键，效果如图 12-35 所示。单击"自由动态观察"按钮，将图形旋转到合适位置，选择"视图"|"消隐"命令，效果如图 12-36 所示。

提示:

对于拉伸和旋转命令而言，多段线必须是闭合的。

12.3.4　扫掠

扫掠是从 AutoCAD 2007 版开始增加的功能。扫掠功能是通过指定曲线沿着某曲线扫描出三维实体或者曲面，如果轮廓是闭合的，则扫掠的是实体，如果轮廓是开放的，则扫掠的是曲面。扫掠功能类似于拉伸功能里的路径拉伸方式，但用于扫掠的轮廓与路径不受是否在同一平面的限制，而且轮廓将被移到路径曲线的起始端，并与路径曲线垂直，这是扫掠与拉伸的路径拉伸不同之处。

在命令行中输入命令 SWEEP，或单击"建模"工具栏上的"扫掠"按钮，或选择"绘图"|"建模"|"扫掠"命令执行扫掠命令，命令行提示如下。

```
命令: _sweep
当前线框密度:  ISOLINES=4
选择要扫掠的对象: 找到 1 个          //选择扫掠的轮廓对象
……
选择要扫掠的对象:                //按 Enter 键确定
选择扫掠路径或 [对齐(A)/基点(B)/比例(S)/扭曲(T)]: //选择扫掠的路径或者选择其他扫掠方式。
```

扫掠功能除了选择路径，沿路径扫掠之外还有以下方式。

- "对齐(A)"选项：指定是否对齐轮廓以使其作为扫掠路径切向的法向，默认情况下，轮廓是对齐的。
- "基点(B)"选项：系统提示用户选择轮廓基点，然后再指定路径，系统将从用户指定的基点沿路径扫掠。
- "比例(S)"选项：按指定的比例对轮廓沿路径进行缩小或者放大。
- "扭曲(T)"选项：对轮廓沿路径方向按指定的扭曲角度扫掠。

12.3.5　放样

放样命令可以绘制不同截面形状的曲面或者实体，通过对包含两条或两条以上二维曲线进行放样来创建三维实体或曲面。如果截面是全部封闭的，则为实体，如果截面是全部开放的，则为曲面。如果截面有闭合和非闭合的二维曲线，则不能执行放样命令。截面的曲线可以是同类型曲线(如都是圆)，也可是不同类型的曲线(如圆和矩形)。

在命令行中输入命令 LOFT，或单击"建模"工具栏上的"放样"按钮，或选择"绘图"|"建模"|"放样"命令，执行放样命令。注意，选择放样截面要按顺序选择，否则系统会按用户所选的次序进行放样。放样的命令行提示如下：

```
命令: _loft
按放样次序选择横截面: 找到 1 个                //选择放样的截面曲线
按放样次序选择横截面: 找到 1 个，总计 2 个        //选择放样的截面曲线
……
按放样次序选择横截面:                        //按 Enter 键结束选择
输入选项 [导向(G)/路径(P)/仅横截面(C)] <仅横截面>: //选择绘制放样的方式
```

各放样方式的含义如下。

- "导向(G)"选项：可以通过放样的曲线控制点如何匹配相应的横截面以防止皱褶等，可通过将其他线框信息添加至对象来进一步定义实体或曲面的形状。
- "路径(P)"选项：将选中的截面曲线沿指定的光滑曲线进行放样，这些光滑曲线包括样条曲线、圆弧、椭圆弧等。
- "仅横截面(C)"选项：选择该选项，系统会弹出放样设置对话框。

12.3.6　按住并拖动

"按住并拖动"操作是将闭合曲面转换成面域，然后将选中的面域沿光标移动的方向

进行拖拽。拖拽的的面域对象可以是矩形、多边形、圆形、椭圆形、闭合的多线段、闭合的样条曲线等。也可以是立体图上的面，如长方体各面、圆柱体底面、棱锥体底面、圆锥体底面等。拖拽命令类似于二维操作的延伸命令。

在命令行中输入命令 PRESSPULL，或单击"建模"工具栏上的"拖拽"按钮 ，执行拖拽命令。命令行提示如下：

```
命令: _presspull
单击有限区域以进行按住或拖动操作。    //选择要拖拽的面域或闭合曲线
已提取 1 个环。                        //移动鼠标到合适位置或者输入拖拽的长度
已创建 1 个面域。
```

12.3.7　剖切

使用剖切命令可以切开现有实体并移去指定部分，从而创建新的实体。选择保留剖切实体的一半或全部，剖切实体保留原实体的图层和颜色特性。剖切实体的默认方法是：先指定三点定义剪切平面如图 12-37 所示，然后选择要保留的部分，如图 12-38 和图 12-39 所示。也可以通过其他对象、当前视图、Z 轴或 XY、YZ 或 ZX 平面来定义剪切平面。

图 12-37　待剖切的实体　　　　　图 12-38　保留两侧实体　　　　　图 12-39　保留一侧实体

选择"修改"|"三维操作"|"剖切"命令，或者在命令行输入命令 Slice，命令行提示如下。

```
命令: _slice//单击按钮启动剖切命令
选择要剖切的对象: 找到 1 个    //选择剖切的实体
选择要剖切的对象:              //按 Enter 键确认选择
指定 切面 的起点或 [平面对象(O)/曲面(S)/Z 轴(Z)/视图(V)/XY(XY)/YZ(YZ)/ZX(ZX)/三点(3)]
<三点>:                       //指定起点或者选择切面的方式
指定平面上的第二个点:          //指定切面的第二点
指定平面上的第三个点:          //指定切面的第三点
在所需的侧面上指定点或 [保留两个侧面(B)] <保留两个侧面>:    //选择切面保留侧上的任意点
```

12.3.8　切割

使用切割命令可以创建穿过面域或无名块等实体的相交截面，即可获得该切面形成的面。默认方法是指定三个点定义一个面，也可以通过其他对象、当前视图、Z 轴或 XY、YZ 或 ZX 平面来定义相交截面平面，在当前图层上放置相交截面平面，如图 12-40 和图 12-41 所示。

图 12-40　待切割的实体　　　　　　　　图 12-41　切割后实体

在命令行输入 Section 命令，命令行提示如下：

命令: _section
选择对象: 找到 1 个
选择对象:
指定截面 上的第一个点，依照 [对象(O)/Z 轴(Z)/视图(V)/XY(XY)/YZ(YZ)/ZX(ZX)/三点(3)] <三点>:
指定平面上的第二个点:
指定平面上的第三个点:

提示：

剖切与切割的区别在于剖切是将一个实体分开成两个实体，而切割只是在指定位置创建通过该位置的一个切面，原来的实体依然完整。

12.4　三维图形的编辑

类似于二维绘图，三维绘图中的编辑功能也是必不可少的。许多二维图形的编辑方法对三维图形仍然适用。但有些命令仅对某些三维图形适用，有些命令对所有三维对象都适用。二维命令在三维图形编辑中的应用情况，如表 12-1 所示。

表 12-1　二维命令在三维图形编辑中的应用

坐 标 参 照	命　　令	说　　明
任何 UCS	MOVE、COPY	适用于三维空间的任意平面图形，所有线框、表面和实体模型
	FILLET、CHAMFER	适用于三维空间，任意平面中的直线和曲线，实体模型，不适用于表面模型
	LENGTHEN、EXTEND、TRIM、BREAK	只能编辑三维直线或曲线，不适用编辑表面和实体模型
	SCALE	适用于三维空间所有对象

(续表)

坐 标 参 照	命　　令	说　　明
相对当前 UCS	OFFSET	适用于平移三维空间直线和二维平面的曲线，平移的直线与当前 UCS 夹角不变
	ARRAY	仅在 XY 平面内适用
	ROTATE	仅在 XY 平面内适用
	MIRROR	仅在 XY 平面内适用

　　在任意一个工具栏上右击，选择"实体编辑"命令将弹出如图 12-42 所示的"实体编辑"工具栏。已经存在的三维实体，可以通过拉伸、移动、旋转、偏移、倾斜、删除或复制实体对象来进行编辑。下面分别介绍三维图形的编辑方法。

图 12-42　"实体编辑"工具栏

12.4.1　拉伸面

　　拉伸面是指用户可以沿一条路径拉伸平面，或者通过指定一个高度值和倾斜角对平面进行拉伸。要拉伸如图 12-43 所示长方体的面，可以选择"修改"|"实体编辑"|"拉伸面"命令，或单击"实体编辑"工具栏上的"拉伸面"按钮，命令行提示如下。

```
命令: _solidedit
实体编辑自动检查:　SOLIDCHECK=1
输入实体编辑选项 [面(F)/边(E)/体(B)/放弃(U)/退出(X)] <退出>: _face
输入面编辑选项
[拉伸(E)/移动(M)/旋转(R)/偏移(O)/倾斜(T)/删除(D)/复制(C)/颜色(L)/材质(A)/放弃(U)/退出(X)]<
退出>:
_extrude//系统提示信息，表示执行拉伸面命令
选择面或 [放弃(U)/删除(R)]: 找到 1 个面。//选择图 12-44 所示的长方体上底面
选择面或 [放弃(U)/删除(R)/全部(ALL)]:　　//按 Enter 键，结束面的选择
指定拉伸高度或 [路径(P)]: 200 //设定拉伸高度为 200
指定拉伸的倾斜角度 <0>: 15　//设定拉伸的倾斜角度 15
已开始实体校验。
已完成实体校验。
输入面编辑选项
[拉伸(E)/移动(M)/旋转(R)/偏移(O)/倾斜(T)/删除(D)/复制(C)/颜色(L)/材质(A)/放弃(U)/退出(X)]<
退出>:x//退出编辑，效果如图 12-45 所示
```

图 12-43　长方体

图 12-44　选择要拉伸的面

图 12-45　拉伸效果

当前选择面的法线方向上，输入一个正值可沿正方向拉伸面(通常是向外)，输入一个负值可沿负方向拉伸面(通常是向内)；将选定的面倾斜负角度可向内倾斜面，将选定的面倾斜正角度可向外倾斜面。默认角度为 0，可垂直于平面拉伸面，而且可以同时选择多个曲面拉伸。

　　沿指定的直线或曲线为路径拉伸实体对象的面，选定面上的所有剖面都沿着选定的路径拉伸，如图 12-46 所示。可以选择直线、圆、圆弧、椭圆、椭圆弧、多段线或样条曲线作为路径，但是路径不能和选定的面位于同一平面，也不能具有大曲率的区域。

选定的面　　　　　　选定的路径　　　　　　拉伸的面

图 12-46　沿路径拉伸面

12.4.2　移动面

　　可以通过移动面来编辑三维实体对象，AutoCAD 只移动选定的面而不改变其方向。在三维实体中，可以轻松地将孔从一个位置移到另一个位置，如图 12-47 所示。可以使用"捕捉"模式、坐标和对象捕捉以精确地移动选定的面。

　　选择"修改"|"实体编辑"|"移动面"命令，或单击"实体编辑"工具栏上的"移动面"按钮，命令行提示如下。

```
_move                              //系统提示信息
选择面或 [放弃(U)/删除(R)]: 找到一个面。//选择孔洞的侧面
选择面或 [放弃(U)/删除(R)/全部(ALL)]:  //按 Enter 键，完成移动面的选择
指定基点或位移:                      //通过两点方式确定位移，指定 2
指定位移的第二点:                    //指定 3
已开始实体校验。                     //系统提示信息
已完成实体校验。                     //系统提示信息
```

选定面　　　　　　　基点和选定第二点　　　　　移动后的面

图 12-47　移动面

12.4.3　偏移面

在一个三维实体上，可以按指定的距离均匀地偏移面。通过将现有的面从原始位置向内或向外偏移指定的距离可以创建新的面(在面的法线方向上偏移，或向曲面或面的正侧偏移)。例如，可以偏移实体对象上较大或较小的孔，指定正值将增大实体的尺寸或体积，减小孔洞的体积，指定负值将减少实体的尺寸或体积，增大孔洞的体积。

选择"修改"|"实体编辑"|"偏移面"命令，或单击"实体编辑"工具栏上的"偏移面"按钮 ⌷，命令行提示如下。

```
…
_offset                              //系统提示信息
选择面或 [放弃(U)/删除(R)]: 找到一个面。  //选择如图 12-48 所示小圆柱体的侧面为偏移面
选择面或 [放弃(U)/删除(R)/全部(ALL)]:    //按 Enter 键，完成选择
指定偏移距离:-20                      //指定偏移距离，按 Enter 键，效果如图 12-49 所示
```

图 12-48　待偏移面效果　　　　　　　　图 12-49　偏移后的效果

12.4.4　删除面

在 AutoCAD 三维操作中，可以从三维实体对象上删除面、倒角和圆角。只有所选的面删除后不影响实体存在，才能删除所选面。选择"修改"|"实体编辑"|"删除面"命令，或单击"实体编辑"工具栏上的"删除面"按钮 ⌧⌷，执行该命令。删除面操作，并不是说真正地删除实体的面，而是删除面后，重新生成新的实体。

12.4.5　旋转面

通过选择一个基点和相对(或绝对)旋转角度，可以旋转选定实体上的面或特征集合。所有三维面都可绕指定的轴旋转，当前的 UCS 和 ANGDIR 系统变量设置决定了旋转的方向。

选择"修改"|"实体编辑"|"旋转面"命令，或单击"实体编辑"工具栏上的"旋转面"按钮 ⌷，命令行提示如下。

```
…
_rotate                              //系统提示信息
选择面或 [放弃(U)/删除(R)]: 找到一个面。  //选择如图 12-50 所示圆柱面
选择面或 [放弃(U)/删除(R)/全部(ALL)]:    //按 Enter 键，完成选择
指定轴点或 [经过对象的轴(A)/视图(V)/X 轴(X)/Y 轴(Y)/Z 轴(Z)] <两点>: x//选择绕 x 轴旋转
指定旋转原点 <0,0,0>:                 //指定用户坐标系的原点为旋转原点
指定旋转角度或 [参照(R)]: 30           //指定旋转角度 30 度
已开始实体校验                        //系统提示信息
已完成实体校验                        //系统提示信息，如图 12-51 所示
```

图 12-50　面旋转前效果　　　　　　　图 12-51　面旋转后的效果

在指定旋转轴时，系统还提供了其他选项，其中"经过对象的轴"选项表示将选择经过对象的轴作为旋转轴，"视图"选项表示以垂直于当前视图所在平面，且过指定点的直线为旋转轴，X、Y 和 Z 选项表示以平行于 X 轴和 Y 轴或者 Z 轴的且过指定点的直线旋转，"两点"选项表示通过指定两点形成旋转轴，是系统默认旋转方式。

12.4.6　倾斜面

可以沿矢量方向以绘图角度倾斜面，以正角度倾斜选定的面将向内倾斜面，以负角度倾斜选定的面将向外倾斜面。

选择"修改"|"实体编辑"|"倾斜面"命令，或单击"实体编辑"工具栏上的"倾斜面"按钮，命令行提示如下。

```
…
_taper                          //以上均为系统提示信息，表示执行倾斜面命令
选择面或 [放弃(U)/删除(R)]: 找到一个面。//选择如图 12-52 所示内圆柱侧面为倾斜面
选择面或 [放弃(U)/删除(R)/全部(ALL)]: //按 Enter 键，完成选择
指定基点:                        //选择如图 12-52 所示的内圆柱体下底面圆心
指定沿倾斜轴的另一个点:            //选择如图 12-52 所示的内圆柱体上底面圆心
指定倾斜角度: -15                 //设定负倾斜角度为 15，效果如图 12-53 所示
```

图 12-52　待倾斜面　　　　　　　　　图 12-53　倾斜后效果

提示：

要避免使用很大的角度，如果该角度过大，剖面在到达指定的高度前可能就已经倾斜成一点。

12.4.7　复制面

可以复制三维实体对象上的面，AutoCAD 将选定的面复制为面域或体。如果指定了两个点，AutoCAD 将第一点用作基点，并相对于基点放置一个副本。如果只指定一个点，然后按 Enter 键，AutoCAD 使用原始选择点作为基点，指定点作为位移点，如图 12-54 所示。

选择"修改"|"实体编辑"|"复制面"命令，或单击"复制面"按钮🗗，命令行提示如下。

```
…
_copy                                    //系统提示信息
选择面或 [放弃(U)/删除(R)]: 找到一个面。      //选择要复制的面
选择面或 [放弃(U)/删除(R)/全部(ALL)]:       //按 Enter 键，完成复制面的选择
指定基点或位移:                            //指定基点
指定位移的第二点:                          //指定位移点
输入面编辑选项
[拉伸(E)/移动(M)/旋转(R)/偏移(O)/倾斜(T)/删除(D)/复制(C)/颜色(L)/材质(A)/放弃(U)/退出(X)]<
退出>: X                                 //退出编辑
```

选定面　　　　　　　基点和选定的第二点　　　　复制的面

图 12-54　复制面操作

12.4.8　复制边

可以将三维实体的边复制为独立的直线、圆弧、圆、椭圆或样条曲线对象。如果指定两个点，AutoCAD 使用第一个点作为基点，并相对于基点放置一个副本。如果只指定一个点，然后按 Enter 键，AutoCAD 将使用原始选择点作为基点，指定点作为位移点。选择"修改"|"实体编辑"|"复制边"命令，或单击"复制边"按钮🗗，执行该命令。具体操作与复制面类似，在此不再赘述。

12.4.9　压印

压印是指在选定的对象上压印一个对象。"压印"选项仅限于以下对象执行：圆弧、圆、直线、二维和三维多段线、椭圆、样条曲线、面域、体和三维实体。为了使压印操作成功，被压印的对象必须与选定对象的一个或多个面相交。

选择"修改"|"实体编辑"|"压印"命令，或单击"压印"按钮🗗，命令行提示如下。

```
命令: _imprint
选择三维实体:                  //选择如图 12-55 所示的长方体作为被压印实体
选择三维实体:                  //按 Enter 键确认选择
选择要压印的对象:              //选择如图 12-55 所示的球体作为压印实体
是否删除源对象 [是(Y)/否(N)] <N>: y    //输入 y 表示要删除压印实体，效果如图 12-56 所示
选择要压印的对象:              //按 Enter 键确认选择，完成压印
```

图 12-55　待压印的三维实体

图 12-56　压印后的三维实体

12.4.10　清除

如果三维实体的边的两侧或顶点共享相同的曲面或顶点定义，那么可以删除这些边或顶点。AutoCAD 将检查实体对象的体、面或边，并且合并共享相同曲面的相邻面，三维实体对象所有多余的、压印的以及未使用的边都将被删除。选择"修改"|"实体编辑"|"清除"命令，或单击"清除"按钮，执行该命令。

12.4.11　分割

可以利用分割实体的功能，将组合实体分割成零件，或者组合三维实体对象不能共享公共的面积或体积。在将三维实体分割后，独立的实体保留其图层和原始颜色，所有嵌套的三维实体对象都将分割成最简单的结构。选择"修改"|"实体编辑"|"分割"命令，或单击"分割"按钮，执行该命令。

12.4.12　抽壳

抽壳是用指定的厚度创建一个空的薄层。可以为所有面指定一个固定的薄层厚度，也可以通过选择面将这些面排除在壳外。可以从三维实体对象中以指定的厚度创建壳体或中空的墙体。AutoCAD 通过将现有的面向原位置的内部或外部偏移来创建新的面。偏移时，AutoCAD 将连续相切的面看作单一的面。一个三维实体只能有一个壳。抽壳前后效果如图12-57 和图 12-58 所示。

图 12-57　抽壳前的效果

图 12-58　抽壳后的效果

选择"修改"|"实体编辑"|"抽壳"命令，或单击"抽壳"按钮，执行该命令，命令行提示如下。

```
…
_shell  //系统提示
选择三维实体:              //选择要抽壳的长方体
删除面或 [放弃(U)/添加(A)/全部(ALL)]: 找到一个面，已删除 1 个。 //选择长方形的顶面
删除面或 [放弃(U)/添加(A)/全部(ALL)]: '_3dorbit 按 ESC 或 ENTER
键退出，或者单击鼠标右键显示快捷菜单。
```

正在重生成模型。
正在恢复执行 SOLIDEDIT 命令。//单击"三维观察"按钮,透明使用三维观察命令旋转至长
　　　　　　　　　　　　　　　　　　方体的底面
删除面或 [放弃(U)/添加(A)/全部(ALL)]: 找到一个面,已删除 1 个。//选择长方形的底面
删除面或 [放弃(U)/添加(A)/全部(ALL)]:　//按 Enter 键,完成面的选择
输入抽壳偏移距离: 10　　　　　　　　　//输入抽壳的厚度
已开始实体校验。　　　　　　　　　　　//系统提示信息
已完成实体校验。　　　　　　　　　　　//系统提示信息
输入体编辑选项
[压印(I)/分割实体(P)/抽壳(S)/清除(L)/检查(C)/放弃(U)/退出(X)] <退出>: X　//退出编辑

12.4.13　检查

检查实体功能可以检查实体对象是否是有效的三维实体对象。对于有效的三维实体,
对其进行修改不会导致 ACIS 失败错误信息。如果三维实体无效,则不能编辑对象。用户
选择"修改"|"实体编辑"|"检查"命令,或单击"检查"按钮，执行该命令。

12.4.14　布尔运算

布尔(BOOLEN)运算用于两个或两个以上的实心体,通过它可以完成并集、差集、交
集运算。布尔运算能够使用这 3 种运算将简单的实体组合成为复杂的实体。

"并集"运算将建立一个合成的实心体与合成的域。合成的实心体通过合并两个或者
更多现有的实心体的体积来建立;合成域通过合并两个或者更多现有域的面积来建立。选
择"修改"|"实体编辑"|"并集"命令,或单击"实体编辑"工具栏上的"并集"按钮，
或在命令行里输入 Union 执行该命令,效果如图 12-59 所示。

使用 UNION　　　　　使用 UNION　　　　　使用 UNION　　　　　使用 UNION
之前的实体　　　　　之后的实体　　　　　之前的面域　　　　　之后的面域

图 12-59　并集运算

"差集"运算将从第一个选择集中的对象减去第二个选择集中的对象。然后创建一个
新的实体或面域。选择"修改"|"实体编辑"|"差集"命令,或单击"差集"按钮，
或在命令行里输入 Subtract 执行该命令,效果如图 12-60 所示。

图 12-60 差集运算

交集运算可以从两个或者多个相交的实心体和面域中建立一个合成实心体以及域，所建立的域将基于两个或者多个相互覆盖的域计算出来，实心体将由两个或者多个相交实心体的共同值计算产生，即使用相交的部分建立一个新的实心体或者域。选择"修改"|"实体编辑"|"交集"命令，或单击"交集"按钮 ◎，或在命令行里输入 Intersect 执行该命令，效果如图 12-61 所示。

图 12-61 交集运算

12.4.15 其他命令

在三维空间中，二维空间所使用的 ARRAY、ROTATE 和 MIRROR 相对于当前坐标系仍然有用。但在三维空间里，比较常用的是 3DARRAY、ROTATE3D、MIRROR3D 等通用三维实体编辑命令，下面详细介绍。

1. 三维移动

三维移动(3DMOVE)命令是在三维视图中显示移动夹点工具，并沿指定方向和距离将对象移动到绘图区相应的位置。

选择"修改"|"三维操作"|"三维移动"命令，或者在命令行输入 3DMOVE 命令，或单击"三维移动"按钮 ⬚，命令行提示如下：

```
命令: _3dmove
选择对象: 找到 1 个              //选择要移动的三维实体
……
选择对象:                        //按 Enter 键，完成选择
指定基点或 [位移(D)] <位移>:      //指定移动实体的基点
```

指定第二个点或 <使用第一个点作为位移>:　　　//输入移动距离，或者输入要移动到目标点的
　　　　　　　　　　　　　　　　　　　　　　　　坐标。按 Enter 键确认完成操作

正在重生成模型。

如图 12-62 所示的是 "三维移动" 命令的流程图。

(a) 未移动的视图　　　　　　(b) 选择移动对象并移动　　　　　　(c) 移动后效果

图 12-62　三维移动流程

2. 三维旋转

三维旋转用于将实体沿指定的轴旋转，命令为 ROTATE3D。可以根据两点指定旋转轴，或者通过指定对象，指定 X、Y 或 Z 轴，或者指定当前视图的 Z 方向为旋转轴。

选择 "修改" | "三维操作" | "三维旋转" 命令，或者在命令行输入 ROTATE3D，命令行提示如下。

```
命令: _3drotate
UCS 当前的正角方向:　ANGDIR=逆时针　ANGBASE=0
选择对象: 找到 1 个　　　　　　　　　//选择要旋转的对象，如图 12-63(a)
……
选择对象:　　　　　　　　　　　　　//按 Enter 键，完成选择
指定基点:　　　　　　　　　　　　　//在绘图区拾取基点，如图 12-63(b)
拾取旋转轴:　　　　　　　　　　　　//选择圈所对应的轴，如图 12-63(c)
指定角的起点或键入角度:180　　　　//输入旋转的角度或者在绘图区指定旋转的起点和中点
　　　　　　　　　　　　　　　　　　来确定旋转的角度，效果如图 12-63(d)
```

如图 12-63 所示的是 "三维旋转" 命令的流程图。

(a) 原对象　　　　(b) 指定基点　　　　　(c) 选择旋转轴　　　　(d) 旋转后效果

图 12-63　三维旋转流程

3. 三维镜像

使用 Mirror3d 命令可以沿指定的镜像平面创建对象的镜像。镜像平面可以是平面对象所在的平面，通过指定点且与当前 UCS 的 XY、YZ 或 XZ 平面平行的平面或及由选定三点定义的平面。选择"修改"|"三维操作"|"三维镜像"命令，或者输入 Mirror3d，执行三维镜像命令，命令行提示如下。

```
命令: _mirror3d                              //选择三维镜像命令
选择对象: 指定对角点: 找到 15 个             //选择如图 12-64 所示对象
选择对象:                                    //按 Enter 键完成选择
指定镜像平面 (三点) 的第一个点或
   [对象(O)/最近的(L)/Z 轴(Z)/视图(V)/XY 平面(XY)/YZ 平面(YZ)/ZX
平面(ZX)/三点(3)] <三点>: 在镜像平面上指定第二点: 在镜像平面上指定第三点:
                                            //选择三点方式作为镜像面
是否删除源对象? [是(Y)/否(N)] <否>: N        //不删除源对象，得到如图 12-65 所示效果
```

图 12-64 待镜像的半沙发

图 12-65 镜像后的效果

镜像平面的选择与旋转中旋转轴的选择一样，有多种确认方式。"对象"、"最近的"、"视图"选项与旋转类似，不再赘述。"Z 轴"选项表示镜像平面过指定点且根据镜像平面上的一个点和镜像平面法线上的一个点定义镜像平面，"XY 平面"、"YZ 平面"、"ZX 平面"选项表示平行于 XY、YZ、ZX 面且经过一点的平面为镜像面。

4. 三维阵列

三维阵列可以在三维空间创建对象的矩形阵列或环形阵列，命令为 3darray。跟二维阵列不同，当用户选择了矩形阵列时，除了指定列数和行数之外，还要指定阵列的层数。

选择"修改"|"三维操作"|"三维阵列"命令，或者输入 3darray，执行三维阵列命令，命令行提示如下。

```
命令: _3darray                               //通过菜单执行命令
选择对象: 指定对角点: 找到 1 个              //选择如图 12-66 所示的灯
选择对象:                                    //按 Enter 键，完成选择
输入阵列类型 [矩形(R)/环形(P)] <矩形>:p      //设置阵列类型为环形阵列
输入阵列中的项目数目: 6                       //设置阵列数目为 6
指定要填充的角度 (+=逆时针, -=顺时针) <360>://设置填充角度为 360 度，采用默认值
旋转阵列对象?  [是(Y)/否(N)] <Y>:           //按 Enter 键，旋转阵列对象
指定阵列的中心点:                            //指定轴心直线上一点
指定旋转轴上的第二点:                         //指定轴直线上另外一点
```

按 Enter 键，阵列完成，效果如图 12-67 所示。

图 12-66　待阵列对象

图 12-67　阵列效果

12.5　操 作 实 践

【例 12-4】绘制如图 12-68 所示的斜拉桥，桥面宽度 2.5m，全长 30m，厚度 0.2m，以熟悉三维模型的创建，具体尺寸在各个步骤中介绍。

图 12-68　斜拉桥的三维模型效果

(1) 选择"视图"|"三维视图"|"俯视"命令，切换到俯视图模式。

(2) 单击"建模"工具栏上的"长方体"按钮 ⬛ ，命令行提示如下。

```
命令: _box                                    //单击"长方体"按钮启动命令
指定长方体的角点或 [中心点(CE)] <0,0,0>: ce    //采用中心点方式
指定长方体的中心点 <0,0,0>:                     //中心点设为坐标原点
指定角点或 [立方体(C)/长度(L)]: l             //采用长度方式绘制
指定长度: 300000                              //输入桥长
指定宽度: 25000                               //输入桥面宽度
指定高度: 2000                                //输入桥面板的厚度
命令: '_3dorbit 按 ESC 或 ENTER 键退出，或者单击鼠标右键显示快捷菜单。
正在重生成模型。                              //三维动态观察，效果如图 12-69 所示
```

图 12-69　桥面板的绘制

(3) 选择"视图"|"三维视图"|"俯视"命令，切换到俯视图模式。然后单击"绘图"工具栏上的"直线"按钮，打开工具栏"对象捕捉"开关，保证"中点"捕捉方式被选择。捕捉桥面两端的中点，绘制效果如图 12-70 所示。

(4) 选择"绘图"|"点"|"等数分点"命令，将桥面中线分为 40 份，打开状态栏的"对象捕捉"开关，并确保"节点"捕捉方式被选择。

(5) 单击"视图"工具栏上的"前视"按钮，切换到主视图模式。

(6) 单击"绘图"工具栏上的"直线"按钮，在桥头处绘制沿 Z 轴方向辅助线长为 20000，然后单击"修改"工具栏上的"偏移"按钮，偏移距离为 75000。效果如图 12-71 所示。

图 12-70　绘制桥面中线　　　　　　　图 12-71　绘制辅助线

(7) 选择"视图"|"三维视图"|"俯视"命令，切换到俯视图模式。单击"建模"工具栏上的"圆柱体"按钮，命令行提示如下。

```
命令: _cylinder                          //单击按钮启动命令
指定底面的中心点或 [三点(3P)/两点(2P)/切点、切点、半径(T)/椭圆(E)]: //选定圆柱中心点
指定底面半径或 [直径(D)] <111.9417>: 1500    //输入半径值
指定高度或 [两点(2P)/轴端点(A)] <155.9236>:50000    //输入桥墩总高度
```

(8) 单击"视图"工具栏上的"主视"按钮，切换到主视图模式。单击"修改"工具栏上的"移动"按钮，选择刚刚绘制的圆柱体，向下移动 15000，如图 12-72 所示。

图 12-72　绘制桥墩

(9) 单击"自由动态观察"按钮，旋转至如图 12-73 所示位置。

(10) 单击"建模"工具栏上的"圆柱体"按钮，命令行提示如下。

```
命令: _cylinder                          //单击按钮启动命令
指定底面的中心点或 [三点(3P)/两点(2P)/切点、切点、半径(T)/椭圆(E)]:
                                    //选定拉索圆柱中心点为等分节点
指定底面半径或 [直径(D)] <1500>: 250 //输入拉索半径
指定高度或 [两点(2P)/轴端点(A)] <50000>:a //输入桥墩总高度
指定轴端点: //捕捉桥墩顶点
```

(11) 重复第(10)步操作，可以得到如图 12-73 所示效果。

(12) 单击 UCS 工具栏的"原点"按钮，选择桥墩与桥面相交处的中心点，创建了

新的用户坐标，如图 12-74 所示。

图 12-73　拉索效果

图 12-74　创建新用户坐标

(13) 单击 UCS Ⅱ 工具栏的"命名 UCS…"按钮，将会弹出如图 12-75 所示的"UCS"对话框，在"命名"选项卡中双击"未命名"，输入"桥墩处"。在"设置"选项卡中选中"显示于 UCS 原点"复选框，如图 12-76 所示。

图 12-75　命名新建的用户坐标系

图 12-76　设置 UCS

(14) 选择"修改"|"三维操作"|"三维镜像"命令，命令行提示如下。

```
命令: _mirror3d                    //启动三维镜像命令
选择对象: 找到 10 个               //选择镜像对象
选择对象:                          //按 Enter 键，结束对象选择
指定镜像平面 (三点) 的第一个点或
    [对象(O)/最近的(L)/Z 轴(Z)/视图(V)/XY 平面(XY)/YZ 平面(YZ)/ZX
平面(ZX)/三点(3)] <三点>: yz        //采用当前坐标的 YZ 平面为镜像面
指定 YZ 平面上的点 <0,0,0>:        //选择默认原点
是否删除源对象? [是(Y)/否(N)] <否>: N //不删除源对象，效果如图 12-77 所示
```

(15) 在命令行输入 Isolines，将参数值设为 8。

(16) 单击"建模"工具栏上的"球体"按钮，选择桥墩的顶点的圆心为球心，半径 2000，效果如图 12-78 所示。

图 12-77　三维镜像拉索

图 12-78　绘制球形压顶

(17) 单击"实体编辑"工具栏上的"并集"按钮⑩，选择桥墩柱、拉索和球形压顶，命令行提示如下。

```
命令: _union                      //启动并集命令
选择对象: 指定对角点: 找到 22 个      //选择并集对象
选择对象:                          //按 Enter 键完成操作
```

(18) 再单击"UCS"工具栏的"上一个"按钮↩，回到开始的坐标系。

(19) 同(14)步操作，选择拉索和桥墩为对象进行三维镜像操作，镜像面仍然用 YZ 平面，效果如图 12-79 所示。

图 12-79　三维镜像

(20) 删除辅助线，消隐后，进行体着色的效果如图 12-68 所示。

12.6　习　　题

12.6.1　填空题

(1) 启动自由动态观察⊘后，此时光标落在_____并拖动光标以后，使视图围绕通过转盘中心的水平轴或 X 轴旋转。

(2) AutoCAD 提供了两个坐标系：一个称为_____(WCS)的固定坐标系和一个称为_____(UCS)的可移动坐标系。

(3) 在三维表面绘制中，最常用的系统参数变量是_____和_____，在三维实体绘制中，最常用的系统参数变量是_____。

(4) 绘长方体的命令是_____绘制圆柱体的命令是_____。

(5) 压印对象必须与选定实体上的面_____，这样才能压印成功。

(6) 剖切与切割的区别在于：_____是将实体分开成为两个实体，而_____只是在指定位置创建通过该位置的一个切面，原来的实体依然完整。

12.6.2　选择题

(1) AutoCAD 三维制图中_____命令使用三维线框表示显示对象，并隐藏表示对象后面各个面的直线。

　　A. 重生成　　　　　B. 重画　　　　　C. 消隐　　　　　D. 着色

(2) 在 AutoCAD 2010 中，可以使用_____命令将某一个图形转化为二维域。可以实现这种转化的实体包括封闭多段线、直线、曲线、圆、圆弧、椭圆、椭圆弧和样条曲线。

　　A. BOX　　　　　　　B. CYLINDER　　　C. REGION　　　　　D. SOLIDEDIT

(3) _____运算将建立一个合成实心体与合成域，能将多个相连的实体合并成一个复杂的实体。

　　A. 并集运算　　　　　B. 差集运算　　　　C. 交集运算　　　　D. 其他

12.6.3　上机操作

(1) 绘制如图 12-80 和图 12-81 所示的三维图形。

图 12-80　三维实体模型　　　　　　　　图 12-81　消隐着色后的效果

(2) 绘制如图 12-82 和图 12-83 所示的三维图形。

图 12-82　三维实体模型　　　　　　　　图 12-83　消隐着色后的效果

第13章 建筑效果图的绘制

要很好地表现所设计建筑的外部形式和内部空间，以及建筑群中间的空间关系，通常要借助于建筑效果图。在过去常使用手工绘制建筑效果图，要做到准确地表达是一个非常复杂的工作。AutoCAD 提供的了大量的三维绘图工具，即使设计人员不具备绘制透视图方面的知识，也能够快速地通过建立建筑模型，然后选择视点，自动地完成透视图的绘制。可以通过使用三维绘图的各种命令建立建筑模型，利用 AutoCAD 自带的渲染系统对模型进行铺贴材质，设置光源和渲染等操作，得到如图 13-1 所示的效果。也可以将其存储成其他格式的文件，导入到其他专业的渲染软件中完成渲染和配景贴图工作。

图 13-1　建筑效果图

本章重点在于根据总平面图绘制总体建筑草模、根据平立剖面图绘制精确的单体建筑模型并完成 AutoCAD 渲染的基本操作。

知识要点
- 根据总平面图创建总体建筑模型
- 根据平立剖面创建单体建筑模型
- 运用实体创建其他建筑模型
- 对模型进行渲染

13.1　通过总平面图绘制总体建筑模型

设计人员对一个建筑群进行设计时通常需要建立一个草模，即粗略的建筑模型，来分析建筑物之间的关系，例如小区中的风环境分析、日照分析等。草模的创建主要依据是建筑总平面图。用户只要将总平面图中的新建建筑和已有建筑的平面进行拉伸，然后对其进行简单的着色便可以完成。

具体的操作步骤如下。

(1) 处理总平面图，保留各种建筑平面图和地形的标高、道路。删除不必要的文字和尺寸标注。

(2) 获取地形标高数据或等高线数据和建筑物屋顶的标高。

(3) 如有需要，可以通过在命令行中输入 3dmesh 命令绘制三维网格。通过输入网格各节点的标高来绘制地形图。

(4) 采用"多段线"描绘各建筑平面，并将其封闭。或者在命令行输入 region 命令生成一个面域。

(5) 选择"绘图"|"建模"|"拉伸"命令，或者单击"建模"工具栏上的"拉伸"按钮，或者在命令行输入 Extrude，将平面图拉伸。

(6) 对模型进行消隐、着色，完成草模的创建。

【例 13-1】绘制小区建筑草模。依据第 11 章操作实践中绘制的建筑总平面图，绘制该小区的建筑草模，效果如图 13-2 所示。

图 13-2   小区建筑草模

(1) 关闭总平面图上"总图-尺寸"和"总图-文字"图层。

(2) 切换到"总图-平面-已建"图层。单击"绘图"工具栏上的"面域"按钮，依次选择左侧四栋已建建筑轮廓线，生成 4 个面域，命令行提示如下。

命令: _region	//单击按钮，启动面域命令
选择对象: 指定对角点: 找到 97 个	//选择 4 个已建建筑
选择对象:	//按 Enter 键，完成面域的选择
已提取 4 个环。	//体统提示信息
已创建 4 个面域。	//系统提示信息

(3) 单击"视图"工具栏上的"前视"按钮，将图形切换到如图 13-3 所示状态，打开状态栏上的"对象捕捉"和"正交"开关，单击"绘图"工具栏上的"直线"按钮绘制一条长为 21 的直线为拉伸路径，代表 6 层楼房附加一架空层的高度。

图 13-3   绘制拉伸路径

(4) 单击"自由动态观察"按钮，拖动鼠标，转到一定的透视位置。

(5) 单击"建模"工具栏上的"拉伸"按钮，选择 4 个已建建筑轮廓线构成的面域，再选择已经绘制的平面外的直线为路径，拉伸面域得到如图 13-4 所示的效果，命令行提示如下。

```
命令: _extrude                              //单击拉伸按钮，启动拉伸命令
当前线框密度:   ISOLINES=4                  //系统提示信息
选择要拉伸的对象:找到 4 个                   //选择已建建筑面域
选择要拉伸的对象:                           //按 Enter 键，完成选择
指定拉伸的高度或 [方向(D)/路径(P)/倾斜角(T)] <6.6481>:p      //采用路径的方式
选择拉伸路径或 [倾斜角(T)]:                  //选择路径，完成拉伸
```

图 13-4　沿路径拉伸已建建筑

(6) 切换到"总图-平面-新建"图层。单击"绘图"工具栏上的"面域"按钮，依次选择右侧新建建筑轮廓线，生成十三个面域。

(7) 单击"视图"工具栏上的"前视"按钮，打开状态栏上的"对象捕捉"和"正交"开关，单击"绘图"工具栏上的"直线"按钮，绘制一条长为 63 的直线为拉伸路径，代表 21 层楼房的高度，如图 13-5 所示。

(8) 单击"自由动态观察"按钮，拖动鼠标，转到一定的透视位置。

(9) 单击"建模"工具栏上的"拉伸"按钮，选择多层的建筑轮廓线构成的面域，再选择已经绘制的平面外的短直线为路径，拉伸面域。继续执行"拉伸"命令，选择高层建筑轮廓线构成的面域，选择已绘制的平面外的长直线作为路径进行拉伸。效果如图 13-6 所示。

图 13-5　绘制高层建筑的拉伸路径　　　　图 13-6　拉伸新建建筑形成的线框模型

(10) 删除路径线，选择"视图"|"消隐"命令，得到如图 13-2 所示效果。

13.2 通过平立剖面图绘制单体建筑模型

通过建筑的平立剖面绘制建筑模型，这是绘制建筑效果图最常见的一种方法，也是表现力最强的一种方式。这种方法能非常精确地反映平立面的内容，而且非常直观。可以通过该方法绘制建筑的准确的室内或室外模型，为效果图的后期处理打下基础。

绘制单体建筑模型的一般的步骤如下。

(1) 复制建筑图纸的平面图，并对图纸进行处理，删除不必要的图形和线条，例如绘制建筑的外观效果图，可以将标注、文字、家具、卫生洁具、及内部隔墙等删除，仅保留外墙，这样减少建模的工作量，同时有利于后期渲染处理，提高渲染速度。有时，为提高渲染速度，只保留某两个墙面来绘制效果图。

(2) 绘制建筑的三维墙体，在准确的位置保留或者新开门窗洞口。注意使用不同材料墙体，建议分开建模，这样便于后期处理。

(3) 绘制门窗三维图形并定义成图块，若已经有绘制好的图块，可以直接插入。材料不同的部位分开建模。

(4) 绘制该楼层的一些细部，如阳台栏杆、墙身的线角，窗台、空调板等。

(5) 多层或高层，绘制好标准层的三维模型后进行层间复制。

(6) 绘制屋顶三维模型。

(7) 插入一些三维的配景模型，消隐后完成三维模型的创建。

【例 13-2】绘制一传达室的外观三维模型。以第 10 章绘制的传达室的平、立、剖面图的数据为基础，创建其三维模型，如图 13-7 所示。

三维线框图 三维消隐图

图 13-7 三维模型

(1) 复制底层平面图，删除不需要的图线、文字以及内部隔墙，得到如图 13-8 所示的图形。

(2) 新建"建筑-墙体-三维"图层，并设为当前层，单击"绘图"工具栏上的"多段线"按钮 ，绘制墙体轮廓。关闭其他图层得到如图 13-9 所示图形。命令行提示如下。

图 13-8 整理后的底层平面图 图 13-9 绘制墙体轮廓线

```
命令: _pline                        //单击按钮，启动命令
指定起点:                           //选择多段线起点
当前线宽为 0.0000                   //系统提示信息
指定下一个点或 [圆弧(A)/半宽(H)/长度(L)/放弃(U)/宽度(W)]:    //指定下一点
指定下一点或 [圆弧(A)/闭合(C)/半宽(H)/长度(L)/放弃(U)/宽度(W)]: //指定下一点
…
指定下一点或 [圆弧(A)/闭合(C)/半宽(H)/长度(L)/放弃(U)/宽度(W)]: c //封闭多段线
```

(3) 单击"视图"工具栏上的"前视"按钮 ，打开状态栏上的"对象捕捉"和"正交"开关，并保证"端点"捕捉方式已经打开，单击"绘图"工具栏上的"直线"按钮绘制一条长为 450 的直线为拉伸路径，代替踢脚水刷石部分的墙体高度。

(4) 单击"自由动态观察"按钮 ，拖动鼠标，转到一定的透视位置。

(5) 单击"建模"工具栏上的"拉伸"按钮 ，选择该封闭的多段线，再选择已经绘制的平面外的 450 短直线为路径，拉伸封闭的多段线，如图 13-10 所示。

(6) 单击"修改"工具栏上的"复制"按钮 ，选择三维墙体为复制对象，基点选择房屋的角点，复制后的效果如图 13-11 所示。

图 13-10　拉伸踢脚部分的墙体　　　　图 13-11　复制墙体

(7) 单击"实体编辑"工具栏上的"拉伸面"按钮 ，选择墙体的顶面，拉伸距离设为 200，命令行提示如下。

```
命令: _solidedit                                  //单击按钮，启动命令
实体编辑自动检查:  SOLIDCHECK=1                    //系统提示信息
输入实体编辑选项 [面(F)/边(E)/体(B)/放弃(U)/退出(X)] <退出>: _face //系统提示信息
输入面编辑选项
[拉伸(E)/移动(M)/旋转(R)/偏移(O)/倾斜(T)/删除(D)/复制(C)/颜色(L)/材质(A)/放弃(U)/退出(X)]<
退出>: _extrude                                   //系统提示信息
选择面或 [放弃(U)/删除(R)]: 找到一个面。          //选择墙体的顶面
选择面或 [放弃(U)/删除(R)/全部(ALL)]:             //按 Enter 键，完成拉伸面的选择
指定拉伸高度或 [路径(P)]: 200                      //输入拉伸高度
指定拉伸的倾斜角度 <0>:                            //接受默认值
已开始实体校验。                                  //系统提示信息
已完成实体校验。                                  //系统提示信息
```

(8) 创建"建筑-墙体-三维-窗间"图层并置为当前层。关闭"建筑-墙体-三维"图层。单击"视图"工具栏上的"俯视"按钮 ，单击"绘图"工具栏上的"多段线"按钮 ，绘制窗间墙体轮廓线，如图 13-12 所示。

(9) 单击"绘图"工具栏上的"面域"按钮 ，选择墙体，产生 6 个面域。

(10) 单击"建模"工具栏上的"拉伸"按钮 ，选择这些面域，输入拉伸高度 1500。选择"视图"|"消隐"命令，消隐后效果如图 13-13 所示。

图 13-12　窗间墙轮廓线

图 13-13　拉伸窗间墙

(11) 打开所有图层，单击"修改"工具栏上的"移动"按钮 ，选择所有"建筑-墙体-三维-窗间"图层上的实体，以墙角为基点将墙体移至先前绘制墙体之上，消隐后效果如图 13-14 所示。

(12) 单击 UCS 工具栏上的"原点"按钮 ，选择窗间墙的一个角点，如图 13-15 所示。

图 13-14　移动窗间墙

图 13-15　移动用户坐标

(13) 切换到"建筑-墙体-三维"图层，单击"绘图"工具上的"多段线"按钮 ，绘制墙体整体轮廓并将其封闭。单击"绘图"工具栏上的"面域"按钮 ，选择内外两个整体轮廓线生成两个面域。单击"实体编辑"工具栏上的"差集"按钮 ，用大面域减去小面域，如图 13-16 所示。

(14) 单击"建模"工具栏上的"拉伸"按钮 ，选择该面域，输入拉伸高度 800，效果如图 13-17 所示。

图 13-16　绘制窗顶墙的面域

图 13-17　绘制屋面轮廓线

(15) 单击 UCS 工具栏上的"原点"按钮 ，选择窗顶墙的一个角点。再单击"绘图"工具栏上的"多段线"按钮 ，绘制屋面的整体轮廓，不要封闭。消隐后如图 13-17 所示。

(16) 单击"视图"工具栏上的"前视"按钮 ，单击"绘图"工具栏上的"多段线"按钮 ，绘制如图 13-18 所示的天沟，并封闭多段线。单击"修改"工具栏上的"移动"按钮 ，将天沟移至屋面轮廓线的位置，如图 13-19 所示。

图 13-18　绘制天沟

图 13-19　移动天沟

(17) 单击"自由动态观察"按钮，拖动鼠标，转到一定的透视位置。

(18) 单击"建模"工具栏上的"拉伸"按钮，选择天沟为拉伸对象，屋面轮廓线为路径，可以得到如图 13-20 所示效果。

(19) 单击"绘图"工具栏上的"面域"按钮，选择屋面轮廓线，然后单击"建模"工具栏上的"拉伸"按钮，输入拉伸高度 - 100，生成屋面板，效果如图 13-21 所示。

图 13-20　拉伸绘制天沟

图 13-21　拉伸绘制屋面板

(20) 单击"修改"工具栏上的"移动"按钮，将天沟移至正确位置，如图 13-22 所示。

(21) 单击"视图"工具栏上的"俯视"按钮，从传达室的屋顶平面图，复制屋顶的装饰墙平面图。切换到"建筑-墙体-三维"图层，单击"绘图"工具栏上的"多段线"按钮，绘制墙体轮廓。单击"绘图"工具栏上的"面域"按钮，选择屋面装饰墙轮廓线。单击"实体编辑"工具栏上的"差集"按钮，用大面域减去小面域，如图 13-23 所示。

图 13-22　移动三维屋顶天沟

图 13-23　轮廓线形成的面域和拉伸效果

(22) 单击"建模"工具栏上的"拉伸"按钮，单击拉伸高度为 1400，效果如图 13-23 所示。

(23) 单击"修改"工具栏上的"移动"按钮，将装饰墙移至正确位置，如图 13-24 所示。

(24) 打开"建筑-墙线"图层，关闭其他图层，另外创建"建筑-散水-三维"图层，将散水的内部节点在 Z 轴方向提升 200，选择"绘图"|"建模"|"网格"|"三维面"命令，绘制散水平面、室内地坪面，如图 13-25 所示。

图 13-24　移动装饰墙

图 13-25　绘制散水

(25) 打开其他图层，模型效果如图 13-26 所示。

(26) 绘制三维窗模型，单击"视图"工具栏上的"俯视"按钮，创建"建筑-窗体-三维"图层，并设置为当前层，单击"绘图"工具栏上的"多段线"按钮，绘制边框和中框截面轮廓，并将其封闭，如图 13-27 所示。

图 13-26　墙体模型效果

图 13-27　窗框截面图

(27) 单击"视图"工具栏上的"前视"按钮，单击"绘图"工具栏上的"多段线"按钮，绘制 1500×1500 窗轮廓，如图 13-28 所示。注意绘制外框的"多段线"不能闭合，否则无法作为路径。

(28) 单击"建模"工具栏上的"拉伸"按钮，边框选择外框多段线为路径，中框选择中间直线作路径。通过使用"修改"工具栏上的"平移"按钮，以及"实体编辑"工具栏上的"并集"按钮，绘制成整体窗框。再新建"建筑-玻璃"图层，再选择"绘图"|"建模"|"网格"|"三维面"命令，选择窗框的中点，绘制窗户玻璃，如图 13-29 所示。

图 13-28　绘制窗轮廓线

图 13-29　三维窗体

(29) 单击"绘图"工具栏上的"创建块"按钮，选择整个窗户为对象，选择窗的左下角的中点为插入点，命名为"三维窗户"图块。

(30) 单击"绘图"工具栏上的"插入块"按钮，在窗洞位置插入"三维窗户"图块。若插入的图块和窗洞不在一个平面时，可以通过单击 UCS 工具栏上的"原点"按钮，在窗洞里的插入点新建一用户坐标系。然后选择"修改"|"三维操作"|"三维旋转"命令，

将图块绕某个轴旋转。

（31）同理，可以绘制三维门的图形插入门洞中，得到如图 13-7 所示的效果。选择"视图"|"视觉样式"|"真实"命令，将得到如图 13-30 所示的效果。

图 13-30　不同视角的着色模型

提示：

"多段线"的绘制只能在 XY 平面内进行，如果要绘制的多段线不在 XY 平面，则单击 UCS 工具栏上的用户坐标旋转按钮和移动按钮。

13.3　运用实体创建模型

对于一些建筑小品和桥梁造型，通常可以创建一些几何实体，然后通过布尔运算和其他实体编辑命令创建出新的几何形体。在绘制过程中要灵活应用用户坐标系、三维旋转和三维镜像命令。

【例 13-3】绘制如图 13-31 所示的拱桥，桥面宽 30m，桥长 300m。

图 13-31　拱桥模型

（1）创建"建筑-桥面"图层，并置为当前图层。

（2）单击"建模"工具栏上的"长方体"按钮，绘制一个 300×30×2 的长方体桥面板，若选择"视图"|"视觉样式"|"真实"命令，得到如图 13-32 的效果，命令行提示如下。

```
命令: _box //执行长方体命令
指定长方体的角点或 [中心点(CE)] <0,0,0>://按 Enter 键，指定一个角点为原点
指定角点或 [立方体(C)/长度(L)]: l//输入 l，表示使用长度、宽度、高度绘制长方体
指定长度: 300    //输入长度值
指定宽度: 30     //输入宽度值
指定高度: 2      //输入高度值，效果如图 13-32 所示
```

(3) 单击 UCS 工具栏上的"原点"按钮 ⌐，选择桥面板顶面的边线中点，再单击 X 按钮，将用户坐标系统 X 轴旋转 90°，如图 13-33 所示，命令行提示如下。

图 13-32　绘制桥面板

图 13-33　移动用户坐标系

```
命令: ucs//执行 UCS 命令
当前 UCS 名称: *没有名称*
指定 UCS 的原点或 [面(F)/命名(NA)/对象(OB)/上一个(P)/视图(V)/世界(W)/X/Y/Z/Z 轴(ZA)] <
世界>: _x
指定绕 X 轴的旋转角度 <90>: 90//输入旋转角度为 90
```

(4) 单击 UCS Ⅱ工具栏上的"命名 UCS"按钮，在弹出的 UCS 对话框中，将"未命名"的 UCS 命名为"桥面"，单击"确定"按钮完成命名。

(5) 新建"建筑-桥拱"图层，打开状态栏的"对象捕捉"、"正交"和 DYN 开关，单击"绘图"工具栏上的"直线"按钮绘制一条水平的辅助线和一条桥面的垂直平分线，然后单击"修改"工具栏上的"偏移"按钮 ⌐，依次向下分别偏移 20 和 80。偏移 20 绘制的是水面线，偏移 80 绘制的是大拱的圆心位置，如图 13-34 所示。

(6) 单击"绘图"工具栏上的"圆"按钮 ⌀，选择圆心点，绘制一半径为 135 的圆，如图 13-35 所示。

图 13-34　绘制辅助线

图 13-35　绘制桥拱的圆形轮廓

(7) 单击"修改"工具栏上的"修剪"按钮 ⌐，将圆进行修剪，修剪结果如图 13-36 所示。

(8) 单击"绘图"工具栏上的"圆弧"按钮，绘制如图 13-37 所示的小圆弧，命令行提示如下。

图 13-36　修剪大圆弧

图 13-37　绘制小圆弧

```
命令:_arc                            //单击按钮，启动圆弧命令
指定圆弧的起点或 [圆心(C)]:          //提示输入圆弧起点
'_3dorbit 按 ESC 或 ENTER           //单击"三维动态观察器"，透明使用该命令
键退出，或者单击鼠标右键显示快捷菜单。
正在重生成模型。
指定圆弧的起点或 [圆心(C)]:          //选择桥面板的中点为圆弧的起点
指定圆弧的第二个点或 [圆心(C)/端点(E)]: e //选择采用端点方式
指定圆弧的端点:                      //指定大圆与水面线的交点为小圆弧的另一端点
指定圆弧的圆心或 [角度(A)/方向(D)/半径(R)]: <正交 关>r //再选择半径方式
指定圆弧的半径: 45                   //输入半径 45
```

(9) 反复使用"偏移"和"修剪"命令，偏移距离为 15，绘制吊杆的位置线，如图 13-38 所示。

(10) 单击"修改"工具栏上的"偏移"按钮🔲，输入偏移距离 2，将两个圆弧向内偏移。单击"绘图"工具栏上的"面域"按钮🔲，选择圆弧和相关直线，生成两个面域，如图 13-39 所示。

图 13-38　绘制吊杆定位线

图 13-39　生成面域

(11) 单击"建模"工具栏上的"拉伸"按钮🔲，选择面域，输入拉伸距离为 18，拉伸效果如图 13-40 所示。

(12) 单击"视图"工具栏上的"俯视"按钮🔲，然后单击"绘图"工具栏上的"椭圆"按钮⬭，采用圆心方式绘制如图 13-41 所示的两个椭圆。

图 13-40　拉伸效果　　　　　　　　图 13-41　绘制椭圆

(13) 单击"建模"工具栏上的"拉伸"按钮🔲，选择桥跨中的椭圆，输入拉伸距离－50。

再单击"拉伸"按钮，选择右侧的椭圆，输入拉伸距离 - 60，得到如图 13-42 所示。

(14) 单击"视图"工具栏上的"前视"按钮 ，再单击"修改"工具栏上的"移动"按钮，将椭圆柱移到方便取差集的位置，如图 13-43 所示。

　　　　图 13-42　　拉伸椭圆　　　　　　　　　　　图 13-43　　调整椭圆柱的位置

(15) 单击"实体编辑"工具栏上的"差集"按钮 ⦾，用桥拱面减去椭圆柱，得到如图 13-44 所示效果。

(16) 单击 UCS 工具栏上的"原点"按钮 ⌐，选择桥面的中心点，如图 13-45 所示。

　　　　图 13-44　　布尔运算后的效果　　　　　　　　图 13-45　　移动用户坐标系

(17) 选择"修改"|"三维操作"|"三维镜像"命令，将 1/4 桥拱镜像成 1/2 桥拱，如图 13-46 所示，命令行提示如下。

```
命令: _mirror3d                                    //启动镜像命令
选择对象: 找到 1 个                                 //选择 1/4 桥拱为镜像对象
选择对象:                                          //按 Enter 键，完成对象的选择
指定镜像平面 (三点) 的第一个点或
    [对象(O)/最近的(L)/Z 轴(Z)/视图(V)/XY 平面(XY)/YZ 平面(YZ)/ZX
平面(ZX)/三点(3)] <三点>: xy                        //选择 XY 平面为镜像面
指定 XY 平面上的点 <0,0,0>:                          //镜像面通过原点]
是否删除源对象? [是(Y)/否(N)] <否>: N                //不删除源对象
```

图 13-46　　镜像后效果

(18) 新建"建筑-吊杆"图层，并设为当前层，单击"建模"工具栏上的"圆柱"按钮 ▣，输入直径 0.25，绘制效果如图 13-47 所示，命令行提示如下。

```
命令: _cylinder                              //单击按钮，启动命令
当前线框密度：ISOLINES=32                    //系统提示信息
指定圆柱体底面的中心点或 [椭圆(E)] <0,0,0>: //选择圆心
指定圆柱体底面的半径或 [直径(D)]: 0.25      //输入半径 0.25
指定圆柱体高度或 [另一个圆心(C)]: c          //采用另一圆心方式
指定圆柱的另一个圆心：                        //选择另一圆心，完成吊杆绘制
```

(19) 选择"修改"|"三维操作"|"三维镜像"命令，将 1/2 桥拱镜像成全桥拱，采用 XZ 为镜像面，如图 13-48 所示。

(20) 在两边拱脚绘制长方体桥墩，并镜像，得到如图 13-49 所示的效果。

图 13-47　三维吊杆的绘制

图 13-48　镜像效果

图 13-49　绘制桥墩

(21) 选择"视图"|"视觉样式"|"真实"命令，得到如图 13-31 所示的效果。

13.4　渲　染

建立模型后便进入下一阶段的处理，即后期处理阶段，也就是通常所说的渲染过程。渲染包括设置材质、布置灯光以及布置场景。渲染是运用几何图形、光源和材质将模型渲染为具有真实感的图像。对于三维对象渲染能够较为形象生动地表现建筑的颜色、材质色泽、灯光效果。AutoCAD 提供的渲染工具能够逼真地模拟现实效果。下面简单介绍一下这些渲染工具，如图 13-50 所示。

图 13-50　"渲染"工具栏

13.4.1　设置材质

材质是指给三维图形对象附加上一些材料的特性，例如木材颜色、光滑度等。AutoCAD 提供的材质命令为物体指定材质，可使物体更具有真实感。

通过选择"视图"|"渲染"|"材质"命令可以执行"材质"命令。执行"材质"命令

后，弹出如图 13-51 所示的"材质"选项板。

1."图形中可用的材质"区域

在该区域中有材质的控制窗口和编辑材质的各个按钮。外围为黄色时，表示该材质正在使用中。在窗口中单击鼠标右键，弹出如图 13-52 所示的快捷菜单，可对材质进行处理。

图 13-51   "材质"选项板   图 13-52   "材质"快捷菜单

各个按钮的含义如下。

- "切换显示模式"按钮■：用于切换窗口材质的显示方式，即只显示正在使用的材质与显示多个材质的不同窗口的切换。
- "样例几何体"按钮：用于控制选中的样例材质显示的几何形状，有三个几何类型：长方体、圆柱体和球体。
- "预览样例光源模型"按钮：用于对三维实体的光源效果预览切换。
- "交错参考底图"按钮▨：用于控制窗口中的样例显示彩色交错底图的开启和关闭，用户可以查看材质的不透明度。
- "创建新材质"按钮：用于创建新的材质，单击一次该按钮，窗口中将多一个材质并弹出创建新材质对话框，可以输入名称和说明。
- "从图形中清除"按钮：用于将选中的材质样例从图形中删除，但无法删除全局材质和正在使用的材质。
- "表明材质正在使用"按钮：用于更换选中材质的图标显示。
- "将材质运用到对象"按钮：用于将选中的材质样例运用到绘图区中选定的三维对象或面。单击此按钮，再在绘图区拾取三维对象，按 Enter 键确认，也可以双击此按钮，在绘图区直接拾取三维对象即可。
- "从选定的对象中删除材质"按钮：用于将选定的三维对象或面去除材质。

在材质快捷菜单中，有些选项是在窗口中找不到的，下面对这些选项的功能进行介绍。

- "选择应用了材质的对象"选项：选择应用了选定材质的所有对象，但不能选择应用了材质的面。
- "编辑名称和说明"选项：用于对选中的材质重新命令和重新说明。
- "输出到活动的工具选项板"选项：用于将选中的材质输出到当前活动的工具选项板，如果该选项板窗口处于关闭状态，则系统会将其打开。
- "复制/粘贴"选项：用于将选中的材质进行复制和粘贴。
- "大小"选项：用于控制显示的材质样例的尺寸大小。

2. "材质编辑器"卷展栏

- "材质编辑器"卷展栏可以对材质类型、样板、颜色、反光度、不透明度、折射率、半透明度等进行设置。
- "类型"下拉列表框：提供 4 种类型的材质，分别是真实、真实金属、高级、高级金属，每一种材质类型都有其可供调整的特性。
- "样板"下拉列表框：只有在真实和真实金属的类型下，样板才有对应的选项，用户可以选择不同材质类型所对应的样板材料来赋予三维对象。
- "反光度"选项：控制物体表面的反光率，其反光原理大致为：有光泽表面亮显区小而亮，暗的实体表面反光区域大而柔和。
- "折射率"选项：控制透明材质实体的折射光参数，折射率是 1.0 时，是空气的折射率，其后面的对象不会失真，光线直线通过，但当折射率是 1.5 时，材质已完全失真。
- "半透明度"选项：该参数只适用于真实和高级类型，而不适用于金属样板和真实金属样板。当半透明值为 0 时，材质不透明，当半透明度值为 100 时，材质完全透明。
- "自发光"选项：设置材质的自发光特性，不用借助于外界光源就能在实体表面发光。

3. "贴图"卷展栏

贴图可能模拟纹理、反射以及折射等效果，使材质更加真实，常用的贴图方式有：漫射贴图、不透明贴图、凹凸贴图、反射贴图等，在这个窗口中可以选择不同的通道创建不同的贴图类型。

- "漫射贴图"样板：可以广泛用于所有的材质样板中，可以选择不同的贴图类型。每种贴图类型的操作方法也不同。其贴图类型有纹理贴图、噪波、大理石、平铺、斑点、木材、检查器、波等。
- "不透明贴图"样板：一般用于定义材质的透明区域和不透明区域，应用到不透明贴图的区域透明，没应用到不透明贴图的区域不透明。具有镜面亮显的特征，取值为 0～100，默认值为 1。
- "凹凸贴图"样板：控制物体表面纹理的凹凸性。将该贴图添加到实体表面而不改变实体的几何形状。默认值是 30，取值范围为﹣1000～1000。

- "反射贴图"样板：只用于材质的高级和高级金属类型，一般用于控制材质的发射程度，其值越大，材质的反射程度越高，默认值为 0，取值范围为 0～100。

提示：

可以创建一些常用的材质，并存储在材质库中以便调用。

13.4.2 设置光源

创建每一个场景都必须有光的衬托，从而呈现各种真实的效果，通过对光源的设置，可以实现反射、阴影、体光等效果，如室外的自然光、室内的灯光等。系统已经默认了灯光效果，用户可以创建和设置光源。AutoCAD 2010 提供了 3 种创建光源的方式：点光源、聚光源、平行光，下面分别介绍。

1．点光源

点光源是从光源处发射的光束，可以模拟真实世界中的点光源，如灯泡的光。也可以在场景中添加点光源作为辅助光源来增强光照的效果，选择"视图"|"渲染"|"光源"|"新建点光源"命令可以执行点光源命令，命令行提示如下：

```
命令: _pointlight
指定源位置 <0,0,0>:      //选择点光源放置的位置
输入要更改的选项 [名称(N)/强度因子(I)/状态(S)/光度(P)/阴影(W)/衰减(A)/过滤颜色(C)/退出(X)]
<退出>: X              //选择各个要设置的选项。
```

用户除了在选择要更改的选项进行灯光的特性设置外，还可以在创建完光源之后，双击灯光源，再从弹出的特性对话框中对各个参数进行设置。

2．聚光灯

聚光灯的光束是呈一个锥形体，就像一个手电筒发射的光一样，用户可以指定光反射的方向，也可以控制照射区域的大小，区域的大小通过光束锥形的角度和光源与三维实体的距离而定。因此在设置聚光灯时，必须先指定位置和方向（目标点）。通过选择"视图"|"渲染"|"光源"|"新建聚光灯"命令可以执行聚光灯命令，命令行的提示如下。

```
命令: _spotlight
指定源位置 <0,0,0>:            //指定灯光源的位置
指定目标位置 <0,0,-10>:         //指定灯光源投射方向上的目标点
输入要更改的选项 [名称(N)/强度因子(I)/状态(S)/光度(P)/聚光角(H)/照射角(F)/阴影(W)/衰减
(A)/过滤颜色(C)/退出(X)]         //选择各个要设置的选项
```

聚光灯有两个锥面，内锥面是强光区，外锥面是与内锥面之间为弱光区，分别对应于聚光角和照射角，如果这两个角的差距越大，光束的边缘越柔和，如图 13-53 所示。

图 13-53 聚光源光束

3. 平行光

平行光发射的是平行的光线，犹如太阳光照射到地球的物体。如果想增加光强，可以多加几束平行光。选择"视图"|"渲染"|"光源"|"新建平行光"命令可以执行平行光命令，命令行的提示如下：

```
命令: _distantlight
指定光源来向 <0,0,0> 或 [矢量(V)]:        //选择光源的起点，系统默认是 0,0,0
指定光源去向 <1,1,1>:                      //选择光源的方向点，系统默认是 1,1,1
输入要更改的选项 [名称(N)/强度因子(I)/状态(S)/光度(P)/阴影(W)/过滤颜色(C)/退出(X)] <退出
>: X
```

13.4.3 渲染操作

在设置了材质、光源之后，用户可以对三维场景进行渲染，通过渲染可以观察作品的最终效果。AutoCAD 2010 提供了多种渲染命令和渲染设置(高级渲染设置)。通过选择"视图"|"渲染"命令可以执行"渲染"命令。执行该命令后，系统就弹出渲染窗口对视图去进行渲染。

有时渲染不符合要求，因此用户还需应用上面的方法重新设置。选择"视图"|"渲染"|"高级渲染设置"命令，弹出"高级渲染设置"选项板，可以设置该渲染类型的常规、间接发光、诊断、处理率等参数，如图 13-54 所示。

图 13-54 "高级渲染设置"选项板

- "渲染描述"窗口：该窗口的"过程"有三个选项：视图、修剪、选定的，用户可以根据需要选择渲染窗口的方式，从而可以针对性地渲染视图。
- "材质"窗口：可以控制应用材质、纹理过滤、强制双面等功能的开启与关闭。
- "采样"窗口：对采样样例的最大值和最小值以及过滤器进行控制，从而使锯齿数降低，从而使渲染的效果更清晰。
- "阴影"窗口：可以通过模式、阴影贴图，采样乘数等参数来控制渲染效果的阴影。
- "光线跟踪"窗口：可以对跟踪深度最大值，反射次数最大值以及折射次数最大值进行设置，从而控制渲染的时间，各参数值越大，占用内存越多，渲染时间越多，但真实感越强。
- "全局照明"窗口：提供渗色效果。
- "间接发光"窗口：模拟光线辐射或反射来增强渲染的真实性。

13.5　操 作 实 践

【例 13-4】选择合适的材质、光源和背景，对【例 13-2】绘制的传达室的三维模型进行渲染。

(1) 选择"工具"|"选项板"|"工具选项板"命令，弹出如图 13-55 所示的工具选项板，在左下角单击鼠标右键，在弹出的快捷菜单中选择不同的材质库。这里选择"门和窗—材质库"。

(2) 在"门和窗—材质库"中选择"门—窗.玻璃镶嵌.玻璃.透明"材质，该材质出现在"材质"选项板的"图形中可用的材质"列表中，设置折射率为 3，颜色为(235,246,250)，单击"将材质应用到对象"按钮，将该材质应用到窗户上的玻璃。

图 13-55　选择材质

(3) 按照同样的方法，选择"砖石 - 砖块 - 材质库"，从材质库中选择"砖石.块体砖石.砖块.组合式.普通"材质，设置"材质缩放和平铺"卷展栏中宽度为平铺，比例为 200，高度为平铺，比例为 200，作用于窗间墙上。

(4) 选择"混凝土 - 材质库"，从材质库中选择"混凝土.现场浇筑.平面.磨光.灰色"材质，作用于其他墙体和散水。

(5) 选择"混凝土 - 材质库"，从材质库中选择"混凝土.现场浇筑.平面.灰色.1"材质，作用于天沟和踢脚上。

(6) 选择"木材和塑料 - 材质库"，从材质库中选择"木材 - 塑料.成品木器.木材.胡桃木"材质，作用于窗框和门上。

(7) 选择"表面处理 - 地板材料 - 材质库"，从材质库中选择"表面处理.地板材料.瓷砖.菱形.红色"材质，设置"材质缩放和平铺"卷展栏中宽度为平铺，比例为 200，高度为平铺，比例为 200，作用于地板上。

(8) 单击"渲染"工具栏上的"渲染"按钮，渲染效果如图 13-56 所示。

图 13-56　渲染效果

13.6　习　　题

13.6.1　填空题

(1) 通过总平面图绘制总体建筑模型，经常使用的命令有_____、_____、_____。

(2) 通过几何实体绘制模型，通常要用到_____运算。

(3) AutoCAD 2010 提供的 3 种光源分别是_____、_____和_____。

13.6.2　选择题

(1) 用户利用建筑总平面图，绘制建筑草模时，通常要用到的三维拉伸命令是_____。
A. BOX　　　　　　B. CYLINDER　　　　　　C. REGION　　　　　　D. EXTRUDE

(2) 通过建筑的平立剖面图绘制建筑的三维效果图需要保留的图形是_____。
A. 文字　　　　　B. 尺寸标注　　　　　C. 内部隔墙　　　　　D. 门窗洞口

13.6.3　上机操作

根据第 10 章上机操作题中给出的平立剖面图绘制其三维模型，并渲染出效果图。

第14章 图形输出

AutoCAD 绘制完成的图形，可以保存成电子图形，但最重要的还是图形的输出。图形的输出分为两类，一类是输出其他文件格式作为原始模型导入到其他软件(如 3ds max 等)中进行处理，这在前面章节中已经介绍，在此不再赘述；另一类是打印输出，打印出图纸，指导生产实践。

AutoCAD 2010 中文版为用户提供了两种并行的工作空间：模型空间和图纸空间。一般来说，可以在模型空间进行图形设计，在图纸空间里进行打印输出。但大多数国内的设计人员更倾向于图形设计和打印输出都在模型空间中进行。两种方式都能达到预期的效果，可以根据个人的习惯选择打印输出的空间。

本章将分别介绍这两种空间打印输出的方法及各自的特点。

知识要点

- 模型空间和图纸空间
- 模型空间打印出图
- 样板图的创建
- 图纸空间打印出图

14.1 模型空间与图纸空间

从 AutoCAD 中建立一个新图形时，AutoCAD 会自动建立一个"模型"选项卡和两个"布局"选项卡，即 ◀ ◀ ▶ ▶ 模型 ╱ 布局1 ╱ 布局2 。"模型"选项卡可以用来在模型空间中建立和编辑图形，该选项卡不能被删除和重命名；"布局"选项卡用来编辑打印图形的图纸，其个数没有要求，可以进行删除和重命名操作。二者对应了两种绘图空间：模型空间和图纸空间。所有的绘制、编辑操作都是在其中某种空间环境中进行的，即所有的图形对象不是在模型空间就是在图纸空间中。

模型空间中的模型是指在 AutoCAD 中用绘制与编辑命令生成的，代表现实世界物体的对象，而图纸空间是模型被建立时所处的 AutoCAD 环境。图纸空间的图纸与真实的图纸相对应，图纸空间是设置和管理视图的 AutoCAD 环境。

一般来说，在模型空间按实际尺寸进行绘图，而在图纸空间将模型空间的图形以不同比例的视图进行搭配，必要时添加一些文字注释，从而形成一张完整的纸面图形。

当启动 AutoCAD 后，默认处于模型空间，绘图窗口下面的"模型"选项卡是被选中的，而"布局1"、"布局2"选项卡则是关闭的。在模型空间中用户可以进行以下操作：

- 设置工作环境，即设置尺寸单位和精度、绘图范围、层、线型、线宽以及绘图辅助工具等。
- 按物体对象的尺寸绘制、编辑二维或三维实体。
- 建立多个视口。模型空间允许用户使用多视窗进行绘图。

图纸空间是模拟图纸的平面空间，所有坐标都是二维的。它采用和模型空间一样的坐标系，但 UCS 图标变成三角形。

单击状态行的"布局"选项卡，即可进入图纸空间。在图纸空间进行的工作包括以下几点：

- 设置图纸大小。
- 生成图框和标题栏。
- 建立多个图纸空间视口，以使模型空间的视图通过图纸空间显示出来。
- 设定模型空间视口与图纸之间的比例关系。
- 进行视图的调整、定位、尺寸标注和注释。

在使用 AutoCAD 绘图的过程中建立布局后(图纸空间环境)，还可以回到模型空间中对模型对象进行一些改动，或者确定每个图纸空间视图中图形对图纸空间的比例。对模型改动后，也可以回到图纸空间，对视图做必要的标注和补充。

用户需要经常在模型空间和图纸空间进行切换。切换的方法如下：

(1) 直接单击绘图区底部的"模型"或"布局"选项卡。

(2) 当"布局"选项卡被选中时，双击所需要的视图，即可进入模型空间，这时坐标图标由左下角移到了当前视图的左下角。双击视图以外的任何位置，即可回到图纸空间，此时坐标系图标又回到绘图窗口的左下角。

(3) 当"布局"选项卡被选中时，也可以通过状态栏上的"快速查看布局"按钮 ▨ 来切换，用此方法仍然是相对于当前视图的。

14.2 从模型空间输出图形

许多用户习惯在模型空间标注尺寸，绘制图框，然后按一定比例打印出图。

14.2.1 打印参数的设置

图形绘制完成后，选择"文件"|"打印"命令，或者单击"标准"工具栏上的"打印"按钮 🖶，将会弹出"打印"对话框，如图 14-1 所示。

在该对话框中包含"页面设置"、"打印机/绘图仪"、"图纸尺寸"、"打印区域"、"打印偏移"、"打印比例"和"打印份数" 7 个选项组。

在"页面设置"选项组的"名称"下拉列表框中可以选择所要应用的页面设置名称，也可以单击"添加"按钮添加其他的页面设置，如果没有进行页面设置，可以选择"无"选项。

在"打印机/绘图仪"选项组的"名称"下拉列表框中可以选择要使用的绘图仪。若选择"打印到文件"复选框，则图形输出到文件再打印，而不是直接从绘图仪或者打印机打印。单击"特性"按钮，打开"绘图仪配置编辑器"对话框，如图 14-2 所示。用户可以在其中定义介质来源和大小，以及自定义图纸尺寸。在绘图仪出图时经常要对该对话框进行设置。

图 14-1　"打印"对话框　　　　　　　　图 14-2　"绘图仪配置编辑器"对话框

在"图纸尺寸"选项组的下拉列表框中可以选择合适的图纸幅面，并且在右上角可以预览图纸幅面的大小。

在"打印区域"选项组中，有 4 种方法可以确定打印范围。

- "图形界限"选项：表示从模型空间出图打印时，将打印图形界限定义的整个图形区域，若是打印布局时，将打印指定图纸尺寸的页边距内的所有内容，其原点从布局中的(0,0)点计算得出。
- "显示"选项：表示打印选定"模型"选项卡中的视图或布局中的当前图纸空间视图。
- "窗口"选项：表示打印指定图形的任何部分，这是直接在模型空间打印图形时最常用的方法。选择"窗口"选项后，命令行会提示用户在绘图区指定打印区域。
- "范围"选项：用于打印图形的当前空间部分(该部分包含对象)，当前空间内的所有几何图形都将被打印。

在"打印偏移"选项组中，通过在 X 偏移和 Y 偏移文本框中输入正值或负值，可以偏移图纸上的几何图形。用户若选择"居中打印"复选框，系统将会自动计算 X 偏移和 Y 偏移值，在图纸上居中打印，当"打印区域"设置为"布局"时，此选项不可用。在"X"文本框中设置 X 方向上的打印原点，在"Y"文本框中设置 Y 方向上的打印原点。

"打印比例"选项组，主要用于控制图形单位与打印单位之间的相对尺寸。当选择"布满图纸"复选框后，其他选项显示为灰色将不能更改，缩放打印图形，以布满所选图纸尺寸，并在"比例"和"单位"文本框中显示自定义的缩放比例因子。取消选择"布满图纸"

复选框，用户可以对比例进行设置，定义打印的精确比例。一般来说，从模型空间输出建筑施工图要定义打印的精确比例。在"英寸 ="下拉列表框中还可以选择"毫米 ="和"像素 ="，用于指定与选择的单位数等价的英寸数、毫米数或像素数。其中，"像素"仅在选择了光栅输出时才可用。在"打印"对话框中需要指定显示的单位是英寸还是毫米，AutoCAD 默认设置会根据图纸尺寸的不同而选择，在每次选择新的图纸尺寸时更改对应的换算数值。例如用户选择好打印对象后，选择 1:100 的比例打印出图，单位选择"毫米"，在这 3 个文本框中将会显示"1"、"毫米="、"100"(图形单位)。选择"缩放线宽"复选框，则线宽会与打印比例成正比缩放。建筑制图中线宽通常直接按线宽尺寸打印，而不考虑打印比例，即通常不选择该复选框。

单击"打印"对话框右下角的 ⊙ 按钮，则展开"打印"对话框，如图 14-3 所示。

图 14-3 展开的"打印"对话框

在展开选项中又包含"打印样式表"、"着色视口选项"、"打印选项"和"图形方向"4 个选项组。

- "打印样式表"选项组：在该下拉列表框中可以选择合适的打印样式表。若没有合适的"打印样式"，可以在下拉列表框中选择"新建"选项，创建新的打印样式。
- "着色视口选项"选项组：用于指定着色和渲染视口的打印方式，并确定它们的分辨率大小和每英寸点数(DPI)。
- "打印选项"选项组：指定线宽、打印样式、着色打印和对象的打印次序等选项。
- "图形方向"选项组：在该选项组中可以选择图形打印的方向和文字的位置，如果选中了"上下颠倒打印"复选框，则要上下颠倒地放置并打印图形。

单击"预览"按钮可以对打印图形效果进行预览，若对某些设置不满意可以返回修改。在预览中，按 Enter 键可以退出预览，返回"打印"对话框，单击"确定"按钮进行打印。

14.2.2　创建打印样式

在展开的"打印"对话框中，需要选择一种打印样式来进行打印。打印样式用于修改打印图形的外观，与线型和颜色一样，打印样式也是对象特性。可以将打印样式指定给对象或图层，打印样式控制对象的打印特性。在打印样式中，可以指定端点、连接和填充样式，也可以指定抖动、灰度、笔指定和淡显等输出效果。如果需要以不同的方式打印同一图形，也可以使用不同的打印样式。

可以在打印样式表中定义打印样式的特性，将它附着到"模型"标签和布局上去。如果给对象指定一种打印样式，然后把包含该打印样式定义的打印样式表删除，则该打印样式将不起作用。通过附着不同的打印样式表到布局上，可以创建不同外观的打印图纸。AutoCAD 提供两种类型的打印样式："颜色相关打印样式表"和"命名打印样式表"。

- "颜色相关打印样式表"：用对象的颜色来确定打印特征。例如，图形中所有红色的对象均以相同方式打印。用户可以在颜色相关打印样式表中编辑打印样式，但不能添加或删除打印样式。颜色相关打印样式表中有 256 种打印样式，每种样式对应一种颜色。
- "命名打印样式表"：使用命名打印样式表时，具有相同颜色的对象可能会以不同方式打印，这取决于指定给对象的打印样式。命名打印样式表的数量取决于用户的需要量。像所有其他特性一样，用户可以将命名打印样式指定给对象或布局。

选择"工具"|"向导"|"添加打印样式表"命令，可以启动添加打印样式表向导，创建新的打印样式表。选择"文件"|"打印样式管理器"命令，弹出 Plot Styles 对话框，可以在其中找到新定义的打印样式管理器以及系统提供的打印样式管理器。还可以在"打印"对话框的"打印样式表"下拉列表中选择"新建"选项，将弹出"添加颜色相关打印列表样式"对话框，通过该对话框创建新的打印样式。

具体操作步骤如下。

(1) 选择"工具"|"向导"|"添加打印样式表"命令，弹出如图 14-4 所示的"添加打印样式表"对话框。向导第一步说明了添加打印样式表可以完成的工作。

图 14-4　"添加打印样式表"对话框

(2) 单击"下一步"按钮，如图 14-5 所示向导提供了创建打印样式表的 4 种选择。"创建新打印样式表"单选按钮表示从头开始创建新的打印样式表；"使用现有打印样式表"单选按钮表示以已经存在的命名打印样式表为起点，创建新的命名打印样式表，在新的打印样式表中会包括原有打印样式表中的一部分样式;"使用 R14 绘图仪配置(CFG)"单选按钮表示使用 acadr14.cfg 文件中指定的信息创建新的打印样式表,如果要输入设置,又没有 PCP 或 PC2 文件,则可以选择该选项;"使用 PCP 或 PC2 文件"单选按钮表示使用 PCP 或 PC2 文件中存储的信息创建新的打印样式表。这里选择"创建新打印样式表"单选按钮,从头创建新的打印样式表。

图 14-5 选择操作类型

(3) 单击"下一步"按钮,进入向导第三步,如图 14-6 所示,选择合适的打印样式表类型。"颜色相关打印样式表"单选按钮表示是基于对象颜色的,使用对象的颜色控制输出效果;"命名打印样式表"单选按钮表示不考虑对象的颜色,可以为任何对象指定任何打印样式。这里选择"颜色相关打印样式表"单选按钮。

图 14-6 选择打印样式表类型

(4) 单击"下一步"按钮,进入向导第四步,如图 14-7 所示,要求在"文件名"文本框中为所建立的打印样式表指定名称。这里在文本框中输入"建筑施工图平面图打印样式"。

图 14-7 输入打印样式表的文件名

(5) 单击"下一步"按钮，进入向导第五步，如图 14-8 所示，提供了一个"打印样式表编辑器"按钮，可以对打印样式表进行编辑。单击该按钮，弹出"打印样式表编辑器"对话框，如图 14-9 所示。

图 14-8　完成打印样式表的创建　　　　图 14-9　"打印样式表编辑器"对话框

(6) "打印样式表编辑器"对话框包含 3 个选项卡，分别是"常规"选项卡、"表视图"选项卡和"表格视图"选项卡。

"常规"选项卡，如图 14-10 所示，列出打印样式表文件名、说明、版本号、位置(路径名)和表类型。用户可以修改说明，也可以在非 ISO 线型图案和填充图案中应用比例缩放。

图 14-10　"基本"选项卡

"表视图"选项卡(如图 14-11 所示)和"表格视图"选项卡(如图 14-9 所示)，都能够列出打印样式表中的所有打印样式及其设置。通常，如果打印样式的数量较少，则使用"表视图"选项卡比较方便。如果打印样式的数目较大，则"表格视图"选项卡将更加方便，这样打印样式名将列在左边而选定的样式将显示在右边，不必水平滚动来查看样式及其特性。可以根据自己的习惯和实际样式数量来选择一个选项卡进行设置。以"表格视图"选项卡为例，可以先选择要设置的颜色，然后在选项卡上的"特性"选项组中设置各种参数。
在"颜色"下拉列表框中，默认的是"使用对象颜色"，如果指定了打印样式颜色，在打
印时该颜色将替代对象的颜色。

图 14-11　"表视图"选项卡

在该对话框中可以对样式表的各种参数进行设置。设置完成后，单击"保存并关闭"
按钮，回到向导，单击"完成"按钮，完成打印样式表的创建。

(7) 选择"文件"|"打印样式管理器"命令，弹出 Plot Styles 对话框，可以在其中找
到新定义的打印样式表"建筑施工图平面图打印样式"，如图 14-12 所示。

图 14-12　Plot Styles 对话框

在完成打印样式表的创建之后，就可以将其附着到布局中进行打印了。

提示：

创建打印样式表时，若选择"命名打印样式表"，则只有一个"普通"打印样式，用户可以添加新样式，并对样式进行编辑修改。

14.3　从图纸空间输出图形

从图纸空间出图，一般需要在模型空间建立好模型，然后按照一定比例创建布局，并标注尺寸、注写文字和加套图框，最后打印出图。下面按照整个流程介绍从图形空间打印图纸的方法和步骤。

14.3.1　创建打印布局

AutoCAD 提供开始建立布局、利用样板建立布局和利用向导建立布局 3 种方法创建新布局。

启动 AutoCAD，创建一个新图形，系统会自动给该图形创建两个布局。在"布局"选项卡上右击，从弹出的快捷菜单中选择"新建布局"命令，系统会自动添加一个命名为"布局 3"的选项卡。在"布局 3"选项卡上右击，在弹出的快捷菜单中选择"重命名"命令，"布局 3"名称变为可编辑状态 布局3 ，输入新的布局名称，按 Enter 键完成布局的创建。创建新的布局之后，就可以按照图形输出的要求，设置布局的特性。

一般来说，可以通过向导来创建布局。选择"工具"|"向导"|"创建布局"命令，即可启动创建布局向导。不建议使用系统提供的样板来建立布局，因为系统提供的样板不符合我国规范和标准。通过向导创建布局的具体操作步骤如下。

(1) 选择"工具"|"向导"|"创建布局"命令，弹出"创建布局"对话框的"开始"向导，如图 14-13 所示。该向导用于设置新创建的布局名称，在"输入新布局的名称"文本框里输入"建筑施工图打印"。

图 14-13　"开始"向导

(2) 单击"下一步"按钮，弹出"打印机"向导对话框。该向导用于为新布局选择配置的绘图仪，在"为新布局选择配置的打印机"列表框中给出了当前已经配置完毕的打印设备，这里选择"无"。

　　(3) 单击"下一步"按钮，弹出如图 14-14 所示的"图纸尺寸"向导对话框，用于选择布局使用的图纸尺寸。在下拉列表框中选择要使用的纸张大小，在"图形单位"选项组中指定图形所使用的打印单位。这里选择 ISO A2 图纸，图形单位为"毫米"。

图 14-14　"图纸尺寸"向导

　　(4) 单击"下一步"按钮，弹出如图 14-15 所示的"方向"向导对话框，用于选择图形在图纸上的方向，这里选择"横向"单选按钮。

　　(5) 单击"下一步"按钮，弹出"标题栏"向导，该向导用于选择应用于此布局的标题栏，可以在"路径"列表框中选择合适的标题栏。

　　(6) 单击"下一步"按钮，弹出如图 14-16 所示的"定义视口"向导对话框，该向导用于设置布局视口的类型以及比例等。用户可以在"视口设置"中选择视口类型，在"视口比例"下拉列表框中选择比例 1:100，"行数"、"列数"、"行间距"、"列间距"用于设置行列及间距。这里选择"单个"单选按钮，其他采用默认设置。

图 14-15　"方向"向导

图 14-16　"定义视口"向导

　　(7) 单击"下一步"按钮，弹出"拾取位置"向导对话框。该向导用于选择要创建的视口配置的角点，这里不作选择。

　　(8) 单击"下一步"按钮，弹出"完成"向导对话框。单击"完成"按钮，完成布局的创建。

14.3.2　在布局中标注尺寸和文字

　　与模型空间相比，在图纸空间标注尺寸和文字是非常方便的。在同一张图纸中有多个不同比例的图形时，只需要在模型空间中按照实际尺寸建立模型，切换到图形空间后，不再需要根据图形的比例不同而设置不同的标注样式。在图纸空间中只需将标注样式的比例设为 1:1，在图纸上创建多个视口，并且将各个视口设置为所需要的比例，将需要打印的图形移至视口中。在标注尺寸时系统会自动地根据各个视口的比例调整标注的数值，而样式保持不变。若此时需要对模型进行调整，可以在视口处双击，会切换到模型空间。修改完成后，在视口外任意一点双击就可以回到图纸空间。说明文字的比例同样按 1:1 设置，例如 5 号字，就设置字高为 5，在图纸上就会显示 5mm 的文字。

图纸空间的使用很好地解决了同一图纸中绘制不同比例图形的问题，减少了许多不必要的设置，而且随时可以改变比例出图，而不需要重新绘制图形，从而提高了绘图效率。

创建好布局，并标注好尺寸文字后便可进行打印出图，具体的打印步骤与从模型空间打印出图类似。只不过"打印范围"选择"布局"，设置完成后可以单击"应用到布局"将当前"打印"对话框设置保存到当前布局。在其他"布局"打印时可以通过"页面设置"下拉列表框选择该页面，则可以按照该布局的打印设置进行打印。

提示：

处在不同视口中的对象实际上是同一个对象，反映了不同的观察方向，所以不论改变哪一个视口中的对象，其他视口中的对象也会有相应的改变。另外，可以给每个视口定义不同的坐标系。

14.3.3　建筑样板图的创建

在 AutoCAD 中，为了减轻重复绘制相同的图框和重复的多线样式、文字样式、标注样式、图层设置工作，可以创建样板以供绘图时调用。A2 带图框的样板创建步骤如下：

(1) 选择"文件"|"新建"命令，创建新图形，采用"无样板打开-公制"模式。

(2) 创建建筑相关一系列的图层并设置好线型。

(3) 选择"格式"|"单位"命令，进行单位的精度设置。

(4) 选择"格式"|"图形界限"命令，将左下角点设为(0,0)，右上角点设为(594,420)。

(5) 按照【例 10-1】所介绍的绘制方法，绘制 A2 图框，但将所有尺寸均缩小 100 倍，按实际尺寸绘制。

(6) 通过"创建布局"向导创建布局。

(7) 选择"文件"|"另存为"命令，打开"图形另存为"对话框，在"文件名"文本框中输入 JZ-A2，在"文件类型"下拉列表框中选择"AutoCAD 图形样板(*.dwt)"选项，单击"保存"按钮，打开"样板说明"对话框，在"说明"文本框中加入样板图形的介绍信息。

提示：

创建样板图后，每次绘制新图形时，从该样板创建就不需要设置图层和绘制图框。

14.4 操 作 实 践

从图纸空间出图比较抽象，但是掌握这一方法后将大大提高绘图效率和减轻重复绘制的工作量，本节将通过一个比较简单的例子帮助用户掌握创建布局、在图纸空间标注尺寸和文字以及打印出图的方法。打印预览的效果如图 14-17 所示，同一个图形以不同的比例绘制在同一图纸中，若按模型空间出图就必须设置两种不同比例标注样式，如"标注样式1-100"和"标注样式 1-50"，同时还需要将原图放大一倍后再进行大比例尺寸样式的标注。而从图形空间出图就极大地简化了这些操作，具体操作步骤如下。

(1) 在模型空间，单击"图层"工具栏中的"图层特性管理器"按钮 ，弹出"图层特性管理器"对话框后，创建"建筑-轴线"、"建筑-墙线"、"建筑-尺寸标注"、"建筑-文字标注"、"建筑-视口边线"等图层，"建筑-视口边线"图层采用细实线。

(2) 切换到"建筑-轴线"图层，单击"绘图"工具栏上的"直线"按钮 和"修改"工具栏上的"直线"按钮 ，绘制 3000×3000 的轴线网。然后切换到"建筑-墙体"图层绘制柱子和墙，绘制过程不再赘述，效果如图 14-18 所示。

图 14-17　图形空间出图

图 14-18　模型空间绘制 1:1 模型

(3) 切换到"建筑-视口边线"图层，选择"工具"|"向导"|"创建布局"命令，弹出"创建布局"对话框的"开始"向导。在"输入新布局的名称"文本框中输入"不同比例图纸打印"。

(4) 单击"下一步"按钮，在"打印机"向导对话框的"为新布局选择配置的打印机"下拉列表框中选择"无"选项。

(5) 单击"下一步"按钮，在"图纸尺寸"向导对话框的下拉列表框中选择 ISO A2 图纸，设置图形单位为"毫米"。

(6) 单击"下一步"按钮，选择应用于此布局的标题栏，用户可以在"路径"列表框中选择合适的标题栏，这里选择"无"。

(7) 单击"下一步"按钮，在"定义视口"向导对话框的"视口设置"中选择视口类型，选择"单个"单选按钮，其他采用默认设置。

(8) 单击"下一步"按钮，在"拾取位置"向导对话框中单击"选择位置"按钮创建视口的角点，选择视口位置。

(9) 单击"下一步"按钮，在"完成"向导对话框中单击"完成"按钮，完成布局的创建，如图 14-19 所示。

（10）在任意一个工具栏上右击，选择"视口"命令，将弹出"视口"工具浮动栏。单击该工具栏上的"单个视口"按钮▢，命令行提示如下。

```
命令: _-vports                          //单击按钮启动创建视口命令
    指定视口的角点或 [开(ON)/关(OFF)/布满(F)/着色打印(S)/锁定(L)/对象(O)/多边形(P)/恢复(R)/图
层(LA)/2/3/4] <布满>:                    //指定新视口的一个角点
    指定对角点: <正交 关> 正在重生成模型。 //指定视口的另一个角点，如图 14-20 所示
```

图 14-19　创建布局　　　　　　　　　　　图 14-20　创建新视口

提示：

视口也是一个对象，创建时能够使用对象捕捉、对象追踪功能，能够进行一般的编辑，例如复制、移动等操作。

（11）单击状态栏上的"正交"按钮，确保"正交"开关已经打开。单击"修改"工具栏上的"移动"按钮✣，选择新创建的视口，视口边线显示为虚线，同普通的图形对象一样，选择基点后，拖动鼠标，移动视口，如图 14-21 所示。

（12）在右侧视口中双击，切换到"模型空间"，在视口中出现用户坐标系，如图 14-22 所示，在模型空间可以对图形进行编辑。

图 14-21　移动视口　　　　　　　　　　　图 14-22　切换到模型空间

（13）切换到"建筑-墙体"图层，添加一堵墙后，在视口的外面任意一点双击，又回到图纸空间，如图 14-23 所示。

（14）单击"标准"工具栏上的"特性"按钮▣，然后选择右侧视口，如图 14-24 所示。在"其他"选项组的"标准比例"下拉列表框中选择 1:50，视口中的图形效果如图 14-25 所示。

图 14-23 切换到图纸空间

图 14-24 设置视口的比例

图 14-25 按 1:50 的图形效果

(15) 在视口中双击，切换模型空间，单击"标准"工具栏上的"实时平移"按钮 ，调整图形位置，再切换到图纸空间，如图 14-26 所示。

(16) 选择右侧视口，在"特性"选项板的"其他"选项组中的"显示锁定"下拉列表框中选择"是"选项，如图 14-27 所示，这样调整好比例和位置后锁定显示，就可以防止误操作更改图形的比例，然后关闭"特性"选项板。

图 14-26 调整图形位置

图 14-27 显示锁定

(17) 选择"标注"|"标注样式"命令，弹出"标注样式管理器"后，单击"新建"按钮，弹出"创建新标注样式"对话框，在"新样式名"文本框中输入"图纸空间标注"。以 ISO-25 为基础创建，在"符号和箭头"选项卡中将"箭头"设置为"建筑标记"，在"主单位"选项卡中将线性标注的精度设为"0"，在"文字"选项卡中将文字高度设为"3.5"，单击"确定"按钮完成标注样式的创建。

(18) 切换到"建筑-尺寸标注"图层对轴线进行标注，如图 14-28 所示。可以发现图形放大一倍，用同样的标注样式标注，得到的数值是一致的。这就解决了不同比例图形在同一张图纸中的标注问题。

图 14-28　图纸空间标注尺寸

(19) 标注完成后，在"图层"工具栏上选择"建筑-视口边线"图层，并将其关闭，得到如图 14-17 所示效果。

(20) 单击"标准"工具栏上的"打印"按钮🖶，设置好参数后就可以打印出图。

提示：

在设定所需比例后，调整图形位置时切记不要再使用视图缩放命令，否则又会更改开始设置的比例值，不能按照所需比例打印了，设定好后一定注意要锁定显示。

14.5　习　　题

14.5.1　填空题

(1) AutoCAD 2010 为用户提供了两种并行的工作空间：＿＿＿＿＿＿和＿＿＿＿＿。

(2) 在"打印"对话框的＿＿＿＿＿选项组中可以设置图形在打印纸中的位置。

(3) 要打印图形的指定部分，采用＿＿＿＿＿方式确定打印范围。

(4) 实际应用中，经常使用＿＿＿＿＿打印样式和＿＿＿＿＿打印样式来进行打印的设置。

14.5.2　选择题

(1) AutoCAD 打印图形选择图纸尺寸时，＿＿＿＿＿表示打印指定的图形的任何部分，这是直接在模型空间打印图形时最常用的方法。

　　　A. 图形界限　　　　　B. 窗口　　　　　C. 显示　　　　　D. 范围

(2) 要在同一张图纸中绘制不同比例的图形，采用从＿＿＿＿＿出图时，不需设置不同的尺寸标注样式。

　　　A. 模型空间　　　　　B. 图纸空间

(3) AutoCAD 创建建筑样板图的文件后缀为＿＿＿＿＿。

　　　A. DWG　　　　　　B. DXF　　　　　C. PDF　　　　　D. DWT

14.5.3　上机操作

(1) 绘制如图 14-29 所示的楼梯详图，并在模型空间出图。

图 14-29　楼梯详图

(2) 绘制完成如图 14-29 所示的楼梯详图后，在图纸空间出图。

第15章　图纸的管理与发布

　　完成工程制图后紧接着的便是整理大量的工程图纸，手工整理图纸将是一个非常繁重的工作，尤其对于大型的建设项目而言，出图量非常大，不同图纸之间的索引和交叉索引很容易出现错误。如何管理好已经绘制的大量图纸和图形，对用户来说是一个挑战。AutoCAD 提供了"图纸集管理器"，它可以帮助用户将多个图形文件整理成一个图纸集，则只需通过一个界面，便可以实现访问图纸、按照逻辑类别对图纸进行编组、创建图纸索引、管理图纸视图、归档图纸集，以及使用打印、电子传递或 DWF 文件来与用户的项目小组共享图纸集等操作。图纸集管理器提供了用于管理分组中图形的工具，将用户从手动整理图形集的繁重工作中解放出来。

　　随着 Internet 的发展，建筑行业的合作设计也越来越普遍，越来越多的设计人员使用互联网共享信息，来进行合作设计。AutoCAD 图形作为一种设计产品，也迫切需要利用高效的工具实现信息的交流。网络的应用为交换数据、获取信息提供了方便，是使用共享文件和资源的方式建立集成设计环境的最合适的介质。以往的 DWG 文件不适宜直接在互联网上使用，这也是由文件太大所决定的。AutoCAD 提供的 Web 图形格式(DWF)可以将电子图形文件发布到 Internet 上，这种文件可以使用 Internet 浏览器打开、查看和打印。另外，DWF 文件支持实时平移和缩放，可以控制图层、命名视图和嵌入超级链接的显示。

　　本章主要介绍图纸发布和管理这两方面的内容。

知识要点
- 图纸管理
- 创建 DWF 文件

15.1　图　纸　管　理

　　面对大量的工程图纸，管理好图纸是避免重复劳动和提高效率的关键。图纸集管理器是一个协助用户将多个图形文件组织为一个图纸集的新工具。当使用图纸集管理器创建新图纸时，就在新图形中创建了布局。可以按逻辑添加子集并安排图纸较好地组织图纸集，可以创建包含图纸清单的标题图纸。当删除、添加或重新编号图纸时，可以方便地更新清单。例如，当给图纸重新编号时，详细信息符号中的信息会自动更正。使用图纸集，可以更快速地准备好要分发的图形集，因为这便于将整个图纸集作为一个单元进行发布、电子传递和归档。

15.1.1 创建图纸集

图纸绘制完成后，选择"工具"|"图纸集管理器"命令，或者单击"标准"工具栏上的"图纸集管理器"按钮 ，或者在命令行输入 Sheetset 命令，将会弹出如图 15-1 所示的"图纸集管理器"选项板。该管理器包含 3 个选项卡，分别是"图纸列表"、"图纸视图"和"模型视图"。

- "图纸列表"选项卡：显示按顺序排列的图纸列表，可以将这些图纸组织到用户创建的名为子集的标题下。
- "图纸视图"选项卡：显示当前图纸集使用的、按顺序排列的视图列表，可以将这些视图组织到用户创建的名为类别的标题下。该选项卡可以显示按类别或按其所在的图纸组织的视图列表。
- "模型视图"选项卡：显示可用于当前图纸集的文件夹、图形文件以及模型空间视图的列表。可以添加和删除文件夹位置，以控制哪些图形文件与当前的图纸集相关联。

创建新的图纸集的步骤如下：

(1) 在"图纸集管理器"选项板的"打开"下拉列表框中选择"新建图纸集"选项，或者直接选择"工具"|"向导"|"新建图纸集"命令，将会弹出如图 15-2 所示的"创建图纸集"向导。

(2) 在开始向导中包含"样例图纸集"和"现有图形"两个单选按钮。如果选择"样例图纸集"单选按钮，则不会从现有的图纸集复制任何图纸。图纸集创建完成后，可以逐一输入布局或创建图纸。如果选择"现有图形"单选按钮，可以指定一个或多个包含图形文件的文件夹，然后这些图形中的布局就可以自动地输入到图纸集中。在此选择"样例图纸集"单选按钮。

图 15-1 图纸集管理器

图 15-2 "创建图纸集"向导

(3) 单击"下一步"按钮，将进入图纸集样例向导，如图 15-3 所示，在此可以选择 Architectural Metric Sheet Set 选项。

(4) 单击"下一步"按钮，将进入图纸集详细信息向导，如图 15-4 所示。在此可以指定新图纸集的名称，在"说明"文本框中可以加注说明，还可以指定生成的.dst 文件存储路径。

图 15-3　图纸集样例向导

图 15-4　图纸集详细信息

(5) 单击"图纸集特性"按钮，将弹出"图纸集特性"对话框，如图 15-5 所示。在该对话框中包含"图纸集"、"项目控制"、"图纸创建"和"图纸集自定义特性"4 个特性设置组。

- "图纸集"特性组：可以设置名称、说明以及要在新图形中添加的标签块和标注块，这些块可以事先设定，也可以直接选用库文件中的块。
- "项目控制"特性组：可以输入项目编号、工程名、项目阶段和项目里程碑等信息。
- "图纸创建"特性组：可以选择图纸的保存位置、选择创建图纸的样板和是否提示选择样板。
- "图纸集自定义特性"特性组：创建与当前图纸集或每张图纸相关联的自定义特性。可以将自定义特性用于存储诸如合同号、设计者姓名和发布日期等信息。

图 15-5　　"图纸集特性"设置

（6）单击"确定"按钮回到向导，再单击"下一步"按钮，将弹出"确认"向导，如图 15-6 所示。在"图纸集预览"窗口，可以查看图纸集的相关信息。

（7）单击"完成"按钮，"图纸集管理器"将显示已经创建的图纸集，如图 15-7 所示。

（8）将光标移至"建筑"子集，右击，在弹出的快捷菜单中选择"新建图纸"命令，将弹出如图 15-8 所示的"新建图纸"对话框。在该对话框中可以输入图纸的标题和文件名。并显示文件夹的路径和图纸样板的选择。单击"确定"按钮将会创建新的图纸。

图 15-6　"确认"向导

图 15-7　图纸管理器

图 15-8　新建图纸

（9）还可以在快捷菜单中选择"将布局作为图纸输入"命令，将会弹出如图 15-9 所示的"按图纸输入布局"对话框。单击"浏览图形"按钮,在弹出的"选择图形"对话框中选择绘制好的图形,单击"确定"按钮,在列表中将会显示该图形的各个布局,可以选择所需要的布局,单击"输入选定内容"按钮,则选择的布局就会作为该图纸集的图纸。一个布局只能属于一个图纸集,若是该布局已经属于其他图纸集,则必须创建一个副本才能输入。

(10) 还可以在快捷菜单中选择"创建子集"命令,将弹出"子集特性"对话框,如图 15-10 所示。输入子集名称,确定图形存储位置创建子集,以及子集图纸的样板,单击"确定"按钮,完成子集的创建。

图 15-9   "按图纸输入布局"对话框

图 15-10   "子集特性"对话框

15.1.2   查看和修改图纸集

查看和修改图纸集是用户整理图纸必不可少的操作。单击"标准"工具栏上的"图纸集管理器"按钮,弹出"图纸集管理器"选项板,在"打开"下拉列表框中选择"打开"选项,将会弹出"打开图纸集"对话框,如图 15-11 所示。选择图纸集,单击"确定"按钮,图纸集管理器中将会显示该图纸集,用户可以选择图纸集下的图纸。

图 15-11   "打开图纸集"对话框

将光标移至图纸集上右击,在弹出的快捷菜单中选择"特性"命令,将会弹出"图纸集特性"对话框(见图 15-5)，在此可以更改各组特性。

　　将光标移至子集上右击，在弹出的快捷菜单中选择"特性"命令，将会弹出"子集特性"对话框(见图 15-10)，在此可以更改子集特性。

　　将光标移至图纸上右击，在弹出的快捷菜单中选择"特性"命令，将会弹出"图纸特性"对话框，如图 15-12 所示，在此可以更改图纸特性。

图 15-12　"图纸特性"对话框

15.1.3　在图纸上插入视图

　　使用图纸集管理器创建了一张新图纸，可以将一些其他图形文件中的模型视图命名存盘，以便在新图纸中方便调用。在图纸中插入视图的具体步骤如下：

　　(1) 将源图形在模型空间的各种视图命名并保存。

　　(2) 在"图纸集管理器"的"图纸列表"相应的子集下创建一张新图纸。

　　(3) 在"图纸集管理器"的"模型视图"选项卡中双击"添加新位置"选项，就会弹出"浏览文件夹"对话框，找到包含源图形的文件夹，单击"打开"按钮，如图 15-13 所示，将添加选择的文件夹下的图形作为源图形，同时已经命名存盘的视图也显示出来。

　　(4) 双击"图纸列表"中的新建图纸，然后将光标移至要插入的模型空间视图，右击，从弹出的快捷菜单中选择"放置在图纸上"命令。

　　(5) 在新建图纸上选择一点，插入该视图，同时右击可以选择插入视口的比例，即完成了视图的插入，选择"图纸视图"选项卡，如图 15-14 所示，将在该图形下列出插入的视图名称。

图 15-13　添加图形资源　　　　　　　　图 15-14　显示已插入的视图

15.1.4　创建图纸一览表

使用图纸集管理器，可以轻松地创建图纸清单，然后更新它以与图纸列表中的更改相匹配。创建图纸一览表的步骤如下。

(1) 打开要在其中创建图纸清单的图纸，创建一张仅有标题块的图纸。

(2) 在图纸集上右击，然后选择"插入图纸清单"命令，弹出如图 15-15 所示的"图纸一览表"对话框。在该对话框中，可以设置图纸一览表的格式，设置完成后，单击"确定"按钮。

图 15-15　"图纸一览表"对话框

(3) 在新建的图纸上插入该表便完成操作。

(4) 若要在图纸集中删除某一图纸，在一览表上右击，在弹出的快捷菜单中选择"更新图纸一览表"命令，便可以在表中删除这一图纸。

15.1.5　归档图纸集

在工程的关键阶段，可以创建整个图纸集的压缩归档。归档文件将自动包括相关的文件，例如图纸集数据文件、外部参照和打印配置文件。在图纸集名称处右击，从弹出的快捷菜单中选择"归档"命令，将弹出如图 15-16 所示的"归档图纸集"对话框。可以在此添加归档文件的注解，单击"确定"按钮，将会弹出"指定 Zip 文件"对话框，选择路径存放归档文件。

图 15-16　"归档图纸集"对话框

15.2　图纸发布与传递

DWF 文件是 Design Web Format(Web 图形格式)的缩写形式。它是从 DWG 文件创建的高度压缩的文件格式。DWF 文件易于在 Web 上发布和查看。DWF 相对于 DWG 而言，其性质有点类似于文本领域里的 PDF 格式相对于 Word 中的 DOC 格式。本节简单介绍 DWF 的创建和电子传递的一些相关内容。

15.2.1　创建 DWF 文件

AutoCAD 提供了发布图形的功能，可以同时发布多个图形，每个图形可以包含多个布局文件，而且还可以使用独立的应用程序 Express Viewer 来查看 DWF 图形。DWF 文件的创建步骤如下。

(1) 打开已经存在的、要创建 DWF 文件的图形，使用 Zoom 命令，将其缩放到适当的大小。

(2) 选择"文件"|"发布"命令，弹出如图 15-17 所示的"发布"对话框。在对话框中给出了当前文件中包含的布局，以及发布 DWF 图形的保存位置等信息。

图 15-17　"发布"对话框

(3) 单击"添加图纸"按钮 ，弹出"选择图形"对话框。在其中选择所要发布的图形文件，单击"选择"按钮将其添加到发布图形的列表中。

(4) 单击"发布选项"按钮，弹出"发布选项"对话框。在此对话框中设置输出位置，设置发布一个多页面的 DWF/PDF 文件，或者创建多个 DWF/PDF 文件，以及是否设置密码等，如图 15-18 所示。

(5) 设置完毕以上的选项后，单击对话框中的"确定"按钮，弹出如图 15-19 所示的"确认 DWF 密码"对话框，再次输入设定的密码，单击"确定"按钮，回到"发布图形"对话框，单击"发布"按钮就创建了选定图形布局的 DWF/PDF 文件。

图 15-18　设置图形名称和保存路径　　　　图 15-19　确认 DWF 密码

(6) 找到发布的 DWF/PDF 文件保存的位置，在其图标上双击打开该文件(如果已设置密码，将会弹出提示"输入口令"对话框)。

(7) 输入设置的密码，然后单击"确定"按钮打开 DWF 文件，弹出 Autodesk DWF Viewer 窗口。在图形界面区显示了 DWF 文件的内容，如果该文件包含多个页面，还可以使用标准工具栏上的箭头按钮在各个页面之间切换。

(8) 在 Autodesk Express Viewer 窗口中选择"文件" | "打印"命令，将弹出"打印"对话框。设置相应的选项之后，就可以单击"确定"按钮输出指定的 DWF 文件，具体设置类似图纸打印，在此不再赘述。

15.2.2　电子传递图形文件

在网络应用十分普及的今天，通过网络进行协同设计也变得十分普遍了。如果已经绘制完某个图形，需要将该图形传送给另外的设计人员，可以使用 WinZip 等压缩工具对图形文件进行压缩，然后利用 E-mail 将其发送到指定的邮箱中去。

AutoCAD 2010 中提供了电子传递的功能，可以直接传递给其他设计人员，其操作步骤如下。

(1) 在 AutoCAD 中打开要进行电子传递的图形文件，将其设置为适当的图形布局，如图 15-20 所示。

图 15-20 创建适当的图形布局

(2) 选择"文件"|"电子传递"命令，或者直接在命令行中输入 Etransmit 命令，均可以调用该命令，弹出如图 15-21 所示的"创建传递"对话框。

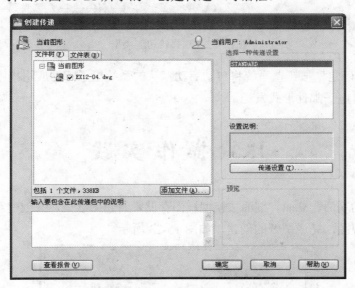

图 15-21 "创建传递"对话框

(3) 这里的文件传递功能类似于经常使用的电子邮件，在"输入要包含在此传递包中的说明"文本框中输入对图形文件的简短说明，收到图形的人将能够阅读这些文字信息。

(4) 单击"传递设置"按钮，再单击"修改"按钮，在弹出的对话框中的"传递包类型"下拉列表中可以选择要进行传递文件的类型。系统提供了 3 种类型供选择：自解压可执行文件(.exe)、文件夹和 Zip 压缩文件，这里选择自解压可执行文件，如图 15-22 所示。选择"用传递发送电子邮件"复选框，单击"确定"按钮完成传递设置，回到"创建传递"对话框。

图 15-22　选择传递包类型

（5）单击"确定"按钮，系统将自动启动默认的系统电子邮件应用程序，可以将传递包作为附件通过电子邮件形式发送。

15.3　操　作　实　践

将源图形的平面、立面、剖面按模型视图存储，新建图纸集，并创建新的图纸，在图纸中插入这些视图，完成图纸的创建，如图 15-23 所示。

图 15-23　由插入视图形成的图纸

（1）打开源图形，将需要创建成图纸的图形按视图命名存盘，如图 15-24 所示。

图 15-24 命名视图

(2) 单击"标准"工具栏上的"图纸集管理器"按钮 ，弹出"图纸集管理器"选项板。

(3) 在"图纸集管理器"选项板上的"打开"下拉列表框中选择"新建图纸集"选项，将会弹出"创建图纸集-开始"向导，选择"现有图形"单选按钮。

(4) 单击"下一步"按钮，在"图纸详细信息"向导中输入图纸集的名称、说明，并设置图纸集的特性。

(5) 单击"下一步"按钮，在"选择布局"向导中单击"下一步"按钮，进入"确定"向导，单击"完成"按钮，完成图纸集的创建，如图 15-25 所示。

(6) 将光标移至图纸集的名称处，右击，从弹出的快捷菜单中选择"新建子集"命令，将弹出"子集特性"对话框，在"子集"文本框中输入"建筑"二字，单击"确定"按钮。同理可以创建"结构"子集，如图 15-26 所示。

(7) 将光标移至"建筑"子集名称处，右击，从弹出的快捷菜单中选择"新建图纸"命令，在弹出的"新建图纸"对话框标题栏中输入"建施-01"，单击"确定"按钮，完成图纸"建施-01"的创建，如图 15-27 所示。

图 15-25 创建图纸集

图 15-26 创建子集

图 15-27 创建图纸

(8) 双击"建施-01"打开该图，如图 15-28 所示，仅含有样板的设置。

(9) 选择"模型视图"选项卡，双击"添加新位置"选项，就会弹出"浏览文件夹"对话框，找到包含源图形的文件夹，单击"打开"按钮，如图 15-29 所示，将添加选择的文件夹下的图形作为源图形，同时已经命名并存盘的视图也显示出来。

图 15-28 新建的"建施-01"

图 15-29 添加资源图形

(10) 将光标移至"架空层平面"模型视图上，右击，从弹出的快捷菜单中选择"放置在图纸上"命令。在图纸上选择一点，插入该视图，同时右击，选择 1:100 的比例，效果如图 15-30 所示。

(11) 同第(10)步插入"一至三层平面图"视图，如图 15-31 所示。

图 15-30 插入"架空层平面图"视图

图 15-31 插入"一至三层平面图"视图

(12) 标注图名、比例和文字说明，关闭视口边界线所属的图层完成图纸，如图 15-23 所示。

提示:

创建新图纸还可以通过加入其他图纸的布局来创建，创建方法与插入视图类似，在此不详细介绍。

15.4 习　　题

15.4.1 填空题

(1) AutoCAD 2010 为用户提供的图纸管理工具是_____。

(2) 创建图纸集有＿＿＿＿＿和＿＿＿＿＿两种类型。

(3) 易于在 Web 上发布和查看，从 DWG 文件创建的高度压缩的文件格式是＿＿＿＿文件。

15.4.2　选择题

(1) 图纸绘制完成后用户可以在命令行输入＿＿＿＿＿命令来启动图纸管理器进行图纸管理。

　　A. PRINT　　　　　B. SAVE　　　　C. SHEETSET　　　D. OPEN

(2) 用于在 Internet 上发布的 DWF 文件不能进行＿＿＿＿＿操作。

　　A. 打印　　　　　B. 浏览　　　　C. 传递　　　　　D. 重新编辑

15.4.3　上机操作

创建一个包含建筑、结构、水、电、暖通等子集的图纸集"某住宅建筑施工图"，练习视图插入和按图纸输入布局操作。

第16章 提高与技巧

在熟练掌握前面章节内容的基础上，可以通过本章的一些内容，较快提高绘图的效率。除了前面章节介绍的功能外，AutoCAD 还提供了一些高效的工具，例如设计中心、快速计算工具等。AutoCAD 还为中高级用户提供了简写命令和其他一些自定义的功能，使 AutoCAD 更加个性化和人性化。

知识要点
- 设计中心
- 快速计算
- 简写命令
- 自定义与其他技巧

16.1 设 计 中 心

AutoCAD 设计中心主要用来管理和使用图形内容。这些图形内容包括图块、外部参考、图层、填充图案、光栅图像、标注样式、文字样式和自定义图形等内容。要使用这些图形内容，可以利用设计中心将它们从打开的文件以及本地或网络驱动器上的文件拖放到目的图形中。设计中心是一个重复利用和共享已绘制的图形内容的有效管理工具。图形中几乎任何内容都可以通过设计中心实现共享。通过设计中心还可以浏览本地系统、网络驱动器的内容，甚至从 Internet 上下载内容。

16.1.1 启动和显示设计中心

选择"工具" | "设计中心"命令或者单击"标准"工具栏上的"设计中心"按钮，或者在命令输入 Adcenter 命令，将会弹出如图 16-1 所示的"设计中心"选项板。该选项板包含"文件夹"、"打开的图形"、"历史记录" 3 个选项卡。

图 16-1 "设计中心"选项板

当选择"文件夹"、"打开的图形"或者"历史记录"选项卡时，在选项板顶端的工具栏中包含如下一些按钮。

- "加载"按钮 ：用于打开一些文件(例如 dwg、bmp 等类型的文件)。
- "搜索"按钮 ：用于查询文件或图块等。
- "收藏夹"按钮 ：在 AutoCAD 安装时，系统自动在 Favorites 目录下建立一个子目录 Autodesk，用户可以将从网上下载的文件放置到这个子目录中。通过收藏夹可在控制板里显示常用文件的快捷方式图标。在树状视图中将亮显文件夹中的收藏夹。
- "树状图切换"按钮 ：单击该按钮，AutoCAD 设计中心将切换到完全的大图标显示状态。
- "预览"按钮 ：用于控制预览区域的开启和关闭。预览在系统默认状况下为开启状态。单击"预览"按钮，可切换预览区域的显示。
- "说明"按钮 ：用户出于某种需要，可以为一些图块、图层、标注样式添加说明。在设计中心可查阅这些说明。
- "视图"按钮 ：用于在显示内容时的 4 个可选模式中进行选择，即"大图标"、"小图标"、"列表"、"详细信息"。单击"视图"按钮可在几种显示模式之间进行切换。

当选择"打开的图形"选项卡时，可以显示当前被打开的绘图文件(DWG)，选定文件中的元素信息如标注样式、表格样式、图块、文字样式等，即可预览该图形文件相应的内容，如图 16-2 所示。"历史记录"选项卡用于显示打开过的绘图文件。

图 16-2　"打开的图形"选项卡

16.1.2　查看和查找

通常采用树状图查看驱动器文件夹、图形、内容类型。借助"加载"、"上一步"、"下一步"和"上一级"等按钮，灵活地切换到所需要的目录，查看图形文件及其包含的各种元素。

单击设计中心上的"搜索"按钮 ，AutoCAD 提供了一种类似于 Windows 查找功能的查找内容源、内容类型的方法。使用查找功能可以在 AutoCAD 设计中心找到规定路径下的图像文件或特定的图层、图块等内容，如图 16-3 所示。

图 16-3 　"搜索"对话框

　　在"搜索"该对话框的"搜索"下拉列表框中，可以选择需要查找的目标查找对象，默认情况下选择的是"图形"选项。搜索的内容不同，下面搜索内容部分的显示也会有所不同。搜索的内容包括图形、图层、标注样式、文字样式等。如果选择"图形"就会有两个额外的选项卡，即"修改日期"和"高级"选项卡。

　　在"图形"选项卡中，"搜索文字"文本框用于输入诸如图形名称或作者等文字信息以确定要查找什么。"位于字段"下拉列表框用于选择一个要查找的区域类型，包括文件名、标题、主题、作者及关键字等。在设置完成后单击"立即搜索"按钮，系统将自动在所选择的路径下搜索与用户输入的名称相对应的所有内容，在下面的结果显示框中将列出搜索结果。

　　"修改日期"选项卡用于指定要查找的图形文件的编辑日期(并非搜索所有元素均有该选项卡)。如果选中"所有文件"单选按钮，那么将查找包括所有与过滤器条件相符的文件。如果选定"找出所有已创建的或已修改的文件"将查找编辑日期位于输入范围之间的文件。"在前月"单选按钮可将查找文件限制在输入的月数之前。"在前日"单选按钮可将查找文件限制在输入的天数之前，还可以选择"介于 和 "单选按钮，搜索介于设定日期之间的文件。

　　"高级"选项卡用于指定额外的参数来查找文件。在"包含"文本框中可以通过以下4 个选项之一来指定一个文件："块名"、"块和图形说明"、"属性标记"和"属性值"。查找将被限制在由"包含文字"下拉列表框中指定的项目中进行。"大小"文本框可以限制所查找文件的大小。

　　其他内容类型所对应的选项卡(块、标注样式、图形和块、图层、布局、线型、文字样式及外部参照)都有一个"搜索名称"文本框，在文本框中输入要查找项目的名称。指定了查找条件后，单击"立即搜索"按钮开始查找，单击"新搜索"按钮可指定另一个查找条件。

16.1.3　向图形添加内容

　　通过设计中心可以从选项板或查找结果列表中直接添加内容到打开的图形文件中，或者将内容复制到粘贴板上，然后将内容粘贴到图形中。在添加内容时采用哪种方法取决于所要添加内容的类型。

(1) 图块

AutoCAD 设计中心提供了两种插入块到图形中的方法：一种是按默认缩放比例和旋转角度插入，另一种是按指定坐标、缩放比例和旋转角度插入。

若按默认缩放比例和旋转角度插入，可对图块进行自动缩放，根据两者之间的比例插入图块。当插入图块时，AutoCAD 根据在"绘图单位"对话框中设置的"块的绘图单位"对其进行换算。从选项板或"搜索"对话框中选择要插入的块，并把它拖放到打开的图形文件中，在所需的地点释放拖动的块，此块对象就会以默认的比例和旋转因子插入到图形当中。

若按指定坐标、缩放比例和旋转角度插入，就要定义插入块的各种参数。从选项板或"搜索"对话框中选择要插入的块，右击要插入的图块，从快捷菜单中选择"插入块"命令，打开"插入"对话框。在"插入"对话框中，输入插入点、缩放比例和旋转角度值，单击"确定"按钮，则被选择的块即以设定的参数插入到图形中。

(2) 附加外部参考

与块的外部参考类似，在 AutoCAD 中附加外部参考作为单个的对象显示，也可以根据指定的坐标、比例因子和旋转角度等参数附加到图形当中去。外部参考不会增加主图形文件的大小。嵌套的外部参考能否被读入，取决于选择"附加型"还是"覆盖型"选项。插入附加外部参考操作与图块类似，在此不再赘述。

(3) 插入自定义内容

可以使用 AutoCAD 设计中心将自定义的内容插入到打开的图形当中，例如图形、线型、标注样式、文字样式以及布局。只要从设计中心的选项板或"搜索"对话框中选择要插入的自定义类型，然后将它拖入到 AutoCAD 的图像区域中即可。

16.2　快 速 计 算

"快速计算"计算器包括与大多数标准数学计算器类似的基本功能，如加、减、乘、除、平方、开方等，此外，它还具有特别适用于 AutoCAD 的功能，例如几何函数、单位转换区域和变量区域等功能。与大多数计算器不同的是，"快速计算"计算器是一个表达式生成器，即可以编辑公式。为了获取更大的灵活性，"快速计算"计算器让用户输入一个可以轻松编辑的表达式，完成后，单击等号"="或按"Enter"键即可计算出结果。用户可以从"历史记录"区域中检索出表达式，对其进行修改并重新计算结果。

使用"快速计算"可以完成以下操作：执行数学计算和三角计算，访问和检查以前输入的计算值进行重新计算，从"特性"选项板访问计算器来修改对象特性，转换测量单位，执行与特定对象相关的几何计算，向"特性"选项板和命令行或者从"特性"选项板和命令行复制和粘贴值和表达式，定义、存储和使用计算器变量，使用命令中的几何函数。

快速计算的命令是 Quickcalc，可以通过下列方法启动 Quickcalc 命令。

(1) 选择"工具"|"选项板"|"快速计算器"命令。

(2) 单击"标准"工具栏上的"快速计算器"按钮 ▦ 。

(3) 右击，然后在快捷菜单中选择"快速计算器"命令。

单击"标准"工具栏上的"快速计算器"按钮 ▦ ，会弹出如图 16-4 所示的"快速计算"计算器选项板。该计算器包括 8 个区域，分别是工具栏、历史记录区域、输入框、"更多"/"更少"按钮、数字键区、科学区域、单位转换区域、变量区域。

图 16-4　"快速计算"计算器选项版

(1) 工具栏

工具栏主要执行常用操作，包含如下 8 个按钮。

- "清除"按钮 ✐：用于清除输入框内容。
- "清除历史记录"按钮 ✐：用于清除历史记录区域内容。
- "将值粘贴到命令行"按钮 ▤：将输入框中的值粘贴到命令行中。
- "获取坐标"按钮 ✖：计算用户在图形中单击的某个点位置的坐标，将值返回输入框。
- "两点之间的距离"按钮 ▦：计算用户在对象上单击的两个点位置之间的距离，将值返回输入框。
- "由两点定义的直线的角度"按钮 ◹：计算用户在对象上单击的两个点位置之间

的角度，与开始设置的角度起始点和正方向有关。测得的值也将返回到输入框。

- "由四点定义的两条直线的交点"按钮✕：计算用户在对象上单击的 4 个点位置连线的交点，并把测得的点坐标返回到输入框。

- "帮助"按钮：进入"快速计算"帮助文件。

(2) 历史记录区域

历史记录区域主要用于检查和检索以前的计算，显示以前计算的表达式列表。历史记录区域的快捷菜单提供了几个选项，包括将选定表达式复制到剪贴板上的选项。

(3) 输入框

为用户提供了一个可以输入和检索表达式的框。如果单击"="按钮或按 Enter 键，"快速计算"计算器将计算表达式并显示计算结果。

(4) "更多"/"更少"按钮

隐藏或显示所有"快速计算"函数区域。也可以在按钮上右击，选择要隐藏或显示的各个函数区域。

(5) 数字键区和科学区域

数字键区提供用户输入算术表达式的数字和符号的标准计算器键盘，科学区域提供与科学和工程应用相关的三角、对数、指数函数和其他表达式。

(6) 单位转换区域

将测量单位从一种单位类型转换为另一种单位类型。单位转换区域只接受不带单位的小数值。在"单位类型"下拉列表框中可以选择长度、面积、体积和角度值。在"转换自"下拉列表中选择转换的源测量单位。在"转换为"下拉列表框中可以选择转换的目标测量单位。在"要转换的值"文本框中可以输入要转换的值。在"已转换的值"文本框中可以显示转换后的值。另外，单击"计算器图标"按钮，将转换后的值返回到输入框中。例如，将 3 英尺转化为米，并将值返回到输入框，如图 16-5 所示。

图 16-5　单位换算

(7) 变量区域

变量区域提供对预定义常量和函数的访问，如图 16-6 所示。用户可以使用变量区域定义并存储其他常量和函数。

图 16-6　变量区域

变量区域包含新建变量、编辑变量、删除变量和计算器 4 个按钮，单击"新建变量"按钮，将会弹出"变量定义"对话框，如图 16-7 所示。该对话框包含两个选项组，分别是"变量类型"和"变量特性"。

在"变量类型"选项组中，选择"固定"单选按钮则会将变量值存储为常量，选择"函数"单选按钮则会将新变量存储为函数。

在"变量特性"选项组中，可以在"名称"文本框中输入变量名称，在"编组对象"下拉列表框中选择新变量所属的编组，可以创建新组。在"值或表达式"文本框中根据设置的变量类型输入定义变量的值或者表达式。在"说明"文本框中可以输入文字对该变量进行简单的描述，如图 16-7 所示。

定义完成后，单击"确定"按钮，在变量区域将会显示新创建的变量，如图 16-8 所示。

图 16-7　"变量定义"对话框

图 16-8　显示新创建的变量

选择要编辑的变量，单击"编辑变量"按钮 ，将会弹出如图 16-7 所示的对话框，可以重新设置该变量。

选择要删除的变量，单击"删除变量"按钮 ，将会删除该变量。

选择要输入的变量，单击"计算器"按钮 ，可以将该变量返回到输入框。

提示：

"快速计算"计算器的应用非常广泛，可以透明使用，在绘图过程中随时可以启动该计算器，掌握该工具对解决绘图中的一些计算问题有较大的帮助，而不再需要求助于其他计算器。

16.3 简 写 命 令

对于专门从事绘图工作的设计人员而言，绘图速度是十分重要的。选择菜单栏中的命令、单击工具栏中的按钮和在命令行输入命令这 3 种方式几乎都能完成绘制任务，但是优势各不相同，采用工具栏按钮的方式非常直观方便，对于初学者是一个非常好的操作方式。在命令行输入命令的方式对用户的要求较高，要求熟记绘图和修改命令。AutoCAD 针对这一问题提供了一种简写命令的方式来提高命令输入方式的绘图效率，例如，"复制"命令的简写命令是 co，"移动"命令的简写命令是 m。也就是说，只需要输入命令的前一两个字母便可以完成命令的输入。这样采用简写命令的方式对于大多数绘图熟练的用户来说，速度大大高于其他方式。

16.3.1 自定义简写命令

选择"工具"|"自定义"|"编辑程序参数(acad.pgp)"命令，将会弹出如图 16-9 所示的文本。拖动滑块，可以看到各种命令与其简写形式，如图 16-10 所示。

图 16-9　acad.pgp 记事本

图 16-10　acad.pgp 记事本中的简写命令

要定义简写命令，可使用下列语法向 acad.pgp 文件的命令别名部分添加一行：

abbreviation，*command。其中，abbreviation 是用户在命令提示下输入的命令别名，command 是要缩写的命令。必须在命令名前输入星号"*"以表示该行为命令别名定义。如果一个命令可以透明地输入，则其简写命令也可以透明地输入。当输入命令别名(简写命令)时，系统将在命令提示中显示完整的命令名并执行该命令。用户可以创建包含特殊连字符(-)前缀的命令别名，用于访问某些命令的命令行版本，例如：

> BH，*-BHATCH
> BD，*-BOUNDARY

用户可以按照自己的绘图习惯和方便记忆的原则，更改这些简写命令，保存 acad.pgp 文件，然后关闭该记事本。退出 AutoCAD 系统，重新启动 AutoCAD 后，设定的简写命令就生效了。

提示：
编辑 acad.pgp 之前，请创建备份文件，以便将来需要时恢复。

16.3.2　访问命令

很多用户使用 AutoCAD 命令行已经很多年了，对于那些经常使用的命令，可以很快就打出来。但对于用得少的命令，有时会想不出它的拼写，就像 EATEXT 或 EATTEXT，就不知是哪个对。 AutoCAD 2010 提供了自动完成功能来迅速输入不常用的命令。在命令提示中，可输入系统变量或命令(包括 ARX 定义的命令和命令别名)的前几个字母，然后按 Tab 键来遍历显示所有有效的命令。例如，在命令提示中输入 EAT，然后按 Tab 键，就可以在所有以 EAT 开头的命令 EATTEDIT、EATTEXT、EATTEXTEDIT 和 EATTEXTUPDATE 中查找需要的命令。

16.4　自　定　义

AutoCAD 除了提供一些默认的工具栏、菜单栏、命令行外，还提供一些人性化的自定义功能，用户可以根据自己的习惯和喜好，方便地设置自己的绘图界面，在此主要介绍工作空间和工具选项的自定义方法。

16.4.1　个性化的工作空间

AutoCAD 提供大量的设计工具，使很多的设计问题得以解决。然而，大量的工具在试图实现特殊任务时会有些妨碍。新用户可能会被如此大量的菜单、工具栏、对话框和工具板吓倒。而有经验的用户，在许多自己工作不需要而却还存在的工具中来回寻找也会感到不方便。AutoCAD 2010 的工作空间能解决这个问题，它使用户可自定义基于任务的用户界面方案。可控制所显示的工具菜单、菜单和工具选项板，以及应用程序窗口中的命令行和属性选项板，可添加、删除和重新安排用户界面组件来适应用户自己的工作流程。可以创建和保存简化的工作空间，使其仅包含用户在特定的任务中最常用的工具栏、工具选项板和菜单。在转到不同的任务时，就可以快速地在工作空间之间进行切换。

选择"工具"|"工作空间"|"工作空间设置"命令，或者单击如图 16-11 所示"工作空间"工具栏上的"工作空间设置"按钮，或者在命令行输入 Wssettings 命令，将会弹出"工作空间设置"对话框，如图 16-12 所示。

图 16-11 "工作空间"工具栏　　　　　图 16-12 "工作空间设置"对话框

在"工作空间设置"对话框中，可以指定默认的工作空间，在工作期间自动保存工作空间的变化，以及设置工作空间的显示次序，还可以在工作空间中添加分隔符。

可以先设置好菜单栏、工具栏、命令行等，再选择"工具"|"工作空间"|"将当前工作空间另存为"命令，弹出如图 16-13 所示的"保存工作空间"对话框，输入工作空间的名称，单击"保存"按钮，便保存为一个命名的工作空间。

图 16-13 "保存工作空间"对话框

选择"工具"|"工作空间"|"自定义"命令，弹出"自定义用户界面"对话框，如图 16-14 所示。可以将光标移至"工作空间"上右击，在弹出的快捷菜单上选择"新建"|"工作空间"命令，就会产生一个新的工作空间。可以对新创建的工作空间或者已有的工作空间进行重命名，或者向其添加或删除工具栏、菜单栏等。

工作空间创建完成后，可以在如图 16-11 所示的"工作空间"工具栏下拉列表框中选择所需要的工作空间。通过"自定义用户界面"对话框还可以设置各个菜单栏和工具栏，由于篇幅所限，在此就不一一介绍了。

图 16-14　　"自定义用户界面"对话框

16.4.2　自定义工具选项板

工具选项板是"工具选项板"窗口中选项卡形式的区域，提供组织、共享和放置块及填充图案的有效方法。单击"标准"工具栏上的"工具选项板窗口"按钮，或者选择"工具"|"选项板"|"工具选项板"命令，将会弹出如图 16-15 所示的"工具选项板"窗口。用户可以将选项板上图块直接拖入到绘图区域，完成图块的插入，或者将填充图案直接拖入填充区域，完成填充。

选择"工具"|"自定义"|"工具选项板"命令，弹出如图 16-16 所示的"自定义"对话框。在该对话框中列出所有可用的选项板。单击并拖动一个选项板，可以将其在列表中上下移动。在列表中的选项板上右击，可以重命名、删除或输出该选项板。在"选项板"区域中右击，可以输入一个选项板或创建一个新的空选项板。"选项板组"以树状图的形式显示选项板的结构。单击并拖动一个选项板，可以将其移至另一个组中。在一个选项板上右击，然后在弹出的快捷菜单中选择"置为当前"命令，以显示该组选项板。

图 16-15　工具选项板

图 16-16　自定义对话框

　　若要对某一个选项板的内容进行修改，只需将光标移至图 16-15 所示的工具选项板对应的图标上，右击将弹出如图 16-17 所示的快捷菜单，可以对图块和填充样例进行编辑操作，若需要添加动态块或者填充样例，只需要将图块和样例拖至选项板上即可。例如，要将前面章节绘制的"标高"动态块放置在"建筑"工具选项板上，用户只要将图块拖至该工具选项板上便可完成操作，如图 16-18 所示。另外，还可以在上面添加文字和分隔符，来丰富选项板的界面。

图 16-17　快捷菜单

图 16-18　向工具选项板添加内容

16.5　其 他 技 巧

16.5.1　重复输入

　　在连续使用 AutoCAD 命令时，会发现同样的数据会重复输入很多次。即使键盘输入速度非常快，重复的数据也会让人效率低下，而且还会出错。为了减少出错和节约时间，可使用 AutoCAD 2010 的最近输入功能，访问最近使用的数据，包括点、距离、角度和字符串。可在命令行中按方向键，或从快捷菜单中选择最近输入项。最近使用值与上下文有关。例如，在命令行提示下输入距离时，最近输入功能将显示之前输入过的距离。当在旋转命令中提示输入角度时，之前使用的旋转角度将会显示出来。可通过 Inputhistorymode 系统变量控制最近输入功能的使用。

16.5.2　自定义比例列表

绘图比例是 AutoCAD 图形最基本的部分。在 AutoCAD 的相关功能中都可以访问常用的比例。然而，因为不同的领域和几何图形，默认的比例可能不太适合平常的使用。例如，中国的建筑师就不会用到建筑上的一些英制比例，如 1/4"=1'。但是，还可能需要其他一些没有被列出的比例，例如 1:200。在 AutoCAD 2010 中，可轻易创建和管理自定义比例列表以便完成自己的工作。

选择"格式"|"比例缩放列表"命令，或者在命令行输入 ScaleListEdit 命令，将会弹出"编辑比例列表"对话框，如图 16-19 所示。通过它可以添加新的比例，编辑现有比例，重新排列比例列表，还可以删除不需要的比例。所有在该对话框中的比例将自动显示。

16.5.3　查询填充面积

有时进行边界填充后，需要确定边界所包含的面积。例如，将一块地分成几个部分，在分的时候必须知道每块地的面积。在以前的版本中，这需要分两步，第一步是创建填充，第二步才计算面积，而且计算面积也不是一种简单的事。在 AutoCAD 2010 版本中，确定填充空间的面积将是一种非常简单的事。在填充图案的属性窗口中增加一个面积属性，并可以查看填充图案的面积。如果选择了多个填充区域，累计的面积也可以查询得到，如图 16-20 所示。

图 16-19　"编辑比例列表"对话框

图 16-20　查询填充面积

16.6　操 作 实 践

利用"快速计算"计算器，编写一个计算圆周长的函数在计算中调用。

(1) 单击"标准"工具栏上的"快速计算"按钮 ，弹出计算器。

(2) 单击变量区域上的"新建变量"按钮 ，将会弹出"变量定义"对话框，选择"函数"变量类型，在"名称"文本框中输入 len_of_cir，在"编组对象"下拉列表框中选择"变量样例"选项。在"值或表达式"文本框中输入 2*rad*3.1415926。另外，在"说明"文本框中输入"计算圆的周长"的描述字样，如图 16-21 所示。

(3) 单击"确定"按钮完成变量定义，在"变量区域"的变量树中双击 len_of_cir 或者选择 len_of_cir 变量，然后单击"变量区域"的"计算器"按钮 ，便可将函数输入到输入框，如图 16-22 所示。

(4) 按 Enter 键，系统提示用户选择圆弧，命令行提示如下。

> 命令: >> 给函数 RAD 选择圆、圆弧或多段线： //选择圆为函数 RAD 赋值

(5) 选择圆，输入框中将得到计算结果，如图 16-23 所示。

图 16-21 定义函数变量

图 16-22 输入变量

图 16-23 计算结果

16.7 习　　题

16.7.1 填空题

(1) 设计中心上的_____按钮，提供了一种类似于 Windows 查找功能的查找内容源、内容类型及内容的方法。

(2) "快速计算"计算器中的变量类型包括_____和_____。

(3) 用户要定义简写命令，应修改_____文件。

(4) _____提供组织、共享和放置块及填充图案的有效方法。

16.7.2 选择题

(1) _____主要用来管理和使用图形内容。这些图形内容包括图块、外部参考、图层、填充图案、光栅图像、标注样式、文字样式和自定义图形内容。

    A. 工具选项板   B. 特性选项板   C. 设计中心   D. 工作空间

(2) 在命令提示中，可输入系统变量或命令(包括 ARX 定义的命令和命令别名)的前几个字母，然后按_____键来遍历显示所有有效的命令。

    A. Ctrl   B. Tab   C. Shift   D. Enter

(3) 选择_____命令，将会弹出"编辑比例列表"对话框，通过它可以添加新的比例，编辑现有比例，重新排列比例列表，还可以删除不需要的比例。

　　　　A. ScaleListEdit　　　　　B. Scale　　　　　　C. Edit　　　　　D. AttEdit

16.7.3　上机操作

(1) 利用"快速计算"计算器编辑一个计算圆面积的函数。

(2) 将绘制好的动态图块归类整理，添加到建筑工具选项板上，并添加文字和分隔符。

附录A 图层名举例

A.1 专业代码

中 文 名	英 文 名	解 释	
建筑	A	建筑	Architectural
电气	E	电气	Electrical
总图	G	总图	General Plan
室内	I	室内设计	Interiors
暖通	M	采暖空调	HVAC(heating ventilation and air-conditioning)
给排	P	给排水(泵)	Plumbing
设备	Q	设备	Equipment
结构	S	结构	Structural
通信	T	通信	Telecommunlcations
其他	X	其他工种	Other Disciplines

A.2 状 态 码

中 文 名	英 文 名	解 释	
新建	NEWW	新建	new work
保留	EXST	保留	existing to remain
拆除	DEMO	拆除	existing to demolish
拟建	FUIR	拟建	future work
临时	TEMP	临时	temporary work
搬迁	MOVE	搬迁	items to be moved
改建	RELO	改建	relocated items
契外	NICN	合同外	not in contract
阶段	PHS1-9	阶段编号	phase numbers

A.3　图层名举例

A.3.1　建筑图层名

1. 墙

中 文 名	英 文 名	解 释	
建筑-墙体	A-WALL	墙	walls
建筑-墙体-全高	A-WALL-FULL	全高墙	full height walls
建筑-墙体-半墙	A-WALL-PRHT	半截墙	partial-height walls
建筑-墙体-隔断	A-WALL-MOVE	活动隔断	moveable partitions
建筑-墙体-绝缘	A-WALL-PATT	绝缘墙	wall insulation, hatching and fill
建筑-墙体-卫生	A-WALL-TPIN	卫生间隔断	toilet partitions
建筑-墙体-三维	A-WALL-ELEV	三维视图墙面	wall surfaces; 3d views
建筑-墙体-结构	A-WALL-STRU	结构墙	walls in structure
建筑-墙体-设备	A-WALL-EQPM	墙上设备	equipment on wall
建筑-墙体-灯具	A-WALL-LITE	壁灯灯具	light fixtures

2. 门

中 文 名	英 文 名	解 释	
建筑-门体	A-DOOR	门	doors
建筑-门体-全高	A-DOOR-FULL	整门	full-height doors
建筑-门体-半门	A-DOOR-PRHT	半截门	partial-height doors;swing and leaf
建筑-门体-三维	A-DOOR- ELEV	三维视图门	doors;3d views
建筑-门体-编号	A-DOOR-IDEN	门编号	door number
建筑-门体-木门	A-DOOR-WOOD	木门	wood door
建筑-门体-金属	A-DOOR-METL	金属门	metal door

3. 窗

中 文 名	英 文 名	解 释	
建筑-窗户	A-WIND	窗	windows
建筑-窗户-半窗	A-WIND-PRHT	半截窗	partial-height window swing and leaf
建筑-窗户-组号	A-WIND-IDEN	窗编号	window number
建筑-窗户-三维	A-WIND- ELEV	三维视图窗	windows;3d views

(续表)

中 文 名	英 文 名	解 释
建筑-窗户-木窗	A-WIND-WOOD	木窗　　wood windows
建筑-窗户-金属	A-WIND-METL	金属窗　　metal windows
建筑-窗户-窗台	A-WIND-SILL	窗台　　windows sills

4. 楼梯

中 文 名	英 文 名	解 释
建筑-楼梯	A-STRS	楼梯踏步、自动扶梯、梯子　　stairs treads,escalators,ladders
建筑-楼梯-踏板	A-STRS-RISR	楼梯踢板　　stair risers
建筑-楼梯-护栏	A-STRS-HRAL	楼梯、阳台扶手　stair and balcony handrails，guide rails
建筑-楼梯-电梯	A-STRS- EVIR	电梯及设备　　elevator cars and equipment

5. 楼面

中 文 名	英 文 名	解 释
建筑-楼面	A-FLOR	楼面　　floor information
建筑-楼面-轮廓	A-FLOR-OTLN	楼面或建筑外轮廓　floor or building outline
建筑-楼面-标高	A-FLOR-LEVL	层面标高变化、斜坡、凸凹　level changes,ramps,pits depressions
建筑-楼面-特殊	A-FLOR-SPCL	特殊空间(卫生间…) architectural specialties
建筑-楼面-木活	A-FLOR-WDWK	建筑木装修　　architectural woodwork
建筑-楼面-橱柜	A-FLOR-CASE	橱柜　casework (manufactured cabines)
建筑-楼面-顶棚	A-FLOR-OVHD	顶棚上项目 overhead items
建筑-楼面-地板	A-FLOR-RAIS	架空地板　　raised floors
建筑-楼面-房号	A-FLOR-IDEN	房间名称、编号表 room numbers,names,targht
建筑-楼面-装饰	A-FLOR-PATT	铺设花砖地面、地毯、装饰等　paving,tile,carpet,patterns
建筑-楼面-管道	A-FLOR-PFIX	管道设备 plumbing fixtures
建筑-楼面-标记	A-FLOR-SIGN	标记　　signage
建筑-楼面-排水	A-FLOR-DRAI	排水　　drainage
建筑-楼面-管井	A-FLOR-SHAF	管井　　shaft

6. 设备

中 文 名	英 文 名	解 释
建筑-设备	A-EQPM	设备 equipment
建筑-设备-固定	A-EQPM-FIXD	固定设备 fixed equipment
建筑-设备-活动	A-EQPM-MOVE	活动设备 moveable equipment
建筑-设备-契外	A-EQPM-NICN	非合同设备 equipment not in contract
建筑-设备-通道	A-EQPM-ACCS	设备管道 equipment access
建筑-设备-索引	A-EQPM-IDEN	设备编号 equipment identification numbers
建筑-设备-三维	A-EQPM-ELEV	设备表面、三维视图 equipment surfaces; 3D views
建筑-设备-顶棚	A-EQPM-CLNG	安装在顶棚的设备 celling-mounted or suspended equipment

7. 顶棚

中 文 名	英 文 名	解 释
建筑-顶棚	A-CLNG	顶棚　　　　ceiling information
建筑-顶棚-藻井	A-CLNG-GRID	藻井式顶棚　ceiling grid
建筑-顶棚-透视	A-CLNG-OPEN	顶棚/屋面透视 ceiling/roof penetrations
建筑-顶棚-主体	A-CLNG-TEES	主体结构　　main tees
建筑-顶棚-构件	A-CLNG-SUSP	顶棚吊顶构件 suspended elements
建筑-顶棚-图案	A-CLNG-PATT	顶棚图案　　ceiling patterns
建筑-顶棚-检口	A-CLNG-ACCS	顶棚检修口　ceiling access
建筑-顶棚-设备	A-CLNG-EQPM	顶棚上设备　equipment on celling
建筑-顶棚-灯具	A-CLNG-LITE	顶棚灯具　　light fixtures

8. 柱

中 文 名	英 文 名	解 释
建筑-柱子	A-COLS	柱　　　　columns
建筑-柱子-结构	A-COLS-STRU	结构柱　columns in structure

9. 梁

中 文 名	英 文 名	解 释
建筑-梁体	A-BEAM	梁　beams

10. 暖通

中 文 名	英 文 名	解 释
建筑-暖通-送风	A-HVAC-SDFF	送风装置 supply diffusers
建筑-暖通-回风	A-HVAC-RDFF	回风装置 return air diffusers

11. 屋顶

中 文 名	英 文 名	解 释
建筑-屋顶	A-ROOF	屋顶 roof
建筑-屋顶-轮廓	A-ROOF-OTLN	屋顶外轮廓线 roof outline
建筑-屋顶-标高	A-ROOF-LEVE	屋顶标高 level changes
建筑-屋顶-图案	A-ROOF-PATT	屋顶图案 roof surface patterns, hatching
建筑-屋顶-三维	A-ROOF-ELEV	屋面三维视图 roof surface; 3D views
建筑-屋顶-设备	A-ROOF-EQPM	屋顶设备 equipment on roof

12. 立面

中 文 名	英 文 名	解 释
建筑-立面	A-ELEV	立面图 interior and exterior elevations
建筑-立面-轮廓	A-ELEV-OTLN	建筑外轮廓线 building outlines
建筑-立面-装饰	A-ELEV-FNSH	装饰等 finishes,woodwork,trim
建筑-立面-壁柜	A-ELEV-CASE	壁柜 wall-mounted casework
建筑-立面-设备	A-ELEV-FIXT	立面其他设备 miscellaneous fixtures
建筑-立面-管道	A-ELEV-PFIX	立面固定设备 plumbing fixtures in elevation
建筑-立面-标记	A-ELEV-SIGN	标记 signage
建筑-立面-影线	A-ELEV-PATT	立面纹理图案 textures and hatch pattern
建筑-立面-索引	A-ELEV-IDEN	索引符号 component identification num

13. 剖面

中 文 名	英 文 名	解 释
建筑-剖面	A-SECT	剖面 sections
建筑-剖面-材料	A-SECT-MCUT	材料剖面 material cut by section
建筑-剖面-剖外	A-SECT-MBND	剖面以外的材料 material beyond section cut
建筑-剖面-影线	A-SECT-PATT	图例和图案 textures and hatch patterns
建筑-剖面-索引	A-SECT-IDEN	构件剖面索引符号 component identification number

14. 详图

中 文 名	英 文 名	解 释
建筑-详图	A-DETL	详图 details
建筑-详图-材料	A-DETL-MCUT	材料详图 material cut by section
建筑-详图-剖外	A-DETL-MBND	详图以外的材料 material beyond section cut
建筑-详图-影线	A-DETL-PATT	图例和图案 textures and hatch patterns
建筑-详图-索引	A-DETL-IDEN	构件详细索引符号 component identification number

15. 玻璃

中 文 名	英 文 名	解 释
建筑-玻璃	A-GLAZ	窗、窗墙、帘墙、玻璃幕 windows,window walls,curtain walls,glazed partitions
建筑-玻璃-全高	A-GLAZ-FULL	全高玻璃幕墙和隔离体 full-height glazed walls and partitions
建筑-玻璃-半高	A-GLAZ-PRHT	窗和半截玻璃的隔离体 windows and partial-height glazed partion
建筑-玻璃-窗台	A-GLAZ-SILL	窗台 windows sills
建筑-玻璃-编号	A-GLAZ-IDEN	窗编号 windows number
建筑-玻璃-三维	A-GLAZ-ELEV	玻璃和竖框的立面图 glaring and mullions-elevation views

16. 其他

中 文 名	英 文 名	解 释
建筑-轴网	A-AXIS	平面轴网或柱轴网 planning grid or column grid
建筑-尺寸	A-DIMS	尺寸标注 dimensions
建筑-说明	A-NOTE	说明 note
建筑-场所	A-SPOT	场所 spot
建筑-装饰	A-FISH	装饰面层 finish
建筑-影线	A-HATH	阴影线 hatch
建筑-影线-砼线	A-HATH-CONC	混凝土阴影线 hatch by concrete
建筑-影线-石料	A-HATH-STON	石料阴影线 hatch by stone

A.3.2 总图

中 文 名	英 文 名	解 释	
总图-平面	G-PLAN	总体布置图	floor plan-key plan
总图-现场	G-SITE	总平面设计图	site plan-key map
总图-道路	G-ACCS	道路	access plan
总图-防火	G-FIRE	防火	fire protection plan
总图-排水	G-EVAC	排水	evacuation plan
总图-车场	G-PARK	停车场	park
总图-尺寸	G-DIMS	尺寸标注	dimensions in general plan
总图-文字	G-NOTE	文字标注	notes in general plan
总图-图案	G-PATT	图案	patterns in general plan
总图-给水	G-WISP	给水布置	information of water supply in general plan
总图-暖通	G-HAVC	暖通系统	HAVC system
总图-电气	G-POER	供电	power supply
总图-煤气	G-GASS	煤气	gas supply
总图-通信	G-CABL	通信布线	cable plan

A.3.3 室内平面设计

1. 墙

中 文 名	英 文 名	解 释
室内-墙体-全高	I-WALL-FULL	墙(包括电梯井筒墙、楼梯墙及承重墙) full height walls,stair and shaft walls,walls to structure
室内-墙体-半墙	I-WALL-PRHT	半截墙 partial-height walls
室内-墙体-窗肚	I-WALL-HEAD	窗肚墙 door and window eaders (appear on reflected ceiling plans)
室内-墙体-窗间	I-WALL-JAMB	窗间墙 door and window jambs (do not appear on reflected ceiling plans)
室内-墙体-绝缘	I-WALL-PATT	绝缘墙 wall insulation,hatching and fill
室内-墙体-三维	I-WALL-ELEV	三维视图墙面 wall surfaces;3d views
室内-墙体-防火	I-WALL-FIRE	防火墙 fire wall patterning

2. 门

中 文 名	英 文 名	解　释
室内-门体	I-DOOR	门　　　doors
室内-门体-全高	I-DOOR-FULL	整门　　full-height doors
室内-门体-半门	I-DOOR-PRHT	半截门　　partial-height doors;swing and leaf
室内-门体-三维	I-DOOR- ELEV	三维视图门 doors;3d views
室内-门体-编号	I-DOOR-IDEN	门编号　　door number

3. 玻璃

中 文 名	英 文 名	解　释
室内-玻璃	I-GLAZ	玻璃 glazeing
室内-玻璃-全高	I-GLAZ-FULL	全高玻璃幕墙 full-height glazed walls and partitions
室内-玻璃-半高	I-GLAZ-PRHT	窗和半截玻璃的隔离体 windows and partial-height glazed partion
室内-玻璃-窗台	I-GLAZ-SILL	窗台　　　windows sills
室内-玻璃-编号	I-GLAZ-IDEN	窗编号　　windows number
室内-玻璃-三维	I-GLAZ-ELEV	玻璃和竖框的立面图 glaring and mullions-elevation views

4. 楼面

中 文 名 称	英 文 名	解　释
室内-楼面	I-FLOR	楼面　　　floor information
室内-楼面-轮廓	I-FLOR-OTLN	楼面或建筑轮廓　floor or building outline
室内-楼面-踏步	I-FLOR-STRS	踏步、自动扶梯、梯子 stair treads,escalators,ladder
室内-楼面-踢板	I-FLOR-RISR	楼梯踢板　　stair risers
室内-楼面-护栏	I-FLOR-HRAL	楼梯、阳台护栏 stair and balcony handrails, guide rails
室内-楼面-卫间	I-FLOR-TPIN	卫生间隔断　Toilet partitions
室内-楼面-附件	I-FLOR-SPCL	建筑细部　Architectural specialties
室内-楼面-木活	I-FLOR-WDWK	建筑木装修　Architectural woodwork
室内-楼面-顶棚	I-FLOR-OVHD	顶棚上项目　overhead items
室内-楼面-地板	I-FLOR-RAIS	架空地板　raised floors
室内-楼面-编号	I-FLOR-IDEN	房间名称、编号表 room numbers,names,targht

(续表)

中 文 名	英 文 名	解 释
室内-楼面-图案	I-FLOR-PATT	铺设花砖地面、地毯、装饰等 paving,tile,carpet,patterns
室内-楼面-管道	I-FLOR-PFIX	管道设备 plumbing fixtures
室内-楼面-设备	I-FLOR-FIXT	各种设备 miscellaneous fixtures
室内-楼面-标记	I-FLOR-SIGN	楼层标记 signage
室内-设备	I-EQPM	设备 equipment
室内-设备-三维	I-EQPM-ELEV	设备表面三维视图 equipment surface;3D view

5. 家具

中 文 名	英 文 名	解 释
室内-家具	I-FURN	家具 furniture
室内-家具-活动	I-FURN-FREE	活动家具(书柜、书桌等)furniture: free standing
室内-家具-植物	I-FURN-PLNT	植物 plants
室内-家具-图案	I-FURN-PATT	家具的图案 finish patterns
室内-家具-三维	I-FURN-ELEV	家具的三维视图 furniture: 3D view

6. 顶棚

中 文 名	英 文 名	解 释
室内-顶棚	I-CLNG	顶棚信息 ceiling information
室内-顶棚-藻井	I-CLNG-GRID	藻井式顶棚 ceiling grid
室内-顶棚-图案	I-CLNG-PATT	顶棚图案 ceiling patterns
室内-照明	I-LITE	照明 light fixtures
室内-柱子	I-COLS	柱 columns
室内-面积-影线	I-AREA-PATT	阴影线内的面积 area cross hatching
室内-面积-标记	I-AREA-IDEN	房间租用者、房间面积标识 room numbers, tenant identification，area calculation

7. 立面

中 文 名	英 文 名	解 释
室内-立面	I-ELEV	立面图 interior and exterior elevations
室内-立面-装饰	I-ELEV-FNSH	立面木装饰部分等 finishes,woodwork,trim
室内-立面-设备	I-ELEV-FIXT	立面其他设备 miscellaneous fixtures

(续表)

中 文 名	英 文 名	解 释	
室内-立面-管道	I-ELEV-PFIX	立面固定设备	plumbing fixtures in elevation
室内-立面-标记	I-ELEV-SIGN	标记	signage
室内-立面-图案	I-ELEV-PATT	立面纹理图案	textures and hatch pattern
室内-立面-索引	I-ELEV-IDEN	构件索引符号	component identification number

8. 剖面

中 文 名	英 文 名	解 释	
室内-剖面	I-SECT	剖面	sections
室内-剖面-材料	I-SECT-MCUT	材料剖面	material cut by section
室内-剖面-剖外	I-SECT-MBND	剖面以外的材料	material beyond section cut
室内-剖面-图案	I-SECT-PATT	图例和图案	textures and hatch patterns
室内-剖面-索引	I-SECT-IDEN	构件剖面索引符号	component identification number

9. 详图

中 文 名	英 文 名	解 释	
室内-详图	I-DETL	详图	details
室内-详图-材料	I-DETL-MCUT	材料详图	material cut by section
室内-详图-剖外	I-DETL-MBND	详图以外的材料	material beyond section cut
室内-详图-影线	I-DETL-PATT	图例和图案	textures and hatch patterns
室内-详图-索引	I-DETL-IDEN	构件详细索引符号 component identification number	

A.3.4　结构图层名

1. 轴

中 文 名	英 文 名	解 释	
结构-轴网	S-AXIS	轴网	axis
结构-尺寸	S-DIMS	尺寸	dimensions
结构-文字	S-TEXT	文字显示	text show
结构-荷载	S-LOAD	荷载	load
结构-荷载-静载	S-LOAD-DEAD	静荷载	dead load
结构-荷载-活载	S-LOAD-LIVE	动荷载	live load

2. 柱网

中 文 名	英 文 名	解 释	
结构-柱网	S-GRID	柱网	column grid
结构-柱网-户外	S-GRID-EXTR	室外柱网	column grid outside building
结构-柱网-室内	S-GRID-INIR	室内柱网	column grid inside building
结构-柱网-尺寸	S-GRID-DIMS	柱网尺寸标注	column grid dimension
结构-柱网-编码	S-GRID-IDEN	柱网编号	column grid tags

3. 柱子

中 文 名	英 文 名	解 释	
结构-柱子	S-COLS	柱子	columns
结构-柱子-承重	S-COLS-BEAR	承重柱	bearing columns
结构-柱子-构造	S-COLS-CONS	构造柱	construction column
结构-柱子-框架	S-COLS-FRAM	框架柱	frame columns
结构-柱子-钢筋	S-COLS-RBAR	柱钢筋	column reinforcing
结构-柱子-模板	S-COLS-FORM	柱模板	columns form
结构-柱子-编码	S-COLS-IDEN	柱编号	columns coding

4. 墙

中 文 名	英 文 名	解 释	
结构-墙体	S-WALL	承重墙剪力墙	structure bearing or shear wall
结构-墙体-砖墙	S-WALL-BRIK	砖砌体墙	brick wall
结构-墙体-钢砼	S-WALL-RCTE	钢筋混凝土墙	reinforced concrete walls
结构-墙体-配筋	S-WALL-RBAR	墙配筋	wall reinforcing
结构-墙体-编码	S-WALL-IDEN	墙编号	wall coding

5. 梁

中 文 名	英 文 名	解 释	
结构-梁体	S-BEAM	梁	beams
结构-梁体-模板	S-BEAM-FORM	梁模板	beam forms
结构-梁体-框架	S-BEAM-FRAM	梁框架	beam frame
结构-梁体-配筋	S-BEAM-RBAR	梁配筋	beam reinforcing
结构-梁体-编码	S-BEAM-IDEN	梁编号	beam coding

6. 楼板

中 文 名	英 文 名	解 释	
结构-楼板	S-SLAB	楼板	slab
结构-楼板-开洞	S-SLAB-HOLE	楼板开洞	holes in slab
结构-楼板-钢筋	S-SLAB-RBAR	楼板配筋	slab reinforcing
结构-楼板-节点	S-SLAB-JOIS	楼板控制节点	slab control joints
结构-楼板-代码	S-SLAB-IDEN	楼板编号或代码	slab coding

7. 洞口

中 文 名	英 文 名	解 释	
结构-洞口	S-HOLE	洞口	holes in wall
结构-洞口-配筋	S-HOLE-RBAR	洞口配筋	hole reinforcing
结构-洞口-代号	S-HOLE-IDEN	洞口编号标注	hole number or coding

8. 楼盖

中 文 名	英 文 名	解 释	
结构-楼盖	S-ROOF	楼盖	roof
结构-楼盖-配筋	S-ROOF-RBAR	楼盖配筋	roof reinforcing
结构-楼盖-代号	S-ROOF-IDEN	楼盖编号、标注	roof number or coding

9. 基础

中 文 名	英 文 名	解 释	
结构-基础	S-FNDN	基础	foundation
结构-基础-独立	S-FNDN-IDVD	独立基础	individual foundation
结构-基础-条形	S-FNDN-STRP	条形基础	strip foundation
结构-基础-片筏	S-FNDN-RAFT	片筏式基础	raft or mat foundation
结构-基础-桩基	S-FNDN-PILE	桩基	pile foundation
结构-基础-箱形	S-FNDN-BOXX	箱形基础	box foundation
结构-基础-配筋	S-FNDN-RBAR	基础配筋	foundation reinforcing

10. 楼梯

中 文 名	英 文 名	解 释	
结构-楼梯	S-STRS	楼梯	stairs
结构-楼梯-模板	S-STRS-FORM	楼梯模板	stair forms
结构-楼梯-配筋	S-STRS-RBAR	楼梯配筋	stair reinforcing
结构-楼梯-平台	S-STRS-PLAT	楼梯平台	stair platform

11. 其他

中 文 名	英 文 名	解 释	
结构-节点	S-JOIS	节点	joints
结构-零件	S-METL	金属零部件	miscellaneous metal
结构-地螺	S-ABLT	地脚螺栓	anchor bolts
结构-平台	S-DECK	结构楼板平台	structure floor deck
结构-支撑	S-BRCE	支撑	brace
结构-屋架	S-TRUS	屋架	roof truss
结构-模板	S-FORM	模板	form
结构-框架	S-FRAM	框架	frame
结构-钢筋	S-RBAR	钢筋	reinforcement
结构-剖面	S-SECT	剖面	sections
结构-详图	S-DETL	详图	details

注：

其他专业的推荐图层详见《房屋建筑 CAD 制图统一规则 GB/T 18112—2000》。

附录B 常见快捷命令

B.1 常用快捷命令

完整命令	快捷命令	功能说明	完整命令	快捷命令	功 能
LINE	L	绘制直线	ERASE	E	删除图形对象
XLINE	XL	绘制构造线	COPY	CO/CP	复制图形对象
PLINE	PL	绘制多段线	MIRROR	MI	镜像图形对象
POLYGON	POL	绘制正多边形	OFFSET	O	偏移图形对象
RECTANGLE	REC	绘制长方形	ARRAY	AR	阵列图形对象
ARC	A	绘制圆弧	MOVE	M	移动图形对象
CIRCLE	C	绘制圆	ROTATE	RO	旋转图形对象
SPLINE	SPL	绘制样条曲线	SCALE	SC	缩放图形对象
ELLIPSE	EL	绘制椭圆或椭圆弧	STRETCH	S	拉伸图形对象
POINT	PO	创建多个点	TRIM	TR	修剪图形对象
BHATCH	H	创建图案填充	EXTEND	EX	延伸图形对象
GRADIENT	GD	创建渐变色	BREAK	BR	打断图形对象
REGION	REG	创建面域	JOIN	J	合并图形对象
TABLE	TB	创建表格	CHAMFER	CHA	倒角
MTEXT	MT/T	创建多行文字	FILLET	F	圆角
MEASURE	ME	创建定距等分点	EXPLODE	X	分解图形对象
DIVIDE	DIV	创建定数等分点	PEDIT	PE	多段线编辑
DIMSTYLE	D	创建尺寸标注样式	SUBTRACT	SU	差集
DIMLINEAR	DLI	创建线性尺寸标注	UNION	UNI	并集
DIMALIGNED	DAL	创建对齐尺寸标注	INTERSECT	IN	交集
DIMARC	DAR	创建弧长标注	STYLE	ST	创建文字样式
DIMORDINATE	DOR	创建坐标标注	TEXT	DT	创建单行文字
DIMRADIUS	DRA	创建半径标注	MTEXT	MT	创建多行文字
DIMDIAMETER	DDI	创建直径标注	DDEDIT	ED	编辑文字
DIMJOGGED	DJO	创建折弯半径标注	SPELL	SP	拼写检查

（续表）

完 整 命 令	快 捷 命 令	功 能 说 明	完 整 命 令	快 捷 命 令	功　　　能
DIMJOGLINE	DJL	创建折弯线性标注	TABLESTYLE	TS	创建表格样式
DIMANGULAR	DAN	创建角度标注	TABLE	TB	创建表格
DIMBASELINE	DBA	创建基线标注	HATCH	H	创建图案填充
DIMCONTINUE	DCO	创建连续标注	GRADIENT	GD	创建渐变色
DIMCENTER	DCE	创建圆心标记	HATCHEDIT	HE	编辑图案填充
TOLERANCE	TOL	创建形位公差	BOUNDARY	BO	创建边界
QLEADER	LE	创建引线或者引线标注	REGION	REG	创建面域
DIMEDIT	DED	编辑表合组	BLOCK	B	创建块
MLEADERSTYLE	MLS	创建多重引线样式	WBLOCK	W	创建外部块
MLEADER	MLD	创建多重引线	ATTDEF	ATT	定义属性
MLEADERCOLLECT	MLC	合并多重引线	INSERT	I	插入块
MLEADERALIGN	MLA	对齐多重引线	BEDIT	BE	在块编辑器中打开块定义
LAYER	LA	打开图层特性管理器	ZOOM	Z	缩放视图
COLOR	COL	设置对象颜色	PAN	P	平移视图
LINETYPE	LT	设置对象线型	REDRAWALL	RA	刷新所有视口的显示
LWEIGHT	LW	设置对象线宽	REGEN	RE	从当前视口重生成整个图形
LTSCALE	LTS	设置线型比例因子	REGENALL	REA	重生成图形并刷新所有视口
RENAME	REN	更改指定项目的名称	UNITS	UN	设置绘图单位
MATCHPROP	MA	将选定对象的特性应用于其他对象	OPTIONS	OP	打开"选项"对话框
ADCENTER	ADC/DC	打开设计中心	DSETTINGS	DS	打开"草图设置"对话框
PROPERTIES	MO	打开特性选项板	EXPORT	EXP	输出数据
OSNAP	OS	设置对象捕捉模式	IMPORT	IMP	将不同格式的文件输入当前图形中
SNAP	SN	设置捕捉	PLOT	PRINT	创建打印
DSETTINGS	DS	设置极轴追踪	PURGE	PU	删除图形中未使用的项目

(续表)

完 整 命 令	快 捷 命 令	功 能 说 明	完 整 命 令	快 捷 命 令	功 能
MEASUREGEOM	MEA	测量距离、半径、角度、面积、体积等	PREVIEW	PRE	创建打印预览
PUBLISHTOWEB	PTW	创建网上发布	TOOLBAR	TO	显示、隐藏和自定义工具栏
AREA	AA	测量面积	VIEW	V	命名视图
LIST	LI	创建查询列表	TOOLPALETTES	TP	打开工具选项板窗口
DIST	DI	测量两点之间的距离和角度			

B.2　常用 CTRL 快捷键

命 令	说 明	
【CTRL】+1	PROPERTIES	修改特性
【CTRL】+2	ADCENTER	打开设计中心
【CTRL】+3	TOOLPALETTES	打开工具选项板
【CTRL】+9	COMMANDLINEHIDE	控制命令行开关
【CTRL】+O	OPEN	打开文件
【CTRL】+N、M	NEW	新建文件
【CTRL】+P	PRINT	打印文件
【CTRL】+S	SAVE	保存文件
【CTRL】+Z	UNDO 放弃	
【CTRL】+A	全部选择	
【CTRL】+X	CUTCLIP	剪切
【CTRL】+C	COPYCLIP	复制
【CTRL】+V	PASTECLIP	粘贴
【CTRL】+B	SNAP	栅格捕捉
【CTRL】+F	OSNAP	对象捕捉
【CTRL】+G	GRID	栅格
【CTRL】+L	ORTHO	正交
【CTRL】+W	对象追踪	
【CTRL】+U	极轴	

B.3 常用功能键

命　　令	说　　明
【F1】	HELP　　　　帮助
【F2】	文本窗口
【F3】	OSNAP　　　对象捕捉
【F7】	GRIP　　　　栅格
【F8】	ORTHO　　　正交